U0245587

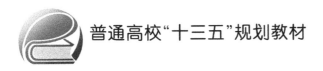普通高校"十三五"规划教材

Verilog 硬件描述语言与设计

李洪革　李峭　何锋　等编著

北京航空航天大学出版社

内 容 简 介

本书是电子信息工程、计算机科学与技术、自动化等电子、电气类一级学科的 EDA 教学必备基础教材，全书从硬件描述语言 Verilog HDL 简介入手，重点阐述了硬件描述语言的基础语法、高级语法和与之匹配的硬件电路设计基础、高级电路设计案例等；除了对 Verilog HDL 语法基础详细阐述外，对逻辑电路、时序综合和状态机等复杂电路设计问题也进行了介绍。本书根据国家全日制电子信息类教学大纲要求匹配了对应的实验实习，并对复杂数字系统也进行了案例讲解。全书共 11 章，主要包含 Verilog HDL 语言基础、逻辑电路结构、状态机与时序综合、验证等高级主题的内容。

本书可作为普通高等学校、科研院所电子信息工程、电气工程、计算机等相关专业的本科生或研究生的教材，还可作为上述领域工程技术人员的参考书。

图书在版编目(CIP)数据

Verilog 硬件描述语言与设计 / 李洪革等编著. ――
北京 ：北京航空航天大学出版社,2017.2
ISBN 978 - 7 - 5124 - 2142 - 4

Ⅰ. ①V… Ⅱ. ①李… Ⅲ. ①硬件描述语言—程序设
计 Ⅳ. ①TP312

中国版本图书馆 CIP 数据核字(2017)第 002516 号

Verilog 硬件描述语言与设计
李洪革　李峭　何锋　等编著
责任编辑　张冀青
*
北京航空航天大学出版社出版发行
北京市海淀区学院路 37 号(邮编 100191)　http://www.buaapress.com.cn
发行部电话:(010)82317024　传真:(010)82328026
读者信箱：goodtextbook@126.com　邮购电话:(010)82316936
北京建宏印刷有限公司印装　各地书店经销
*
开本:787×1 092　1/16　印张:21.25　字数:544 千字
2017 年 3 月第 1 版　2023 年 1 月第 5 次印刷　印数:6 001～7 000 册
ISBN 978 - 7 - 5124 - 2142 - 4　定价:45.00 元

前　言

电子信息工程是现代消费电子、工业电子发展的科学基础。电子信息科学的发展依赖并推动着微电子、信息、通信和计算机科技的发展,随着集成化制造技术的迅猛发展,电子技术的核心——集成电路,已经成为影响国民经济发展的基石。2010 年以来,我国集成电路进口贸易额高达 2 000 亿元,已经成为超过进口石油的第一大进口商品。基于此,国务院继 18 号文件后又推出《国家集成电路产业发展推进纲要》,以及北京市推出了《北京市进一步促进软件产业和集成电路产业发展若干政策》(京政发〔2014〕6 号)。其间,国家中长期科学和技术发展规划纲要中公布了 16 项重大科技专项,前两项即是集成电路设计和制造专项课题。由此可见微电子工业在科学发展中的地位和作用。

随着我国近年来消费类电子产业的迅猛发展,该领域的科学、工程技术专业人才也显得更加短缺和重要。硬件描述语言是现代电子信息工程开发的基础工具,相关的图书先后有北京航空航天大学夏宇闻教授的《Verilog 数字系统设计教程》,王金明教授等编著的《数字系统设计与 Verilog HDL》等。由硬件描述语言衍生的 FPGA 应用开发等工具书更是受到读者的欢迎。除此之外,讲述某类工程数字系统中的模块代码的书籍也有一定的读者群。由于硬件描述语言与传统的高级程序语言所实现的最终目标存在本质区别,所以硬件设计人员不能仅仅考虑所描述数字系统的逻辑功能,更重要的是要考虑所实现集成化系统的物理性能。高级数字电路/系统的物理性能通常包含电路面积、功耗、速度、时滞和吞吐率等多方面的指标。

本教材以最新的 IEEE Verilog—2009 为基础讲解 Verilog HDL 语言语法和设计方法,结合当前电子信息工程、微电子科学与工程、信号与通信工程等实际需求,在符合全日制教学大纲课时规定的基础上重新进行了编写。本教材满足 EDA 基础类教学和工程技术需求。具体内容如下:

第 1 章讲述硬件描述语言的历史起源和工程应用发展概况等。

第 2 章介绍 Verilog 硬件描述语言基础,其中包含基本语法、系统任务与编译指令等。

第 3 章介绍 Verilog HDL 语法中的数据类型、端口声明、表达式以及 IEEE 1995 和 IEEE 2005 标准对比。

第 4 章介绍设计建模和用户自定义原语(UDP)规则等,其中包括逻辑建模、数据流建模、模块与层次和用户自定义原语等。

第 5 章介绍行为描述,主要包括行为建模、过程赋值语句、行为语句以及任务和函数。

第 6 章介绍 Verilog HDL 中测试平台和仿真,其中具体为测试平台、波形生成、数据显示与文件访问以及典型仿真验证实例。

第 7 章讲述基本数字电路采用 Verilog HDL 的设计方法和案例,以组合逻辑电路和时序逻辑电路两个部分进行介绍。

第 8 章介绍有限状态机的基础概念、类型和设计方法、编码风格、优化设计等。

第 9 章介绍时序、逻辑综合与验证。本章从时序概念、延迟种类、时序检查、延迟反标入手讨论逻辑综合的方法、优化和必要性;基于工程实例介绍验证方法。

第 10 章介绍仿真器使用方法和基础模块、复杂逻辑模块等设计案例，便于初学者上机实习。

第 11 章讨论并分析复杂逻辑系统的代码设计和仿真验证，为设计师系统、完整设计复杂案例提供支撑。

本书由李洪革构思执笔，李峭、何锋等五位教师、工程师执笔参编。编写分工如下：李洪革编写第 1、2、3、8 章，10.1、10.3 节；李峭编写第 4、5、11 章；何锋编写第 6、7 章和 10.2 节；中电研究所纪宇工程师编写 9.1 和 9.2 节；Marvell Technology Beijing Ltd. 工程师杨奇桦编写 9.3 节，多名研究生参与了书稿图片的制作和校对工作。

全书凝结了作者十余年 Verilog 数字系统设计的工作经验，并吸收、总结多位学者最新的研究成果。在该书的编写过程中，得到了多方面的支持与帮助。张有光教授、夏宇闻教授百忙中审阅并提出宝贵意见。国家集成电路人才培养基地——北京航空航天大学电子信息工程学院的领导和师生，一直对本书给予大力的支持和帮助。本书还获得北京航空航天大学校规划教材的支持。北京航空航天大学出版社对本书的出版提供了直接而热情的帮助。在此谨向所有为本书的编写、出版给予鼓励和帮助的社会各界人士表示最衷心的感谢！

尽管作者对书稿进行了多次修改和推敲，但由于集成化系统设计的先进性和快速发展的特点，且作者学识有限，书中的错误和不当在所难免，恳请使用本书的师生和社会各界人士给予批评、指正。

李洪革

2016 年 9 月

honggeli@buaa.edu.cn

本书免费提供程序源代码和教学课件，读者可发邮件至 goodtextbook@126.com 申请索取。若需其他帮助，请拨打 010 - 82317738 联系本书编辑。

目　　录

第1章
电子系统与硬件描述语言

随着电子工业中微电子制造技术的微纳化,电子产品的高度集成化、低功耗化已经成为主流,硅基微电子元器件成为电子系统性能的决定因素。早在 20 世纪 80 年代初,数字集成电路设计工程技术人员为了应对日益复杂化的集成电路设计而开发了基于高级程序语言的形式化自动设计方法,从而颠覆了 60—70 年代广泛使用的人工逻辑综合的设计法。由此诞生了用于描述电子电路(系统)的高级语言,称其为硬件描述语言。相关的硬件设计——EDA 工具的使用,也成为业界发展的必然,其中,电路设计所必需的硬件描述语言成为人们关注的重点。

1.1 电子系统的集成化

1946 年 2 月 14 日,世界上第一台计算机 ENIAC 在美国宾夕法尼亚大学诞生。这部机器使用了 18 800 个真空管,机器长 50 英尺(1 英尺＝0.304 8 米),宽 30 英尺,占地 1 500 平方英尺,重达 30 吨。它的计算速度可实现每秒 5 000 次的加法运算。该机器标志着"电子"计算机的真正到来!1947 年 12 月 16 日,贝尔实验室的 William Shockley、John Bardeen、Walter Brattain 成功地制造出第一个点接触式晶体管,由此开启了电子系统晶体管器件的时代。1958 年 9 月 12 日,德州仪器公司的 Jack Kilby 试验成功了第一块硅基晶体管的集成电路,标志着电子系统的集成化的开启。1965 年戈登·摩尔(Gordon Moore)在 *Electronics Magazine* 杂志中预测:未来,一个芯片上的晶体管数量大约每年翻一倍(10 年后修正为每 18 个月),即所谓的"摩尔定律"。

以 Intel 公司为例,1968 年 7 月,罗伯特·诺依斯(Robert Noyce)和戈登·摩尔(Gordon Moore)从仙童(Fairchild)半导体公司辞职,创立了一个新的企业,即英特尔(Intel)公司,英文名 Intel 为 integrated electronics"(集成电子设备)"的缩写。电子系统在几十年中,已经从初期的晶体管分立器件发展到功能集成化再到系统集成。民用消费类电子产品、工业汽车电子产品,甚至空天电子系统的进步真实地再现了电子技术发展的过程。在 20 世纪 50—60 年代,电子系统都是以分立器件为核心而组建的,如消费类电子产品,就是处于器件离散、结构独立以及功能分立的状态。此时各系统的器件分立简单,板级结构复杂,导致故障率高,体积庞大,性能有限,难以实现高速大量信息数据处理和交互,系统的维护和升级也受到了严格的限制。到 70 年代,以 Intel 公司为代表的集成电路在电子系统中已经占有一席之地。随着电子系统的功能复杂化,1978 年 Intel 公司标志性地把 8088 微处理器销售给 IBM 个人计算机事业部,武装了 IBM 新产品 IBM PC 的中枢大脑。16 位的 8088 微处理器含有 2.9 万个晶体管,运行频率为 5 MHz、8 MHz 和 10 MHz。8088 微处理器成功推动 Intel 进入了"财富 500 强"企业排名。进入 80 年代后,Intel 公司发布了 286、386、486 等多种微处理器并成功应用到个人计算机(PC)。286 处理器集成了 13.4 万个晶体管,实现了第一款 16 位、运行频率可达 12.5 MHz 的处理器。386 处理器首次在 x86 架构下实现了 32 位系统,集成了 27.5 万个晶体管,运行频率可达 40 MHz。90 年代前后,微电子技术已经发展到了超大规模集成的阶段,高集成度 ASIC 芯片的出现,大大提高了信息处理的能力,而且减小了系统的质量,降低了能耗,提高了可靠性。以 Intel 奔腾处理器为代表的集成器件,包含了 300 万个晶体管,采用 Intel 0.8 μm 的工艺技术。进入 2000 年以后,Intel 公司的 Pentium 4 采用 90 nm 的制造工艺,采用了 31 级流水线设计,配备了 16 KB 的一级缓存和多达 1 MB 的二级缓存,带有超线程技术的 Pentium 4 是 Intel 的一个卖点。Pentium 4 处理器实现了最高达 3.4 GHz 的工作频率。它代表着单核处理器的最高水平。今天,Intel 公司的产品如酷睿 i7-6700K-4 采用第二代 FinFET 14 nm 制造工艺,晶体管数量达到 2.28 亿个,核心超线程 4.0 GHz 主频,8 MB 三级缓存,支持双通道 DDR3/DDR4 内存(1 600 MHz 或 2 133 MHz),功耗 95 W。

　　现代电子信息产业始于硅谷,其硅技术先驱者包括诺依斯(N. Noyce)、摩尔(R. Moore)、布兰克(J. Blank)、克莱尔(E. Kliner)等,他们在离开肖克利实验室后成立了仙童公司,"仙童"作为第一批硅谷的半导体厂商,为整个芯片及 IT 产业培养了大量人才,全美有超过 200 家高科技公司都与仙童公司有或多或少的关系。乔布斯曾经说过:"仙童半导体就像是成熟的蒲公英,一遇东风,这种创新精神的种子就随风四处飘扬了。"与仙童公司有关系的著名企业包括 Intel、AMD、LSI、National Semi.、Xilinx、ATMEL 等。其他和仙童公司相关的电子信息类公司如图 1.1 所示。以 Intel、AMD 为代表的半导体公司巨头引领着硅技术工程产业化的发展。然而,在硅技术集成度以"摩尔定律"的规律飞速发展的同时,自动化电子信息集成化设计方法逐渐成为产业发展的必然。

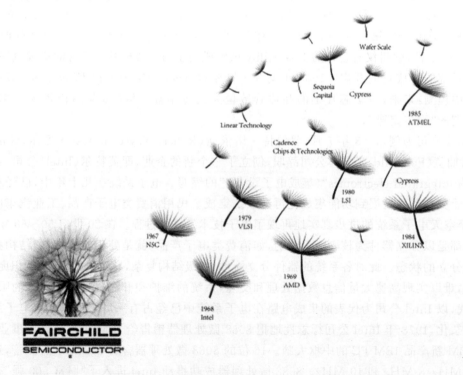

图 1.1　其他和仙童公司相关的电子信息类公司

　　Carver Mead 等人于 1980 年发表的《超大规模集成电路系统导论》(*Introduction to VLSI Systems*)标志着电子设计自动化发展时代的到来。这一篇具有重大意义的论文提出了通过高级编程语言进行芯片设计的新思想。这种自动化设计方法在进行集成电路逻辑仿真、功能验证和布局布线等方面极大地减轻了设计师的劳动强度,从而为高复杂度芯片设计提供了可能。时至今日,以硬件描述语言为代表的自动化设计方法已经成为电子信息产业发展的基础。

1.2　硬件描述语言与设计方法

20 世纪 60—70 年代,尽管集成电路制造取得了飞速发展,然而,当时的集成电路设计工程师只能采用代工厂提供的专用电路图来进行手工设计。对于相对复杂的数字逻辑电路,设计师从原理设计、功能设计、电路设计到版图设计,一般需要一年以上的设计周期,其中仅仅版图布局布线环节,工程师就要花费数周的时间才能完成。随着大规模集成电路的研发,80 年代初系统集成可达数十万逻辑门,而其功能的仿真也很难通过传统的面包板测试法验证设计的系统,在此基础上,后端工程师开始寻找通过电子设计自动化(EDA)的方法将手工设计转变为计算机辅助。前端的工程师也希望使用一种标准的语言来进行硬件设计,以提高设计的复杂度和可靠性,基于此,硬件描述语言(Hardware Description Languages,HDL)应运而生。美国国防部制定了一套电子电路规范标准文档 VHSIC(Very High Speed Integrated Circuit),对上述 VHSIC 改良的 VHDL 语言在 1982 年正式诞生。1983 年,Gateway 设计自动化公司的菲尔·莫比(Phil Moorby)牵头研发了 Verilog 硬件描述语言。1990 年,GDA 公司被 Cadence 公司收购。1990 年初,开放 Verilog 国际(Open Verilog International,OVI)组织(即现在的 Accellera)成立。1992 年,该组织申请将 Verilog 纳入国际电气和电子工程师协会 IEEE 标准。最终,Verilog 成为了国际电气和电子工程师协会 IEEE 1364—1995 标准,即通常所说的 Verilog—1995。Verilog HDL 语言更接近于高级语言 C,设计人员更容易理解和掌握。VHDL 语言描述较复杂,其设计风格类似于 PASCAL,其特点对系统设计则更有优势。Verilog HDL 的 IEEE 1364—2001 标准(也称为 Verilog—2001 标准)与 IEEE 1364—1995 标准相比有显著的提高。2005 年,用于描述系统级设计的 SystemVerilog 获批成为电气和电子工程师协会 IEEE 1800—2005 标准。为了提升 Verilog 的设计能力,2009 年 Verilog 融合了 SystemVerilog,成为了新的电气和电子工程师协会 IEEE 1800—2009 标准的 Verilog 硬件描述语言。因此,在数字集成电路设计(特别是超大规模集成电路的计算机辅助设计)的电子设计自动化领域中,Verilog HDL 是一种用于描述、设计、仿真、验证数字电子系统的硬件描述语言。

20 世纪 80 年代中期,工程师已经开始普遍采用 HDL 进行数字电路的逻辑验证,但仍延续手工方法将逻辑功能设计转化为相互连接的逻辑门表示的电路图,而手工设计大大延长了产品的研发周期。80 年代后期,Synopsys 公司开发了 Design Compiler(简称 DC)的逻辑自动综合工具,综合工具的诞生对数字电路的设计方法产生了巨大的影响。工程师可以使用 HDL 在寄存器传输级(Register Transfer Level,RTL)对电路进行功能描述。通过 DC 综合工具,设计师只需说明数据在寄存器移动和处理的过程,以及构成逻辑电路及其连线是由自动综合工具从 RTL 描述中抽取出来的即可,无需手工转化电路的门级网表。自动综合工具的诞生完全解放了设计师在逻辑门电路布局中的手工劳动,使设计师更专注于电路性能、结构的提升。

　　Verilog HDL 在电子信息集成化设计领域被广泛使用,其语法特点如下:

- 可实现基于底层数字逻辑门的设计,如逻辑与、或、非门等;
- 可实现基于行为描述的高层次设计,如条件选择语句、循环语句等;
- 可实现多种建模的混合描述风格;
- 可实现层次结构化设计的编码风格;
- 使用高级语言的高层次行为描述,以便抽象、简化底层的复杂逻辑门电路;
- 可以完成系统逻辑功能的仿真、验证,还可以基于物理器件参数设置延迟、时序、逻辑综合等;
- 可实现并发执行功能,能完全模拟硬件电路的工作过程;
- 用户可以使用自定义用户原语(UDP)和 MOS 器件,具有更强的仿真使用的灵活性;
- 支持电路由高层次行为描述到低层次逻辑门的逻辑综合。

　　设计方法学在计算机领域已经成为一门学科而被接受,因此,高级程序设计语言的设计方法已不可忽视。硬件描述语言的编写开发必须以工程化的思想为指导,运用标准的设计方法进行设计。高级语言的设计方法通常包含面向计算、面向过程和面向对象等。目前,Verilog HDL 是一种面向过程的结构化程序设计方法,该方法的典型思想是:自顶向下、逐步细化。面向过程的语言结构是按电路功能划分成若干个基本模块,这些模块形成一个树形结构,各模块间关系尽可能简单,功能独立。数字电路的结构化设计由于采用了模块分化与功能分解,自顶向下分而治之的策略,因此,可将一个复杂的问题分解为若干子问题,各个子问题分别由不同的工程人员解决,从而提高了设计速度且便于电路调试,为数字系统的开发和维护铺平了道路。

　　在程序语言结构化设计思想的指导下,数字电路 Verilog 编程的步骤如下:

　　① 需求分析。需求分析是 Verilog HDL 程序设计中必不可少的环节。需求分析是指设计师理解、归纳、整理客户的性能需求,基于上述性能需求提出解决问题的策略方法,明确电路设计的总任务。

　　② 系统设计。这一部分可以分为两步:一是总体设计,即按照电路的设计要求,把总任务分解成为一些功能相对独立的子任务,最终达到每个子目标只专门完成某单一的逻辑功能的目的;二是模块设计,即按照各独立的子目标,给出各自算法完成代码设计。

　　③ 算法、模块和可综合设计的实现。算法是具体的解决步骤,该步骤实际上是对某些给定的数据按照一定的次序进行有限步的运算且能够求出问题的解。算法要做到易读、易懂,自身必须具有良好的结构,而良好的结构是仅用数据流、选择和循环三种基本结构组合而成的。硬件描述语言除算法、模块等逻辑设计外,还包含所设计模块的可综合化以及综合后的时序约束是否满足。Verilog HDL 仿真阶段支持不可综合的代码设计,但却无法实现电路结构,因此,需要认真对待。

　　④ 测试验证。代码程序编好之后,难免会出现各种各样的错误,在认真检查代码编写的语法错误后,编写可检测电路功能的测试分支,即测试平台(testbench)。测试平台模块是与电路代码相独立的,不需要完成物理实现,只是检验电路的逻辑和时序功能。电路验证除测试分支的部分外,还有对电路设计的形式化验证、代码覆盖率以及自检测验证等。

　　⑤ 编写程序使用与维护的文档。内容包括程序功能介绍、使用说明、参数含义等。对于有价值的程序,写出使用和维护说明等文档资料是很有必要的。

Verilog HDL 结构化自顶向下设计的流程如图 1.2 所示。项目经理根据需求分析提出相关的设计要素,提出顶层设计模块,并对下层模块进行分解。逻辑模块设计工程师执行相应的各模块设计,提出各自的设计思想、实现算法并完成测试工作。物理层设计工程师则在上述基础上完成代码的综合、综合后仿真、布局布线以及最终的测试验证。

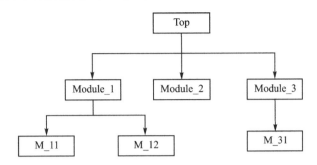

图 1.2　Verilog HDL 结构化自顶向下设计流程

基于硬件描述语言的数字电路自动化设计方法和步骤已经在前面介绍过,下面介绍 Verilog HDL 硬件电路的设计流程。图 1.3 描述了 FPGA/ASIC 数字电路设计的典型流程。在设计流程中,系统设计师首先制定所设计电路的技术指标并对功能需求进行细节描述。从系统和抽象的角度对电路功能、指标、接口及总体结构进行描述。系统分析设计阶段只考虑系统的功能而不关注具体电路结构,采用的工具一般是 C/C++、SystemC/SystemVerilog 或MATLAB 等。当系统功能仿真满足总体设计的性能要求后,硬件设计工程师使用 HDL 语言对系统进行行为级描述,其间主要完成电路逻辑功能、物理功能的实现,并进行性能的分析和解决其他高层次的问题。

系统级电路的行为描述是设计中重要的一环,为提高对硬件描述语言的可理解性,一般根据其功能划分为数个功能模块和子模块并完成可综合(Synthesizable)的语法描述。这种按功能需求层层分割电路单元的方法就是所谓的层次化设计(Hierarchical Design)。对于系统的行为级描述和综合化设计,设计师依赖于 EDA 工具厂商所提供的各种工具软件。在逻辑功能的仿真阶段,FPGA 设计一般使用 Mentor Graphics 公司的 ModelSim 或者是 FPGA 开发平台自带的功能仿真平台。而 ASIC 设计工程师一般更喜欢 NC - Verilog/Verilog - XL。对于逻辑功能的仿真,仿真器并不考虑实际逻辑门或连线所产生的时间延迟、门延迟、传输延迟等信息,而是使用单位延迟的数学模型来粗略估算电路的逻辑行为。尽管逻辑功能仿真不能得到精确物理时序等结果,但已经基本满足电路逻辑功能设计的正确性验证。为实现对电路模块的功能验证,基于 HDL 语言的测试平台是必要的。其中,必须考虑所有可能影响设计功能的输入信号的组合,以便发现错误的逻辑功能描述。上述仿真验证过程中,错误修改与实际的设计经验有重要的关系,初学者往往要通过大量的实验验证总结经验。

对于 FPGA 设计,当完成电路功能验证后就可以使用相关的 FPGA 设计软件平台进行芯片设计。其平台主要有 Xilinx 公司的 ISE 开发平台和 Atlera 公司的 Quartus II 平台。其设计流程主要包括功能仿真、逻辑综合、时序约束、布局布线和配置约束等几个步骤。设计可在任意开发平台下全部开发完成,无需第三方工具软件的支持,也无需集成电路物理层或器件布局布线的专业知识。

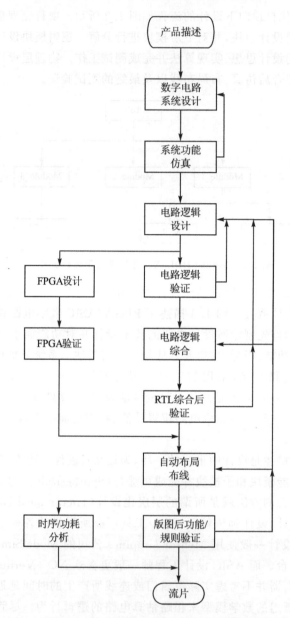

图 1.3　FPGA/ASIC 数字电路设计流程

　　采用 ASIC 设计方法通过电路逻辑功能验证后,后端的工作往往更复杂也更关键。设计工作的第二阶段是逻辑综合(Logic Synthesis),此阶段依靠综合工具来实现。综合过程必须选择预计流片工厂的逻辑单元库作为逻辑电路的物理单元。单元库也可以从第三方单元库供货商处获取,一般很少使用。一般而言,单元库包含的逻辑信息有以下几项:

　　① Cell Schematic,用于电路综合,以便产生逻辑电路的网表(Netlist)。

　　② Timing Model,描述各逻辑门精确时序模型,设计时提取逻辑门内寄生电阻、电容进行仿真,从而建立各逻辑门的实际延迟参数。其中包含门延迟、输入/输出延迟和连线延迟等。此数据用于综合后功能仿真以验证电路动态时序。

③ Routing Model,描述各逻辑门在进行连线时的限制,作为布线时的参考。

综合工具在完成从代码到网表的转化过程中,其中心工作就是如何获得最优化的逻辑网表。根据设定的综合约束,综合工具最终得到最为接近的结果。一般的约束条件有面积、时序和功耗,这三项约束条件是互相制约的关系,设计时应折中考虑以获得最优结果。

经过综合工具综合后得到的门级逻辑网表还要再进行第二次逻辑功能仿真,此仿真要附加反标(Back-Annotation)到测试平台的时间延迟的文件,以检验电路的逻辑功能和时序约束两个方面。在综合后仿真时,一般只考虑门延迟参数,而连线延迟是不考虑的(由于无法预计实际连线的长度及使用的金属层)。时序变异是综合后经常出现的错误,其中包含建立时间和保持时间的问题,还有电磁干扰、脉冲干扰等现象。

布局布线主要完成三项工作:版图规划、布局和布线。此部分工作也必须使用代工厂的物理库的配合才可以进行,同时,代工厂的标准单元物理库必须与综合阶段的逻辑库相一致才可以。由于各模块之间互连线较长,从而产生较大的连线延迟,而模块内的逻辑门间连线较短,因此连线延迟也较小。在深亚微米甚至纳米工艺中,其连线延迟将占主导地位。布局后的功能仿真是 ASIC 设计中最重要的一环,经过布局布线后的电路,除重复验证是否仍符合原始逻辑功能设计外,还要考虑物理实现时门延迟和连线延迟等影响下电路功能是否正常。与逻辑门级的功能验证基本相同,当发现错误时,需要修改上一级数据甚至原始的硬件描述语言代码。经过布局布线工具所产生的标准延迟格式(SDF)文件,提供了详实的物理层次延迟参数,通过反标后,仿真器能精确估算数字电路的电气行为,并可表明发生时序错误的时间点。经过反标后的仿真验证可以发现逻辑功能和时序约束的问题,对后仿时出现的问题需要修改综合约束条件甚至原始代码。

对于 ASIC 设计工程师而言,前端设计要求对 HDL 有良好的理解和对设计工作的全面把握;后端设计则要求对所使用物理单元库的物理特性充分理解,对工具充分掌握以及对流程严格操作。布局布线后仿尽管通过,但基于代工厂的设计规则验证和电气特性验证是流片前必需的步骤。版图验证主要包含设计规则检查(DRC)及版图与网表对比的检查(LVS)。在设计中,既可以采用 Cadence 公司的 Assure 工具软件,也可以使用 Mentor 的 Calibre 进行验证,深亚微米工艺一般用于后者。此时的规则检测一般来说不会有太多错误,少量手工修复即可。如果有大量错误的话,则需要返工重做自动布局布线 APR。LVS 主要验证网表与版图的一致性,是否存在短路、断路等错误。在做 LVS 前,需要把布局布线后的网表文件转换成 Spice 网表文件,使用 Calibre 的 v2lvs 命令并配合 Spice 标准库。

以上是整个 FPGA/ASIC 设计流程的简单描述,而在实际设计中会涉及到许多未提及的问题,其中包括电路性能优化、时序分析、功耗分析、可测试性设计、功能一致性验证及静态时序分析等,这些问题将在相关的章节中讨论。

1.3　数字电路/系统实现

随着大规模数字集成的到来,传统的单元集成正在被系统集成所代替,即整个系统完全集成到单一芯片上,从而提高了系统的性能。数字系统的集成化实现方法主要包含现场可编程门阵列(Field Programmable Gate Array,FPGA)和专用集成电路(Application Specific Integrated Circuits,ASIC)。

1. 现场可编程门阵列(FPGA)

　　FPGA 是一个含有可编程结构单元的半导体器件,可供使用者根据源程序代码(硬件描述语言)的修改而重复烧录的逻辑门器件,它可以分为可编程逻辑器件(Programmable Logic Device,PLD)和现场可编程逻辑阵列(FPGA)。PLD 和 FPGA 两者的功能基本相同,只是实现原理略有不同,所以我们有时可以忽略这两者的区别,将它们统称为可编程逻辑器件或 PLD/FPGA。由于CPLD/FPGA 可以完全免除 ASIC 芯片开发后端大量、烦琐的工作,因此备受前端数字逻辑工程师的青睐。由于半导体制造工艺的发展,基于纳米工艺的 FPGA 可轻松集成多达上千万门的逻辑单元,在不考虑成本和性能的条件下,FPGA 芯片完全可以取代 ASIC 产品且具有极短的开发周期。现在,FPGA 主要的产品供应商是 Xilinx 公司和 Altera 公司。以 Xilinx 公司的 Virtex‑5 产品为例,其内部单元主要包含可配置逻辑模块(Configurable Logic Block,CLB)、输入/输出接口模块(Input/Output Block,IOB)、块存储区(Block RAM)和数字延迟锁相环(DLL)。该芯片内还嵌入了硬件嵌入式处理器、DSP 等内核,以提高其微处理器的功能。FPGA 的大部分逻辑功能由可配置逻辑模块完成,存储模块用于完成 FPGA 内部数据的随机存储,输入/输出模块提供内部与外部的接口。该产品的外围接口如图 1.4 所示。

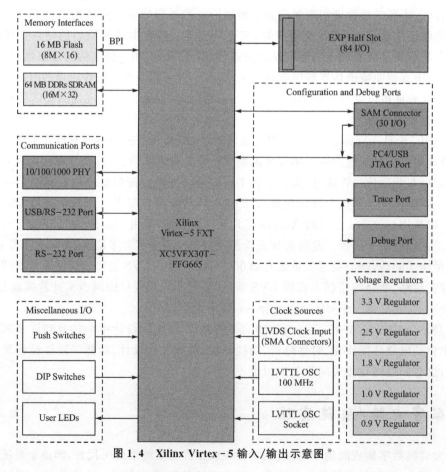

图 1.4　Xilinx Virtex‑5 输入/输出示意图[*]

---

[*]　http://www.xilinx.com/products/boards_kits/virtex5.htm。

在 FPGA 结构中,可配置逻辑模块(CLB)是主要的逻辑资源,其结构如图 1.5 所示。Virtex-5 的 Slice 结构主要包含:4 个查找表(Look-Up Table,LUT),它由 6 输入端 1 位输出或 5 输入端 2 位输出配置而成;3 个用户可控制的多路复用器;专用算术逻辑(2 个 1 位加法器和进位链);4 个 1 位寄存器,无论可配置模块作为触发器还是锁存器,这些寄存器的输入都是被多路复用器选择的。对于 FPGA 芯片还需要了解的部分如下:

- 时钟资源;
- 时钟管理技术(CMT);
- 锁相环(PLL);
- Block RAM;
- DSP48 Slice;
- Rocket I/O GTP/GTX;
- 可配置逻辑块(CLB);

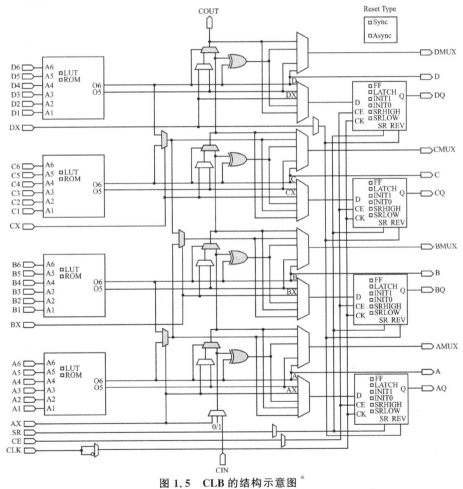

图 1.5　CLB 的结构示意图[*]

* http://www.xilinx.com/products/boards_kits/virtex5.htm。

● SelectIO 资源；
● SelectIO 逻辑资源；
● 高级 SelectIO 逻辑资源。

2. 专用集成电路(ASIC)

　　在专用集成电路设计领域,ASIC 设计包括全定制设计和半定制设计两种方法,全定制设计主要采用基于标准单元库的实现方法。对于标准单元库的设计,工艺厂或第三方提供商要开发出所有常用的逻辑单元,确定基于生产厂家的物理特性,组成一个标准单元库。标准单元库包含反相器、与非门、或非门、锁存器、寄存器等数百个单元。其中,每种逻辑门又有多种物理尺寸以满足不同的扇出要求(提供足够的驱动能力)。不同的单元物理尺寸可供芯片设计师选择最佳的单元以实现电路的性能指标。图 1.6 是某公司 0.35 μm 工艺的标准单元库例(反相器、或非门)。图 1.7 是基于数字逻辑标准单元库下的设计实例的版图。

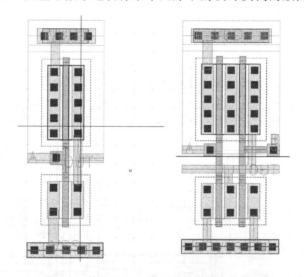

图 1.6　某公司 0.35 μm 工艺的标准单元库例

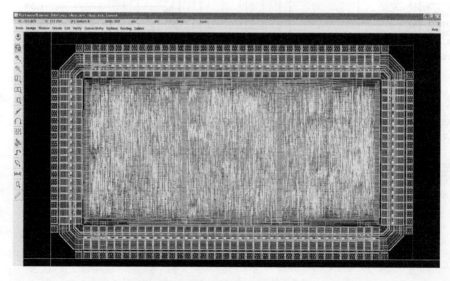

图 1.7　基于数字逻辑标准单元库下的设计实例的版图

　　图 1.8 是基于标准单元的自动布局布线设计示意图。电路由外围 I/O Pad 和内核电路组成，其中输入/输出引脚由工艺厂家提供标准库，工程师根据设计需求决定引脚的数量和位置。内核电路则是设计的核心，工程师按照产品需求通过布局布线工具实现物理层的设置。设计完成的专用集成电路系统主要考察的性能指标是芯片的面积、电路的速度和功耗等。工程师必须按照功能指标（面积、速度和功耗）实现芯片的设计，对设计的版图最终进行厂家提供的设计规则检查和电气特性检查，当完全满足设计要求时，抽取 GDSII 文件提交给工艺生产厂进行制造。这样的生产厂家制造的芯片称为裸片（die），裸片还需要进行封装以得到可使用的成品芯片。

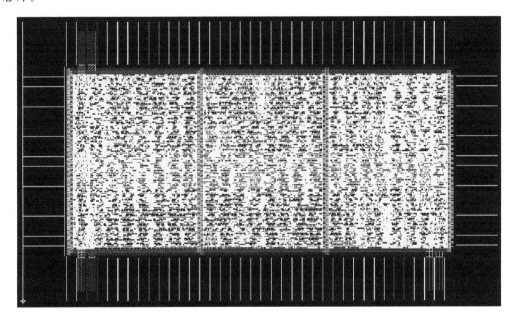

图 1.8　基于标准单元的自动布局布线设计示意图

1.4　集成化设计发展趋势

　　当前先进的集成电路芯片主要有可编程逻辑器件（FPGA/CPLD）和专用集成芯片（ASIC）。在芯片生产制造过程中，先进的集成化工艺在两种芯片中都得到了极大的应用，FPGA/ASIC 在各自不同的领域发挥着各自独特的作用。其中小规模、快速重复设计验证以 FPGA 可编程器件应用为主；大规模、大批量商业产品则是 ASIC 专用芯片发挥着主导作用。下面主要介绍 FPGA/ASIC 芯片的未来发展趋势。

1. 向高密度、高速度方向发展

　　ASIC 芯片在高密度、高集成度以及高速度、高带宽等方面已经完全处于主导地位。45 nm 工艺的高达 5.8 亿个晶体管的因特尔处理器是高密度、高速度芯片的代表。在存储器芯片里，高密度、高速度和高带宽被更充分地表现出来。三星公司的 DDR3 SDRAM 芯片采用了 90/65 nm 的制造工艺，实现了 4 Gbit 的存储容量和高达 1.6 Gbps/pin 的数据传输率，其支持电压仅仅采用 1.5 V 和 1.35 V。FPGA 中 Stratix 器件具有 11.3 Gbps 收发器和 530K 逻辑单元（LE），是 Altera 公司 40 nm 工艺 FPGA 系列中高性能器件的代表。Stratix IV GT

FPGA 支持下一代 40G/100G 技术,包括通信系统、高端测试设备和军事通信系统中使用的 40 G/100 Gb 以太网(GbE)介质访问控制器(MAC)、光传送网(OTN)成帧器和映射器、40G/100G 增强前向纠错(EFEC)方案及 10G 芯片至芯片和芯片至模块的桥接应用。而 Xilinx 公司的 Virtex - 6 HXT FPGA 平台的优化目标是通信应用需要的最高的串行连接能力,多达 64 个 GTH 的串行收发器,可提供高达 11.2 Gbps 的带宽。

2. 向大容量、低成本、低价格方向发展

集成芯片的大容量、低成本不仅仅在 ASIC 芯片中存在激烈竞争,而且在存储器的容量方面已经高达每片 16G,且中央处理器的 6 核芯片已经在服务器上广为采用。不仅如此,ASIC 芯片的单价还在不断下降。FPGA 也同样存在激烈的竞争。Altera 公司和 Xilinx 公司在超大容量、低成本 FPGA 芯片上就已展开激烈的争夺。2009 年,Altera 公司推出了 40 nm 工艺的 Stratix IV 系列芯片,其容量为 813 050 个 Logic Element;Xilinx 公司推出的 40 nm 工艺的 Virtex - 6 系列芯片,其容量为 758 748 个 Logic Cell(两个公司的基本逻辑单元并不相同,即 LE≠LC)。采用深亚微米(DSM)的半导体工艺后,器件在性能提高的同时,价格也在逐步降低。由于便携式应用产品的发展,市场对 FPGA 的低电压、低功耗的要求日益迫切。因此,无论是 ASIC 或 FPGA,还是何种类型的产品,都在向大容量、低成本、低价格方向发展。

3. 向低电压、低功耗、节能环保方向发展

伴随着微电子技术的高速发展,人们更追求各种电子产品的多功能性、便携性、环保性。集成化芯片在先进半导体工艺的支撑下,正逐步向低电压、低功耗、节能环保的方向发展。以 Intel 公司的双核酷睿为例,产品采用了 45 nm 的制造工艺,片上时钟主频可达 2.53 GHz,然而其正常工作耗电仅为 19 W。面向服务器和工作站的低功率 45 nm 处理器,功率仅为 50 W 或每内核为 12.5 W,而主频则高达 2.5 GHz。因为采用了铪基 high - k 金属栅极晶体管,此款四核 45 nm 低电压版服务器处理器实现了更高能效表现。45 nm 的产品采用无铅工艺制造,铅含量低于 $1\,000\times10^{-6}$,符合欧盟有害物质限用(RoHS)规则。卤素的溴含量和氯含量均低于 900×10^{-6}。

对于 FPGA 芯片而言,功耗一直是其致命的弱点,因此也决定了 FPGA 大部分被用于产品的开发验证阶段,而过高的功率消耗无法让消费者接受。但是,设计师在多方驱动下,仍然提出各种改进的方案。基于采用第三代 Xilinx ASMBL 架构的 40 nm 制造工艺的 Virtex - 6 可支持双电压,新器件既可在 1.0 V 内核电压下操作,同时还可选择 0.9 V 低功耗版本。其产品降低系统成本达 60%,可降低功耗达 65%。

4. SoC/NoC 及可编程片上系统 SoPC

对于纳米工艺的芯片,庞大的在片晶体管数量带来了功耗、延迟和速度的诸多矛盾,若想解决这一问题,片上系统(SoC)及多核在片是一种有效的解决方法。其中 SoC 芯片已经在各种电子产品中广为应用,而另一种多处理器核之间采用分组路由的方式进行片内通信,从而克服了由总线互连所带来的各种瓶颈问题。这种片内通信方式称为片上网络(NoC),逐渐在大规模集成芯片中备受关注,也是集成化芯片探索的重要方向。

随着生产规模的提高,产品应用成本的下降,FPGA 的应用已经不是过去仅仅适用于系统接口部件的现场集成,而可将它灵活地应用于系统级(包括其核心功能芯片)设计中。在这样的背景下,国际主要 FPGA 厂家在系统级高密度 FPGA 的技术发展上,主要强调了两个方面:FPGA 的 IP(Intellectual Property,知识产权)硬核和 IP 软核。当前具有 IP 内核的系统级

FPGA 的开发主要体现在两个方面:一方面是 FPGA 厂商将 IP 硬核(指完成版图设计的功能单元模块)嵌入到 FPGA 器件中,另一方面是大力扩充优化的 IP 软核(指利用 HDL 语言设计并经过综合验证的功能单元模块),用户可以直接利用这些预定义的、经过测试和验证的 IP 核资源,有效地完成复杂的片上系统设计。

5. 向动态可重构方向发展

动态可重构是指在外部指令控制下,芯片不仅具有系统在片的重新配置电路功能的特性,而且还具有系统在片动态重构电路逻辑的能力。动态可重构集成技术正在成为集成电路设计的重点之一,基于 ASIC 的可重构化在不同的领域得到应用,其中可重构计算处理器和无线通信中的软件无线电正是可重构化的具体应用。对于数字时序逻辑系统,动态可重构 FPGA 的意义在于其时序逻辑的发生不是通过调用芯片内不同区域、不同逻辑资源组合而成,而是通过对 FPGA 进行局部的或全局的芯片逻辑动态重构而实现的。动态可重构 FPGA 在器件编程结构上具有专门的特征,改变其内部逻辑块和内部连线,可以通过读取不同的 SRAM 中的数据来直接实现。这样的逻辑重构,时间往往在纳秒级,有助于实现 FPGA 系统逻辑功能的动态重构。

6. 向 FPGA/ASIC 融合发展

标准专用集成电路 ASIC 芯片具有尺寸小、速度高、功耗低的优点,但其短处也表现在设计复杂上,并且只有在大批量生产的情况下才能降低成本。FPGA 具有价格较高、能实现现场可编程设计验证的特点,但也有体积大、能力有限、功耗比 ASIC 高的不利因素。正因如此,FPGA 和 ASIC 正在互相融合,取长补短。随着一些 ASIC 制造商提供具有可编程逻辑的标准单元,FPGA 制造商重新对标准逻辑单元发生了兴趣,趋于融合两方优点的新型芯片正在成为可利用的商品。

尽管 ASIC 和 FPGA 在实现数字系统功能时是相同的,但两者也存在明显的差别。ASIC 专用集成电路具有如下特点:

- 实现功能的专一性;
- 可大规模制造生产;
- 混合信号可实现性;
- 与后端制造工厂工艺库的紧密关联性;
- 低成本、高性能。

除上述列举的特性之外,ASIC 的优势还表现在如下几个方面:

- 高性能安全的 IP 核的可设计性;
- 高效、低面积消耗的系统空间;
- 复杂系统的在片可设计、可制造性。

另外,相对于 ASIC 而言,FPGA 现场可编程门阵列同样具有自身的优点,主要表现在如下几个方面:

- 强大的在片可编程/可配置的多次复用性;
- 实现功能设计的多样性;
- 无需后端工艺库,设计的简便性;
- 实现设计到市场的短开发周期。

由于各自的特点,ASIC 和 FPGA 在实际设计中也各有侧重。对于要求复杂、设计较成熟及有很大的市场需求的产品,ASIC 方案将是不错的选择。对于设计不完善、市场需求较少且仍然处于实验阶段的产品,选择 FPGA 来实现则具有更高的开发潜能。然而,随着应用需求的多样化和复杂化,具有可重构/可配置计算功能的 ASIC 也正在被研究和开发,其产品已经在一些特殊需求的领域得到应用。

1.5　数字集成应用前景

　　信息社会或信息系统已经成为日常生活中我们耳熟能详的词汇,信息社会/信息系统的硬件基础是什么呢?答案就是电子器件,其核心就是集成电路芯片。随着集成电路的迅猛发展,给高性能计算、超宽带无线通信、便携式消费电子及航空航天的特种领域也带来了革命性的创新。与此同时,人们对信息技术应用所必需的超高速计算和复杂信息处理等新的需求也进一步刺激了半导体工业的发展。近几十年来,以 Intel 公司为代表的微处理器芯片开发技术一直占据着集成电路设计领域,甚至成为半导体工业的先导和风向标。目前 14 nm 是 Intel 最重要的制程之一,Intel 也在 2015 ISSCC 大会上公开了 14 nm 用于高频通信等,尤其是收发器的应用。Intel 展示了以 14 nm Tri-Gate 打造的高速收发器芯片,使用了 NRZ、PAM4 等编码方式来实现 16~40 Gbps 的信号传输,裸片面积仅 0.03 mm^2。无线通信技术应用是集成电路应用的另一个主战场,当前随着 4G/5G 通信技术标准的普及和建立,移动通信已经向终端客户提供了包含实时音频和视频(手机电视)等全方位的服务功能,并且通信终端由于芯片技术而更易于便携,功能也更强大。家用电器等消费类电子产品也伴随着集成电路一路走来,从液晶电视到数码产品,复杂板级电路系统已经被单芯片集成系统全面取代。

　　现代高性能通用计算机已经可以完成所有现实工作中的各种任务,那么,为什么还要专门设计复杂集成电路去完成各种工作呢?一方面,高性能通用计算机的核心是高复杂度的集成电路芯片(ASIC 或 SoC);另一方面,无论是现代通信技术、数字信号处理,还是自动控制等,都要求信息的实时性,即必须在规定的时间内完成。例如在手持消费类电子产品中,手机已经在微纳技术的支持下,完成了整合无线通信、音视频播放、游戏娱乐、导航定位等多方面的功能要求,这些都对电子信息系统提出了苛刻的信息处理速度的性能要求。另一方面,尽管通用计算机可以满足日常生活中的消费需求(通用 PC 比移动设备具有更强的处理能力),如播放多媒体影音文件等,但如果我们是在公园里散步或外出旅行,试想又有谁会愿意拿着重达几千克的通用计算机来欣赏音乐呢?或许移动电源就是不可逾越的鸿沟。因此,为提高在特定领域信息处理的速度和减轻系统的质量,必须根据各自不同的使用需求设计对应的最优算法和芯片,进而在可能的情况下实现小巧、高速的专用硬件集成系统,以完成其特定任务,这是我们提高生活品质的重要一环。

习　　题

　　1. 针对目前电子系统的发展规律,试说明其未来的发展方向,并比较集成化数字系统与传统的分立器件系统的优缺点。

　　2. 阐述硬件描述语言的种类,试讨论 Verilog 与 VHDL 的优缺点。

3. 请概述硬件描述语言的特点,并简单说明 Verilog 与 C 语言的区别。

4. 使用硬件描述语言设计数字电路时,除需要掌握 HDL 语言外,还需要掌握哪些知识? 为什么?

5. 试说明数字集成系统中,FPGA 设计方法与 ASIC 设计方法在实现上有何不同? 各自的优缺点是什么? 请简述数字系统集成化设计的方法和种类,并描述各自的设计流程及其使用的工具。

6. 为什么说信息化社会中数字系统的集成化设计是电子信息产品的发展基础?

第 2 章

硬件描述语言基础

在信息技术领域,软件工程师已经很早就使用计算机程序语言来完成各种工作,这些程序按照代码以时间顺序执行操作,在通用计算机下高效、准确地完成预期的任务。然而,直到 20 世纪 80 年代初硬件工程师还在使用手工方式进行设计工作,因此,数字集成电路设计人员渴望使用一种标准的软件语言来完成电路的设计,以便从烦琐的手工综合、版图绘制工作中解放出来,从而更专注于系统的功能设计。基于此,硬件描述语言 HDL(Hardware Description Language)应运而生。目前世界上最受硬件工程师欢迎的两种硬件描述语言是 Verilog HDL 和 VHDL,两者均为 IEEE 标准,被广泛地应用于硬件数字电路系统的工程设计中。Verilog HDL 语言在 1983 年由 Gateway Design Automation 公司的 Philip Moorby 等首创。两年后 P. Moorby 设计出 Verilog 的仿真器,并提出了 XL 算法用于快速门级仿真,由此 Verilog HDL 语言得到了迅速发展。同期,VHDL 由美国国防部高级计划署组织研发。很快研究人员就利用这两种语言进行了大型复杂数字电路的功能设计、仿真和验证。

HDL 语言以文本形式来描述数字系统硬件结构和行为,它是一种用形式化方法来描述数字电路和系统的语言,可以从顶层到底层逐层描述自己的设计思想。借鉴层次化的设计思想完成自顶层系统到底层的基本单元电路设计,并进行功能仿真验证。目前,这种自顶向下的方法已被广泛使用。概括地讲,HDL 语言借鉴和继承了 C 语言很多特点和语法结构,但存在如下区别。

① 硬件描述语言具有时序的概念,一般的高级程序语言则没有时序(或时钟)的概念。在硬件电路中,信号通过物理器件,由电平转换来实现,从输入到输出有延时存在,经过不同路径后信号的时序就不同了。为准确、客观地表达电路的情况,必须引入时序的概念。HDL 语言不仅可以描述硬件电路的功能,还可以描述电路的时序。

② 硬件描述语言具有并行处理的功能,即同一时刻并行执行多条代码。这和一般高级设计语言(如 C 语言等)串行执行的特征是不同的。

③ 硬件描述语言可以在不同的抽象层次进行描述设计,使用行为级结构描述更有利于系统功能的验证。HDL 语言采用自顶向下的数字电路设计方法,主要支持 4 个抽象层次(开关级、逻辑门级、寄存器 RTL 级和行为级,开关级由于不可综合,实际中很少使用)设计描述。

④ 形式化表示电路的结构或行为,HDL 语言源于高级程序设计语言,其描述方法与高级语言相同,同时更注重实现硬件电路具体连接结构的描述。

⑤ 工程设计人员更注重硬件系统和行为级的设计,从而有利于逻辑功能的实现。

在复杂数字逻辑电路和系统设计过程中,通常采用自顶向下和自底向上两种设计方法。设计时需要考虑多个物理参数的综合平衡。对于高层次系统级行为描述,一般用自顶向下的设计方法实现;另一方面,设计时也会使用自底向上的方法从库元件或以往设计库中调用已存的设计单元进行。自顶向下的设计从系统级开始,把系统划分为子系统,然后再把子系统划分为下一层次的基本单元,直到可以使用标准器件单元实现。这种方法在设计周期开始就做好了系统分析;由于设计的仿真和调试过程是在高层系统级进行的,所以能够早期发现系统逻辑功能和结构设计上的错误,可以节省大量的设计时间,有利于系统的划分和整个项目的管理,减少设计人员的工作量。自顶向下的设计方法的缺点是系统性能不一定是最优化的,在面积、功耗、速度等方面很难实现高性能设计,且制造成本较高。

2.1　Verilog HDL 语言概况

Verilog HDL 是一种硬件描述语言,可以实现从行为级(包括算法级、系统级等)、RTL级、门级到开关级的多种抽象设计层级的数字系统建模。模块是 Verilog HDL 语言的基本描述单位,用于描述某个设计的功能或结构,以及与其他模块通信的外部接口。模块之间是并行运行的,通常需要一个高层模块通过调用其他模块的实例来定义一个封闭的系统,包括测试数据和硬件描述。模块可以采用逻辑门方式、数据流方式、行为描述方式或上述方式的混合描述一个设计。一个模块的基本架构(基于 Verilog —1995 标准)如下:

```
module 模块名 ( 端口列表 );
    // 端口声明,也称为 I/O 声明,关键字有 input、output、inout
    // 参数定义(可选,用于定义模块内部使用的常量)
    // 内部信号声明,也被称为"数据类型"声明,可以是 wire 或 reg 等类型
    /* 模块内部 Verilog HDL 编程的主体部分,可以包含函数、任务、UDP 的引用,      *
     * 也可以是低层次模块的引用;作为编程实现,还可以使用数据流建模(连续赋值 *
     * assign)和行为建模语句(过程块 initial、always)                      * /
    // 可选:任务或函数(task、function)
    // 可选:模块中还可以包含延迟说明块
endmodule
```

上述 Verilog 源代码展示了一个基本硬件语言结构,主要包含被设计电路的模块、模块名、端口声明、信号/连线/参数声明、建模结构等。其中,Verilog 中的关键字(关键字在 2.2 节中讲述)是用于定义程序结构的预定义的标识符。模块名是为了便于区分而对所设计电路模块起的名字。端口声明部分用来定义模块端口的类型,如线网型、寄存器型、存储器型以及参数等。通常被设计的电路系统可以考虑从电路硬件结构或数据流两方面来建模。模块建模可以是门级结构、连续赋值结构、过程块结构、模块混合实例结构等。

2.1.1　模　　块

Verilog HDL 语言是为了大规模数字系统集成化设计而采用的硬件描述语言,模块和互连是 Verilog 硬件描述语言的两个核心要素。

模块的声明以关键字 module 开始,以 endmodule 结束。模块可以小到一个物理器件,或者大到一个复杂逻辑系统。例如基础逻辑门器件(三态门、与或门等)或通用的逻辑单元(寄存器、计数器等)等。一个数字电路系统一般由一个或多个模块构成,每个模块实现某一部分的逻辑功能,而每个模块又需要按一定方式连接在一起,实现所需求的系统功能。因此,Verilog HDL 的建模实际也是使用硬件描述语言对数字电路/系统的基本模块以及模块之间互连关系进行描述的过程。模块建模需要设定模块名、模块端口、模块连接以及模块间层次关系等几方面的内容。如图 2.1 所示是仅表示模块和模块间互连的框图。

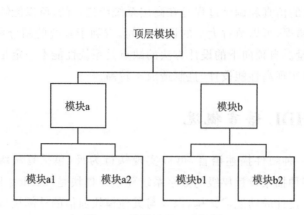

图 2.1　模块阶层互连框图

2.1.2　模块名

Verilog HDL 语言使用模块（关键字：module）来代表一个基本的电路功能单元。在模块关键字 module 之后是模块名（自定义的标识符），两者之间用空格分开。关于关键字、标识符等基本语法术语将在 2.2 节中讲述。

采用 Verilog HDL 进行数字系统设计也叫电路/系统建模，应该在系统设计阶段为每个模块进行命名。模块的命名必须清晰、易懂，模块的命名用英文，应尽量表达出逻辑含义。模块命名的方法是：首先，需要符合 Verilog HDL 语法约定的标识符的命名规则；其次，模块英文名称通常由各个单词首字母组合起来，形成 3～5 个字符的缩写。若模块的英文名只有一个单词，那么可取该单词中的前几个字母。

例 2.1：有意义的模块命名缩写

```
built in self test  //可以命名为 bist 或者 BIST
arithmatic logical unit  //可以命名为 alu 或者 ALU
transceivers  //可以命名为 tran 或者 Tran
Liquid Crystal on Silicon  //可以命名为 lcos 或者 Lcos
```

2.1.3　模块组成

模块结构基本由三个部分组成，模块初始、模块内容和模块结尾。例 2.2 显示了模块的内部结构。模块初始部分包括关键字 module、自定义标识符——模块名、端口列表及端口声明、参数声明等几部分。这些标识符或声明放在模块内容的前面，其中有端口时才会出现端口列表和端口声明，参数声明是可选的。模块内容包括变量声明、数据流语句、行为语句、门级结构实例、任务和函数、模块实例化的调用等。这些部分都是根据实际电路结构的设计需要而确定的，而且其语句顺序可以任意安排。模块的结尾则是用关键字 endmodule 表示结束。

例 2.2：模块的内部结构

```
module module_name        //模块名
( port_list );            //端口声明列表
```

```
input;              //输入信号声明
output ;            //输出信号声明
inout;              //输入/输出信号声明
reg;                //寄存器类型声明
wire;               //线网类型声明
parameter ;         //参数声明

    //主程序代码,建模结构部分,具体语法将在后续章节中讲述
    gate level          //门级建模
    assign level        //连续赋值建模
    initial             //行为级建模
    always @ (posedge clk or negedge reset)
        udp structure;
        sub_module u(out, input1,input2);

        //被调用的子模块
        function        //函数
        task            //任务
endmodule
```

　　图 2.2 表示一个两输入的逻辑与门。模块有 3 个端口:两个输入端口 in1 和 in2,一个输出端口 out。例 2.3 所示的模块名是 and_2,对于端口的位数,在没有定义时所有端口大小都默认为 1 比特(或 1 bit);对于端口的数据

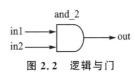

图 2.2　逻辑与门

类型,没有定义时这些端口都默认为线网数据类型,且输入端口只能声明是线网型。组合逻辑的输出端口只能定义为线网类型(wire);对于时序逻辑的输出端口需定义为寄存器类型(reg),具体内容将在第 3 章 3.1 节"数据类型"中详细介绍。

　　例 2.3:逻辑与门的两种描述方法

```
/ * 第一种方法是逻辑门单元 * /
module      and_2( in1, in2, out );
input       in1, in2;              // 输入信号
output      out;                   // 输出信号
    and m1( out, in1, in2 );
//这是逻辑门实例化描述法,and 是"逻辑与"的关键字,m1 是设计者自定义的实例化名,括号内是
//逻辑门的输出和输入端口
endmodule
/ * 第二种方法是连续赋值法 * /
module      and_2( in1, in2, out );
input       in1, in2;              // 输入信号
output      out;                   // 输出信号
   assign out = in1 & in2;
//assign 是连续赋值语句的关键字,在后续章节中讲述
endmodule
```

2.2　基本语法

　　2.1 节中简单介绍了 Verilog HDL 语言中的模块等概念,其中涉及更多的是基本语法,Verilog HDL 语法约定与 C 语言非常相似。例如,在 C 语言中关键字必须为小写,空白符在

编译阶段会被自动忽略,这在 Verilog HDL 中也适用。高级硬件描述语言是基于人类的逻辑思维用高级语言完成的描述,其描述的单词主要包括语法定义的关键字、操作符、分隔符、注释,设计员定义的"标识符"以及所设计的"数字或逻辑"等。Verilog HDL 语言规定区分大小写,其中关键字全部为小写,其他根据设计习惯设定大小写。

2.2.1 标识符

标识符是用来给一个所设计的对象定义的唯一名称,因此它可以被引用。一个标识符可以是一个简单的标识符或转义标识符,也可以是生成标识符。一个简单的标识符应包含字母、数字、美元符号"$"和下划线"_"等。一个简单的标识符的第一个字符不能是"0,1,2,…,9"或美元符号"$",它可以是字母或下划线。标识符是区分大小写的。以美元符号开始的标识符是系统函数保留的标识符,具体将在后面的章节中介绍。

例 2.4:标识符

```
buaa_index
shiftreg_1
oled_out
merge_ab
data3
ab $ 699
```

标识符还包含转义标识符和生成标识符。转义标识符应先从反斜杠字符(\)开始并以空格(空格、制表符、换行符)结束。它们提供了包括任何的可打印的 ASCII 字符中的标识符(十进制数中的 33~126,或者十六进制数中的 21~7E)的一种描述手段。反斜杠开始和空格结束的标识符都被认为是标识符的一部分,因此,转义标识符\buaa_2 与标识符 buaa_2 相同。

另一种标识符叫生成标识符,它是由生成循环语句产生(关键字:generate … endgenerate),并被使用到层次命名中的一种标识符。详细内容请参考 2.2.6 小节。

2.2.2 关键字

关键字是已经用于 Verilog HDL 语法结构的 IEEE 标准中预定义的标识符,关键字前不可以加转义标识符。Verilog HDL 中的关键字全部小写,2005 年最新规定的语法关键字有 123 个,参见附录。Verilog HDL 代码中其他标识符不可与关键字相同。

例 2.5:部分主要的关键字

```
module
input
parameter
always
begin
if
xor
pmos
end
endmodule
```

2.2.3 操作符

操作符是 Verilog HDL 语言中重要的组成部分,它简便地实现了数字电路中的逻辑运算功能。操作符通常分为单目操作符、双目操作符和多目操作符。这里单目操作符在操作数的左边使用,双目操作符在两个操作数的中间使用,多目操作符应当分隔三个操作数或实现等价判断。操作符将在第 3 章中详细介绍。

2.2.4 数字声明

Verilog HDL 语言包含整数数字和实数数字。数字完整的表达方式如下:

<位宽> '<进制><数字>

位宽表示数字的位宽度,只能用十进制数表示。进制可以是二进制 'b 或 'B、八进制 'o 或 'O、十进制 'd 或 'D 和十六进制 'h 或 'H。位宽的概念非常重要,硬件电路中被设定的位宽限制了程序中使用数字的大小,超出位宽的数字部分是无效的。除此之外,非指定位宽的情况下将由所使用计算机的位宽来决定。数字声明方法包含指明位数的声明和非指明位数的声明。

例 2.6:数字声明

```
8'b 10101100        //表示 8 bit 位宽的二进制数
'o 7460             //表示非指明位数的八进制数
5'd 23              //表示 5 bit 的十进制数
16'h f68a           //表示 16 bit 的十六进制数
```

数字描述时位宽可以缺省,缺省状态下默认为计算机位宽的 32 bit 或 64 bit。

```
'o36            //表示 32 bit 或 64 bit 的八进制数
```

当数字描述使用非指明进制的表达格式时,默认为十进制数。

```
1564            //表示 32 bit 或 64 bit 的十进制数
'h 68a          //表示 32 bit 或 64 bit 的十六进制数
```

Verilog HDL 语言支持负数表达,以 2 的补码来表示负数。书写是在位宽前面加一个负号,负号必须在数字表达式的最前面。注意:负号不可放在位宽和进制之间,也不可放在进制和具体数之间。

例 2.7:复杂表达

```
-8'd 6                    //带符号的数字,等同 -(8'd 6)
-4'sd15                   // 相当于 -(-4'd 1)或 '0001
wire [7:0]  test = -3;    //在非标准数字表达格式时可以直接在数字前添加负号
wire [7:0]  nega_num = -8'b0100_0010 = 8'b1011_1110;        //(补码)
//非法的负数如下
8 'd -6       // this is illegal syntax
```

Verilog HDL 语言支持实数数字,实数数字描述符合双精度浮点数的 IEEE 754—1985 标准。实数数字可以用十进制表示法或科学计数法表示。表示小数时,小数点的两侧都至少有一位数字。实数转换为整数根据四舍五入法转换。

例 2.8：数字表达

```
1.29
0.18
1234.2631
1.2E10              //(科学计数法可以用 e 或 E)
8.30e-2
29E10
```

数字的表示方法如表 2.1 所列。

表 2.1　数字的表示方法

数字格式	数字符号	数字示例	说　明
Binary	%b	8'b0010_0110	8 bit 二进制数
Decimal	%d	8'd17	8 bit 十进制数
Octal	%o	8'o10	8 bit 八进制数
Hex	%h	'h29	32 bit 十六进制数
Time	%t		64 bit 无符号整数变量
Real	%e %f %g		双精度的带符号浮点变量,用法与 integer 相同
x 值		8'b1000_xxxx	x 表示不定值
z 值		8'b1000_zzzz	z 表示高阻

下划线"_"能出现在除第一个字符外的任何位置,用以提高程序的可读性,其不影响程序的逻辑关系,因为在编译时将会被自动忽略。问号"?"在 Verilog HDL 约定的常数表示中是高阻值 z 的另一种表示,"?"表示信号属于无关项属性。

```
8'b1010_1100           //提高程序可读性
12'ha6?                //与 12'ha6z 相同
```

2.2.5　注释与空白符

在高级程序语言中,除上述介绍的关键语法约定外,还有对编写、理解程序起到辅助作用的语法,此类语法约定的标识符在编译阶段被忽略。注释是 Verilog HDL 语法中规定在代码中可插入的标识符,以增强程序的可读性和易管理性。注释有两种表示:多行注释和单行注释。多行注释采用注释对"/ * … * /",多行注释不可以嵌套。单行注释采用"//"完成,单行注释可以嵌套在多行注释中。空白符包括空格"\b"、制表符"t"和换行符号。

例 2.9：注释

```
/ * 多行注释开始
多行注释结束 * /
8'b10101100           //表示 8 bit 的二进制数,单行注释
/ * 合法的注释"//"嵌套形式 * /
```

2.3　系统任务与编译指令

2.3.1　字符串

字符串一般用双引号标示字符序列,字符串由单行书写且每字符占用 8 bit。例如,"welcome"用 8 bit ASCII 值表示的字符可看做是无符号整数,因此字符串是 8 bit ASCII 值的序列。为存储字符串"welcome",变量需要 7 个字节。字符串(string)保存在 reg 类型(第 3 章中讲解的数据类型之一)的变量中,在后续讲解的表达式或赋值语句中当字符串被用作操作数时被当作无符号整数常量对待。

Verilog HDL 语言规定了一些具有特定意义的字符串,例如换行符、制表符和参数显示等,如表 2.2 所列。

表 2.2　特殊字符

转义字符	显示的符号
\n	换行
\t	tab
\	\
\"	”
\ddd	1~3 个八进制数字字符

例 2.10:字符串

```
reg [8 * 7:1] Char;          //寄存器类型声明变量 char,其宽度为 7 个字节
Char = "welcome";           //字符串存储在变量中
Char = {welcome,"!!"};      //字符串也可使用操作符
```

2.3.2　系统任务

Verilog 硬件描述语言在完成主体电路结构设计后,需要在仿真器下进行编译、调试和仿真验证。Verilog HDL 规定了执行标准系统任务的关键字以便完成相关任务,其操作包括显示功能、文件输入/输出、时间任务和仿真控制。所有的语法中定义的系统任务名称前都带有"$",使其与用户定义的非系统任务和函数相区分,因此,用户自主定义的标识符不可以用"$"开始。

1. 显示任务

系统显示任务通常包含两类,即显示任务(系统任务:$display)和监测任务(系统任务:$monitor)。上述显示任务的系统任务还有多种,如$write 等,相应的任务目的也有不同,需要查看 Verilog 手册或仿真器软件使用手册。

相关的显示任务语法使用如下:

```
$ dispaly (" $ time = % 0t, $ realtime = % f, $ stime = % 0d", x, y, z);
$ write("The value of b is: % b", b) ;
$ strobe("At time % d, data is % h", $ time,data);
$ monitor( $ time, $ realtime, $ stime, "a = % b", a);
```

上述语法描述中,显示任务后括号括起来的有字符串、变量或表达式。显示任务的功能是相同的,只是"$display"显示会自动在字符串的结尾处添加一个换行符,但"$write"则没有这个功能。"$strobe"显示选定时间内的仿真结果,"$monitor"在整个仿真过程中有效,因此,任意仿真过程中只有一个监视任务有效。系统函数中包含多种字符串格式,其说明参见

IEEE Verilog HDL 手册。

例 2.11：仿真监视（可以在第 6 章后学习掌握）

```
module times;
time x;
real y;
integer z;
reg a;
parameter p = 1.55;
  initial
  begin
  x = $ time;
  y = $ realtime;
  z = $ stime;
  //下列两行可以简单了解
  $ display ("$ time = % 0t, $ realtime = % f, $ stime = % 0d", x, y, z);
  #10 $ monitor ($ time, $ realtime, $ stime, "a = % b", a);
  # p a = 0;
  # p a = 1;
  end
endmodule
//仿真器执行后结果展示
Compiling source file "time.v"
Highest level modules：
times
$ time = 0，$ realtime = 0.000000，$ stime = 0
10 10 10a = x
12 11.55 12a = 0
13 13.1 13a = 1
16 simulation events
CPU time：0.7 secs to compile + 0.2 secs to link + 0.0 secs in simulation
```

在 Verilog 测试中经常出现调用外部数据或输出计算数据的任务，这就需要输入/输出系统任务。其系统任务描述如下：

```
$ fopen (file_name);
$ fclose (file_name);
$ readmemb ("file", memory_identifier [,begin_address[,end_address]]);
$ readmemh ("file", memory_identifier [,begin_address[,end_address]]);
```

例 2.12：输入/输出文件

```
integer file
reg a, b, c;
initial begin
  file = $ fopen("results.dat"); //仿真器输出文件
  a = b & c;
  $ fdisplay(file, "Result is：% b", a);
  $ fclose(file);
end
reg [3:0] memory [15:0];
initial begin
  $ readmemb("data.bin", memory);  //仿真器输入文件
end
```

系统任务中,$stop 表示暂停仿真程序,而 $finish 表示仿真结束,两者功能不同,但代码的使用方法相同。

例 2.13: 系统任务

```
initial begin
    ⋮
    $ stop;
    $ finish;
end
```

2. 随机数生成系统任务

随机数生成在数字系统测试中经常使用,其系统任务是 $random。该功能满足了生成随机测试向量集的需要。随机数生成是由机器自动生成 32 bit 或 64 bit 的数,它是带符号的整数。使用方法如下:

```
$ random(<seed>);
```

seed 参数控制所生成随机数的序列,它应当是寄存器、整数或时间变量。

```
reg [23:0] rand;
rand = $ random % 60;            //生成一个 - 59~59 的随机数
rand = { $ random} % 60;         //加拼接操作符后,生成一个 0~59 的正数
```

3. 延迟反标系统任务

系统任务中还有延迟反标任务,系统任务是 $sdf_annotate。该任务是读取一个 SDF 延迟数据格式文件到所设计的电路代码中。标准延迟格式(SDF)是统一的时序信息表示方法,与仿真工具无关,主要包含模块通路延迟、器件延迟、互连延迟、端口延迟、时序检查等信息。

时序约束延迟反标文件描述如下:

```
$ sdf_annotate ("sdf_file" [ , [ module_instance ] [ , [ "config_file" ]
[ , [ "log_file" ] [ , [ "mtm_spec" ]
[ , [ "scale_factors" ] [ , [ "scale_type" ] ] ] ] ] ] ] );
```

该任务实现逻辑综合后的时序仿真,在 ASIC 设计时 SDF 文件由相关使用的工艺厂商提供。

Verilog HDL 语言的其他系统函数主要包含显示任务、PLA 模块任务、文件 I/O 任务、时间标定任务、仿真控制任务和概率分布任务等几个方面。

2.3.3　编译指令

在 Verilog HDL 语言中,所有的编译指令前面都用一个重音符号 "`" 来表示,或被称为反撇号(backward apostrophe)。注意:重音符号(ASCII 0x60)与单引号(ASCII 0x27)不同。系统的编译指令语法中规定有 16 种,本小节介绍其中常用的三种:`timescale、`define 和 `include。

1. `timescale

在测试仿真中所依据的时间单位和时间精度的编译指令,是在所有模块中统一用来指定仿真时间、延迟值和执行精度的度量单位。命令如下:

```
`timescale time_unit/time_precision
```

时间单位可以使用 s、ms、us、ns、ps、fs。定义的时间整数是 1、10、100 等。该指令使用时的时间精度需小于或等于时间单位。该指令放在所有代码的最前面以保证电路按照该时序执行。

2. `define

编译指令 `define 定义了 Verilog HDL 脚本中的宏模块，即当编译器检测到该模块时由预先定义的宏模块所取代。命令如下：

```
`define text_macro_name macro_text
```

宏定义具有与参数定义相同的效果，但其功能不同，使用宏定义参数具有全局作用，使用实例如下：

```
`define wordsize 8
output [0; wordsize - 1] data;
```

3. `include

编译指令 `include 实现了不同 Verilog HDL 源文件的连接，在编译执行期间类似一个文件进行执行。该指令通常为了形成包含有全局变量或公用定义的头文件包，举例如下：

```
`include "/buaa/ic_design/count.v"
`include "fileA"
```

语法中定义的编译指令，如 `ifdef…`else…`elsif …`endif 等将在后续的测试分支章节中介绍，或请参考 Verilog HDL 手册等。

习　　题

1. 试分辨出下列关键字和标识符。

assign	begin	fpga	power	pmos
current	small	large	tran	wait
work	bus	use	$setup	veriloghdl

2. 试编写下列数字。

① 使用 8 bit 二进制数表示十进制的 60；

② 使用八进制数表示二进制的 11000011；

③ 用 8 bit 二进制数表示十进制的 -32，请给出原码和补码两种形式。

3. 判断下列书写是否符合语法规则。

```
8'b10101100
_1234ji
'o7460
$456yu
5'd 23
$buaa2
16'hf68a
```

```
'o36
♯09yt
- 4 'sd15
/ * Latch * /
8 'd - 6
// this book is about verilogHDL
4'b01xx
```

4. 判断下列数字声明是否合法,不合法的请改正。

```
8'b 00101111
'o 6000
- 5'd 109
16'- h f68a
8 'd - 6
```

第3章
语法与要素

Verilog 硬件描述语言是在高级程序语言 C 的基础上演变而来的,因此,Verilog HDL 的语法结构也延续了 C 语言。但硬件逻辑电路设计是以描述电路结构为目的,以 Verilog HDL 编程为手段的设计过程,从而使 Verilog HDL 语言具有不同于 C 语言的语法要素和语言特点。硬件描述语言借鉴高级语言的抽象级描述风格,结合电路结构的底层设计思想,为高性能、便捷化的硬件开发奠定了基础。历经 IEEE 1995 标准和 IEEE 2001 标准的不断完善,现 Verilog HDL 语言版本更趋于成熟和适用。本章主要讲解 Verilog 硬件描述语言的数据类型、模块端口、表达式、操作数等基本的语法结构和要素等。

3.1 数据类型

3.1.1 数值

数字电路中数值信号通常由高电平、低电平电压值决定,因此,Verilog 硬件描述语言规定的数值包含四种类型,如图 3.1 所示。

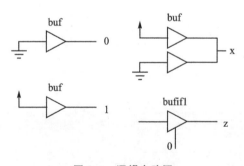

图 3.1 逻辑电路图

0:逻辑低电平,条件为假,接地,接 Vss,消极断言。

1:逻辑高电平,条件为真,接电源,接 Vdd,积极断言。

z:高阻态,三态。

x:未知逻辑电平。

Verilog HDL 语法中用 x 表示不确定值,z 表示高阻值。在实际逻辑电路中,当输入存在高阻态 z 或逻辑表达式内隐含有 z 状态时,其效果与存在不定值 x 相同。这两种表示方法在实际电路建模中非常重要。不定值有可能为高电平,也有可能为低电平,随后面所接负载而定。高阻值既不是高电平也不是低电平,其输出对下一级电路无影响。

```
4'b01xx  //表示一个 4 bit 二进制数,后两位不确定
8'bz  //表示一个 8 bit 的高阻值
```

Verilog HDL 语言中规范了逻辑门级电路输出的驱动强度。逻辑门级驱动强度除规定上拉(pull up)和下拉(pull down)外,又规定了 strength0 和 strength1。strength1 规范应具有逻辑值 1 指定的信号的强度,而 strength0 规范应具有逻辑值 0 指定的信号的强度。strength1 包含的关键字有 supply1、strong1、pull1、weak1;strength0 包含的关键字有 supply0、strong0、 pull0、weak0。具体驱动强度等级见表 3.1。

表 3.1　驱动强度等级

驱动名称	驱动强度	类　型
supply	7(最强)	驱动
strong	6	驱动
pull	5	驱动
large	4	存储
weak	3	驱动
medium	2	存储
samll	1	存储
highz	0 (最弱)	高阻

驱动强度的门级代码描述如下：

```
nor (highz1,strong0)  n1(out1,in1,in2);
```

由于强制高阻态定义,上述代码中"nor"逻辑输出为高阻态 z。另一方面,当两个门级输入强度不同时,输出由强度高的等级决定。信号强度模型对于底层器件作用很大,如 MOS 器件、MOS 开关和底层物理结构中。

3.1.2　线网类型

Verilog 硬件描述语言中为表述电路物理器件连线定义了线网(net)数据类型(简称线网型)。线网数据类型关键字包括 wire、wand、wor、tri、triand、trior 和 trireg。wire 类型是最常用的线网数据类型,只有连接功能。线网需要被持续地驱动,驱动它的可以是逻辑门或者模块。当线网驱动器的值发生变化时,Verilog HDL 自动将新值传送到线网上。没有声明位宽的线网数据类型默认为 1 bit,没有声明的线网默认为 1 bit(标量) wire 类型。tri 类型是另一种线网数据类型,可以用于描述多个驱动源驱动同一根线的线网数据类型,并能基于驱动强度输出所有位的逻辑值。Verilog HDL 程序模块中输入、输出信号类型默认为 wire 型。wire 类型信号可以用做多种形式建模的输入,也经常用做实例化元件或者连续赋值语句的输出。线网数据类型如果没有驱动数据,一般它的值是高阻态 z,除非它是具有寄存功能的 trireg 类型。

线网数据类型的定义格式如下：

```
wire signed [range] #(delay) net_name1,...,net_nameN;
//线网数据类型端口定义规则
net_type (strength) signed [range] #(delay) net_name =
continuous_assignment;
//连续赋值的驱动模式
trireg (strength) signed [range] #(delay) net_name [array],... ;
//含有寄存模式的线网驱动
```

例 3.1：线网数据类型

```
wire d;                // 默认为 1 bit 连线
wire [7:0] x, y, z;    // x,y,z 都是 8 bit 的 wire 型连线
tri [7:0] data_bus;    //8 bit 三态线网
```

```
wire signed [7:0] result;        //带符号的线网
wire #(2.4,1.8) carry;                //带上升、下降延迟的线网
wire [0:15] (strong1,pull0) sum = a + b;
// 16 bit 带驱动强度的隐式连续赋值语句(后续讲解)
```

例 3.2：线网在 MUX 门级结构的使用

```
module mux2_1(out,in1,in2,sel);
output out;
input in1,in2,sel;
wire sel_ba,and_out1,and_out2;
      not   u1(sel_ba,sel);
      and   u2(and_out1,in1,sel_ba);
      and   u3(and_out2,in2,sel);
      or    u4(out,and_out1,and_out2);

endmodule
```

图 3.2 所示为 MUX 门级结构图。

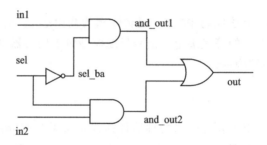

图 3.2　MUX 门级结构图

线网数据类型还有 supply1、supply0、wor、wand 等可综合的不同强度驱动源类型。

下面介绍 wire/tri 线网型的驱动竞争问题,表 3.2 是 wire/tri 线网型驱动竞争真值表,其他两种线网型驱动竞争真值表参见表 3.3 和表 3.4。

表 3.2　wire/tri 线网型驱动竞争真值表

wire/tri	0	1	x	z
0	0	x	x	0
1	x	1	x	1
x	x	x	x	x
z	0	1	x	z

表 3.3　wand/triand 线网型驱动竞争真值表

wand/ triand	0	1	x	z
0	0	0	0	0
1	0	1	x	1
x	0	x	x	x
z	0	1	x	z

表 3.4　wor/trior 线网型驱动竞争真值表

wor/trior	0	1	x	z
0	0	1	x	0
1	1	1	1	1
x	x	1	x	x
z	0	1	x	z

线网数据类型不仅可以实现器件的物理连接,还可以实现特定的寄存器功能,如 trireg 类型。trireg 类型通常具有驱动和存储两种状态。

驱动状态,当驱动线至少存在 1、0、x 一种数值时,trireg 类型处于驱动状态,例如:

```
trireg (small) #(0,0,35) ram_bit;
//带容值和延迟的三态寄存器
```

存储状态,当所有驱动线都是高阻态时,trireg 类型维持原有驱动值,高阻态的值并不传递到 trireg 数据线上。该状态值的电荷存储强度可以定义为 small、medium、large 三种类型。

图 3.3 是 trireg 线网数据类型的电路结构,表 3.5 是 trireg 线网数据类型及强度。下面通过实例解释 trireg 数据类型。

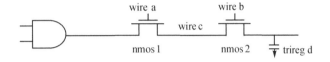

图 3.3　trireg 线网数据类型电路结构

表 3.5　trireg 线网数据类型及强度

时　间	wire a	wire b	wire c	trireg d
0	1	1	strong 1	strong 1
20	0	1	Hiz	medium 1

当仿真开始时,wire c 上是 strong 1 数据类型,trireg d 上由数据类型 strong 1 驱动。当时间单位变为 20 时,由于 wire a 为低电平而处于关断状态,从而使 wire c 上变为高阻态;此时,尽管 wire b 仍然为开启导通状态,但 trireg d 是 trireg 的电容存储态,使得它并没有随着 wire c 变化而变为高阻态 z,而是维持上次的高电平 1 状态。trireg d 的存储强度是 medium。

3.1.3　变量声明

Verilog 硬件描述语言中的另一类数据类型是**变量(variable)**,与其他高级语言一样也必须对变量进行声明。变量是数据存储单元的抽象,变量可以存储数据并能赋值给其他变量或线网。变量数据类型通常包含 reg、time、integer 等类型,其初始值是不定态"x"值。变量还有 real 和 realtime,该变量数据类型的初始值是 0.0。Verilog 语言要求只要在变量使用前声明即可。

例 3.3:变量声明

```
reg a, b, c;              //三个标量（1 bit）的变量
reg signed [7:0] d1, d2;  //两个 8 bit 符号变量
reg [7:0] Q [0:3][0:15];  //一个二维矩阵的 8 bit 位宽的变量
integer i, j;             //两个符号的整数变量
real r1, r2;              //两个双精度变量
```

上述连线端口可以在被调用前声明,声明后的变量、参数等禁止再次重复声明。Verilog HDL 语言在设计使用上比 VHDL 语言具有更大的自由性。线网类型与变量类型的比较如表 3.6 所列。

表 3.6 线网类型与变量类型的比较

线网类型（net）	变量类型（variable）
模块实例或原始实例的输出驱动	变量仅存储逻辑值，不存储强度
连接到被声明模块的输入或输入/输出端	过程赋值的左侧是变量类型
在连续赋值的左边	

关于更多复杂的变量声明赋值将在连续赋值的说明中讨论。

3.1.4 寄存器类型

寄存器类型是在赋新值以前保持原数值的一种变量数据类型，reg 是寄存器类型的关键字之一。寄存器是数据存储单元的抽象，通过赋值语句可以改变寄存器存储的值，其作用相当于高级语言中的变量。与线网数据类型不同，寄存器类型不需要数据源持续驱动就可以保持原数值。寄存器类型既可以声明时序逻辑器件，也可声明组合逻辑器件。

例 3.4：寄存器类型声明

```
reg  a;                    // 1 bit 寄存器
reg  [15：0] data;         // 从 MSB 到 LSB 的 16 bit 寄存器
reg  [ 7：0]  max，min;     // 两个 8 bit 寄存器
reg  signed [31:0]bus;     // 带符号的 32 bit 寄存器
```

reg 型数据可以为正值或负值。但当 reg 型数据是一个表达式中的操作数时，它的值被默认为无符号值的正值。如果一个 4 位的 reg 数据类型被写入，在表达式中操作时，其值将采用 2 的补码形式来表示。reg 型和 wire 型的区别在于：wire 型需要持续的驱动信号，reg 型保持最后一次的赋值。寄存器类型，除关键字 reg 外，还有 integer、real、time、realtime 四种。

整数的关键字是 integer，它是用于定义某种通用目的的操作数寄存器类型，不是硬件类型的寄存器。整数的默认位宽是宿主机的位数，一般为 32 bit 或 64 bit。声明为 reg 类型的寄存器变量是无符号数，但声明为整数类型的变量都是有符号数。

例 3.5：整数声明

```
integer i ,j;          //32 bit 或 64 bit 带符号的值
initial
   i = 7;              //把 7 赋值给整数 i,它是 32 bit 的整数
   j = - 12;           // j 扩展为 1111_1111_1111_1111_1111_1111_1111_0100
```

实数寄存器类型使用关键字 real 声明，包括实常数和实数寄存器，可以用十进制或科学记数法来表示。实数声明不能带有范围，默认值是 0。当实数赋值给另一个整数时，实数会被取最接近的整数赋值给整数变量。

例 3.6：实数赋值给整数

```
real  pai;           //定义 pai 为实数变量
integer  i;          //定义 i 为整型变量
initial              //过程块语句关键字,后续讲解
   begin
```

```
        pai = 3.14;      //pai 被赋值为 3.14
        i = pai;         //pai 被取整数 3 赋值给 i
    end
```

时间寄存器是 Verilog HDL 语言中用来保存仿真时间并进行仿真的数据类型,其关键字是 time。而 $time 是仿真时间的系统函数。时间变量应与至少 64 位的寄存器相同,最低有效位为 bit 0,是无符号变量。

例 3.7: 时间寄存器

```
time last_longer;                   //被定义的时间数据类型
$display(data,"%0d %0d", $time);    //$display 和 $time 都是系统函数
```

3.1.5　阵　列

Verilog HDL 语法允许声明 reg、integer、time、realtime 及向量类型的阵列,可以声明多维数组。阵列中的元素可以是标量或矢量,阵列可以是线网、变量、整数或表达式。

线网型阵列:

```
wire [7:0] w_array [4:0];           //5 个 8 bit 线网组成的阵列
wire w_array [7:0][4:0];            //一个由 40 个元素组成的二维阵列
```

例 3.8: 阵列声明

```
integer numb [7:0];                 //包含 8 个整数数组变量
time   t_vals [3:0];                //4 个时间数组变量
reg  [7:0] memb  [0:15];            //声明一个有 16 个元素的 8 bit 向量寄存器数组
integer my_matrix [0:3][0:4];       //声明 1 bit 位宽具有 20 个元素的二维数组
reg  [15:0] roma  [0:1023];

reg [7:0]  array_4 [15:0][7:0][7:0][255:0];
                                    //四维 8 bit 寄存器型数组
```

例 3.9: 在例 3.8 声明的基础上,数组在模块中声明后还需要对数组元素赋值

```
numb  [3] = 0;        //把 numb 数组中的第 4 个整数元素赋值 0
memb  [5] = 0;        //把 memb 数组中的第 6 个寄存器型元素复位
my_matrix  [0][0] = 127;//对数组中第 0 行 0 列的元素赋值

memb = 0;             //非法赋值,不能对数组的全体赋值
my_matrix  [2] = 0;   //非法赋值,不能对整行数组赋值
```

Verilog HDL 通常用寄存器型变量建立的数组来描述存储器,可以是 RAM、ROM 存储器和寄存器数组。数组通过扩展寄存器型数据的地址范围来达到二维数组的效果,其定义的格式如下:

```
reg  [MSB:LSB] <memory_name> [first_addr:last_addr];
```

[MSB:LSB]定义存储器字的位宽;[first_addr:last_addr]定义存储器的存储深度。

使用数组时一次只能对一个元素进行操作,而不能如向量那样同时对连续的几个位进行操作。表示数组某个元素时,允许使用变量来表示元素的索引,如 numb [i]=12,但表示向量时则不可以使用变量表示。

这个例 3.8 中定义了一个存储位宽为 16 bit、存储深度为 1024 的一个存储器。该存储器
的地址范围是 0～1023。需要注意,对存储器进行地址索引的表达式必须是常数表达式。
Verilog—1995 不支持多维数组,也就是说,只能对存储器字进行寻址,而不能对存储器中一个
字的位寻址。但 Verilog—2001 以后规则支持多维数组,在使用仿真器时应注意其所支持的
Verilog HDL 标准,避免仿真时报错误信息。

尽管数组类型和寄存器型数据的定义都是寄存器,但二者还是有很大区别的。

一个由 n 个 1 bit 寄存器构成的存储器是不同于一个 n bit 寄存器的,如下:

```
reg  [n-1：0] rega;   // 一个 n 位的寄存器数据类型
reg  memb  [n-1：0];  // 一个由 n 个 1 位寄存器构成的存储器数组
```

一个 n 位的寄存器可以在一条赋值语句中直接进行赋值,而一个存储器数组则不行。

3.1.6 标量与矢量

位宽是 1 bit 的线网和寄存器类型数据被定义为标量,而位宽大于 1 bit 的线网和寄存器
类型数据被定义为矢量。

例 3.10:标量与矢量

```
wire n;            //默认为 1 bit 标量的线网变量类型
reg   regn;        //默认为 1 bit 标量的寄存器变量类型
wire  [7:0]m;      // 8 bit 位宽的矢量线网变量
reg  [n-1：0] rega;   // n bit 矢量的寄存器型数据类型
```

矢量通过关键字与变量名之间的方括号的高位/低位表示其变量的位宽 [高位:低位],其
中最左边的位定义为 MSB,而最右边的位定义为 LSB,即矢量最高有效位和最低有效位的范
围。MSB 和 LSB 的位可以是正数、负数和零,且 LSB 的位可以大于、等于、小于 MSB 的位。

例 3.11:有效位的声明

```
reg signed [3:0] signed_reg;     // 4 bit 矢量
reg [-1:4] b;                    // 6 bit 寄存器矢量
reg [4:0] x, y, z;               //三个 5 bit 寄存器矢量
```

在矢量变量声明中可以通过关键字 vectored 和 scalared 进行扩展声明。如果使用关键字
vectored,那么位选择、部分选择和强度声明可能在程序编译(PLI)时不被执行;如果使用关键
字 scalared,那么位选择和部分选择被程序编译认定为可扩展,如例 3.12。

例 3.12:可扩展变量

```
tri scalared [63:0] bus64;     //被扩展的 64 bit 总线
tri vectored [31:0] data;      //可以或不可以扩展的总线
```

矢量的常量和变量

对于 Verilog—1995 标准,可以选择向量的任何一位作为输出,也可以选择向量的连续几
位输出,不过此时连续几位的始末数值的索引需要是常量。其表达式如下:

```
vect  [msb_expr：lsb_expr];
```

其中 msb_expr 和 lsb_expr 必须是常量表达式。

对于 Verilog—2001 标准,新增功能是索引可以使用变量,并可以进行组选择(关键字为 part_select)的功能,其语法结构如下:

```
[<start_bit> + : width_expr]   //从起始位开始递增,位宽为 width_expr
[<start_bit> - : width_expr]   //从起始位开始递减,位宽为 width_expr
```

其中,start_bit 可以是变量,而 width_expr 必须是常量;"＋:"表示由 start_bit 向上递增 width_expr 位;"－:"表示由 start_bit 向下递减 width_expr 位。详细说明参见 3.3 节内容。

3.1.7　参　　数

在 Verilog HDL 语言中使用关键字 parameter 来定义模块中保持不变的常量,即用参数 (parameter)来取代一个常数,其目的是提高程序的可读性和易维护性,常用于定义模块内变量的延时和位宽。参数不属于任何变量或线网数据,参数不可以像变量一样在程序中被赋值,即在运行时修改它们的值是非法的。但参数值可以在编译阶段被重载,即参数重载。参数分为模块参数、指定参数和局部参数三种。

参数 parameter 的格式如下:

```
parameter 参数名 = 数字;
```

例 3.13:参数实例

```
//参数例 1
parameter byte_size = 8;          // 定义位宽为 8
parameter average_delay = 2;

//参数例 2
parameter width = 8;
output [width-1:0] bus;
```

Verilog HDL 语法中还包含局部参数,即关键字 localparam。局部参数的值不可改变,不能通过参数重载语句、有序参数列表或参数赋值来直接修改。为了避免状态机中的状态编码被无意修改,通常可以使用局部参数来定义,如下例所示:

```
localparam [3:0]  sig0 = 4'b0000,
                  sig1 = 4'b0001,
                  sig2 = 4'b0010,
                  sig3 = 4'b0011;
```

语法中还包含指定参数,即关键字 specparam 声明参数的一种特殊类型,其目的仅用于提供定时和延迟值。它能表示为没有被分配成参数的任何表达式。指定参数通常在主模块体或指定块内执行。

指定参数块的格式如下:

```
specparam 参数名 = 数字;
```

例 3.14:指定参数块

```
module ram16gen (dout, din, adr, we, ce)
specparam dhold = 1.0;
specparam ddly = 1.0;
```

```
parameter width = 1;
parameter regsize = dhold + 1.0; // illegal - can't assign
// specparams to parameters

endmodule
```

除上述三种参数类型外,还包含 genvar 和 event 两种类型参数,需要时请查阅 Verilog
手册。

3.2 端 口

端口是所设计的模块与外界环境实现信号交互的接口,它属于标识符。所设计模块的端
口语法表述如下:

```
module 模块名(端口 1,端口 2,端口 3,……);
```

端口基本语法约定:端口必须被声明;端口声明不可重复;端口声明既可在端口列表内也
可在列表外。模块间的数据只能通过其端口进行调用。

例 3.15:端口

```
module test(a,c,e,g);
input [7:0] a;
input signed [7:0] c;
output [7:0] e;
output signed [7:0] g;

wire [7:0] c;   //线网型带符号输入端口
reg  [7:0] g;   //寄存器型带符号输出端口

endmodule

//其他高级端口描述,初学者可暂时略过
module complex_ports ({c,d}, .e(f));
//端口拼接 {c,d}
// .e(f)是端口连接方式之一,见 2.3.3 小节介绍

module split_ports (a [7:4], a [3:0]);
// a[7:4]表示端口的高四位
// a[3:0]表示端口的低四位
//不能使用端口命名方式进行端口连接
```

在模块端口的定义中端口列表是可选的,如果模块和外部环境没有交换任何信号,则语法
规定可以没有端口列表。对模块进行调用只能通过对其端口操作而实现,对模块内部逻辑的
修改不会影响其外部环境。

3.2.1 端口命名

端口的命名与端口、信号的连接规则相关,下面简要介绍模块端口的命名规则。

在实用商业化大规模集成数字系统中,一般须通过几个设计员/设计小组配合才能完成系
统开发,这时就会带来模块编写的一致性问题。端口命名规则在团队开发中占据举足轻重的

地位,统一、有序的端口命名能大幅减少设计人员之间的冗余工作,还可减少团队成员代码编写的差错并便于验证。例如,所有的字符变量均以 ch 为前缀,若是常数变量则追加前缀 c。信号命名的整体要求为:被命名端口标识符具有一定的意义,简洁易懂,且项目命名规则唯一。在 Verilog HDL 设计中,设计人员还需要注意以下命名规则。

全局模块中信号的系统级命名是普遍使用的方法。输送到各个子模块的全局信号是系统级信号,主要指复位信号、置位信号和时钟信号等。全局系统信号以字符串 sys 开头;复位信号一般以 rst 或 reset 为标识;置位信号以 set 为标识;时钟信号用 clk 来表示,并在后面添加相应的频率值或可区分信息。子模块的所有变量命名规则按照数据方向命名的原则,其中数据发送方在前,数据接收方在后,数据发送方和接收方两部分之间用下划线隔离开以保证清晰易读。模块内部的信号由几个单词连接而成,缩写要求能基本表明本单词的含义;单词除常用的缩写方法外(如:reset→rst,clock→clk,enable→en 等),一律取该单词的前几个字母(如 transceiver→tran,frequency→freq 等);一般采用 C 语言格式,遇到两个连接字母时,中间添加一个下划线(如 tran_clk),或者采用 C++语言惯例(如 TranClk)。注意,简化的端口名不能与 Verilog HDL 中定义的关键字相同!

例 3.16:端口命名

```
input [3:0]        sys_out,sys_in;
input              clk,clk_freq_50m,clk_freq_200m;
input              reset, enable;
output [15:0]      aes_out;
output             driver_out;
inout [31:0]       data_bus;
```

3.2.2 端口声明

端口列表中的所有端口必须在模块中进行声明,Verilog 硬件描述语言中的端口具有三种类型,表 3.7 描述了端口声明中涉及到的四个方面(数据方向、数据类型、端口位宽和符号)。

表 3.7 端口声明

数据方向	数据类型	端口位宽	符 号
input 输入端口	线网型	$[7:0]$	signed/unsigned
output 输出端口	线网型或寄存器型	$[n:0]$	signed/unsigned
inout 双向端口	线网型	$[n-1:0]$	signed/unsigned

例 3.17:端口声明

```
module en_shift_reg (clock,enable,data_in,data_out);
//端口声明开始
input clock;
input enable;        //1 bit 输入端口的声明
input [3:0] data_in; //4 bit 输入端口的声明
output [3:0] data_out;//4 bit 输出端口的声明
reg [3:0] data_out;   //寄存器型输出端口需要进一步声明为 reg
//端口声明结束

endmodule
```

在 Verilog HDL 中,所有端口的数据类型隐含时声明为线网型,如果端口信号仅实现信号连接功能,则无需再声明为线网数据类型。但当输出端口需要保存数值时,就必须将其声明为寄存器数据类型。例 3.18 中,触发器模块的输出 q 要保持它的值,直到下一个时钟到来。

例 3.18：D 触发器

```
module d_ff(clk,d,q);
input  clk,d;
output q;
reg    q;

    always @(posedge clk)   //该过程块语法在后续章节中讲述
    begin
        q< = d;
    end
emdmodule
```

在 Verilog HDL 中,寄存器数据类型的变量用于保存数值,而输入端口只反映与其相连的外部信号的变化,不能保存这些值,因此,不能将 input 和 inout 类型的端口声明为寄存器数据类型。

3.2.3　连接方式

Verilog HDL 中顶层模块通过调用其他子模块来实现其逻辑功能。各模块之间都是通过端口完成信号(或数据流)的连接,端口连接模块的内部与外部。而在模块调用过程中,端口的连接必须遵循 Verilog HDL 语法约定的方式,错误的端口连接会导致 Verilog 仿真器报错。模块端口的连接方式如图 3.4 所示。

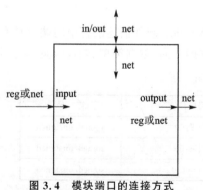

图 3.4　模块端口的连接方式

如图 3.4 所示,对于模块内部,输入端口必须为线网数据类型;输出端口可以为线网或寄存器数据类型;输入/输出端口必须是线网数据类型。这在 3.2.2 小节"端口声明"中已经注明。而对于模块外部,输入端口可以连接到线网或寄存器数据类型的变量;输出端口必须连接到线网数据类型的变量;输入/输出端口必须连接到线网数据类型的变量。

在模块调用过程中,可以使用两种方法将模块定义的端口与所设计模块外部环境中的信号连接起来,包括端口位置连接和端口命名连接两种方式。

1. 端口位置连接

端口位置连接规则:调用模块的端口名必须与被调用模块端口列表中的位置保持一致。这种端口连接方法很直观,适合于初学者和较少代码的编写。

具体格式如下:

模块名 模块实例名(连接端口 1 的端口名,连接端口 2 的端口名,连接端口 3 的端口名,连接端口 4 的端口名,…);

例 3.19：端口位置连接

```
//调用模块
modulename1 (…)
    //端口定义
    //端口描述
    mux u1(in1,in2,sel,out);
endmodule

//被调用模块
module mux (in1,in2,sel,out);
    //端口定义
    //端口描述
    //具体编码从略
endmodule
```

可以看出,调用模块的实例化语句"mux u1(in1,in2,sel,out)"中的端口与被调用模块的端口列表中声明的端口 in1,in2,sel,out 具有相同的顺序,以便保证调用模块正确调用被调模块的数据。

2. 端口命名连接

端口命名连接规则是在端口设置中,各模块端口与外界信号按模块名进行连接,而不是按照位置顺序进行连接。这种连接方法的优点是可以保证端口与外部信号准确匹配,端口连接可以是任意顺序,提高了程序的可读性与可移植性。此外,即使模块端口列表中端口的顺序有所改变,只要模块端口的名字没有发生变化,就不会对模块实例的连接带来不必要的调整。对于大规模复杂数字系统设计来说,由于其复杂度高、容易出错,故常用此连接法。在引用时用".."符号表明是原模块定义时规定的端口。

具体格式如下:

模块名 模块实例化名(. 被调模块端口名 1(调用模块内端口名 1),. 被调模块端口名 2(调用模块内信号名 2),. 被调模块端口名 3(调用模块内信号名 3),…. 被调模块端口名 n(调用模块内信号名 n));

例 3.20：端口命名连接

```
module same_port (.a(i), .b(j));
// .a, .b 被调用的模块端口
// i,j 调用模块的端口名

module renamed_concat (.a({b,c}), f, .g(h[1]));
// 'b', 'c', 'f', 'h' 调用模块的端口名
// 'a', 'f', 'g' 被调用的子模块端口
//端口位置连接和端口命名连接复用
```

一个模块能够与另外一个模块互连或被调用,这样就建立了模块层次结构。当这个模块被引用的时候,Verilog HDL 会创建一个模块对象,模块对象由名称、参数、变量和输入/输出端口构成。这样从模块到对象的过程就为实例化,创建的对象称为实例。

模块的连接通过端口实现,端口连接方式有位置或命名连接;但是连接方式不能够混合使用。

例 3. 21：全加器

```
module full(p,q,cin,sum,cout);    //主模块全加器
input p,q,cin;
output sum,cout;
wire s1,c1,c2;

//两个实例调用语句
      half   h1   (p,q,s1,c1)；  //端口位置连接
      half   h2   (.b(cin),.s(sum),.a(s1),.c(c2))；//端口命名连接
      or     h3   (cout,c1,c2)；

endmodule

module half(a,b,s,c)；  //被调用的半加器模块
input a,b;
output s,c;

      求和描述语句；
      进位描述语句；
endmodule
```

在全加器模块的第一个实例调用语句中，half 是模块的名字，h1 是实例化名，并且端口采用位置连接方式实现，即信号 p 与半加器模块(half)的端口 a 连接，信号 q 与半加器模块的端口 b 连接，s1 与半加器模块的端口 s 连接，c1 与半加器模块的端口 c 连接。在全加器模块的第二个实例语句中，采用了端口命名连接规则，即信号 cin 与半加器模块(half)的端口 b 连接，信号 sum 与半加器模块的端口 s 连接，s1 与半加器模块的端口 a 连接，c2 与半加器模块的端口 c 连接。图 3.5 为全加器模块图结构。

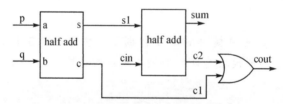

图 3.5   两个半加器模块构造的全加器

模块端口连接实例还包含下列几种情况：

(1) 置空端口

在实例语句中，置空端口是表达式所对应的模块端口为空置状态，即未与其他模块端口相连的空置端。

例 3. 22：端口连接

```
dff d1 (.q(qs),.qbar(),.data(d) ,.preset(),.clock(ck));//端口命名连接
dff d2 (qs, ,d, ,ck) ; //端口位置连接
    //输出端口 qbar 和输入端口 preset 置空
    //输入端口 preset 置空，其值设定为高阻态
```

在这两个实例语句中，端口 qbar 和 preset 置空。

当模块的输入端置空时，值为高阻态 z。当模块的输出端口置空时，表示该输出端口未与

其他模块连接使用。

（2）端口位宽

当主调模块端口和被调用模块端口的长度不同时，端口通过无符号数的右对齐或截断方式进行匹配。

例 3.23：端口长度

```
module child(pba, ppy);
input [5:0] pba;
output[2:0] ppy;
        ⋮
endmodule

module top;
wire [1:2]bdl;
wire [2:6]mpr;
    child c1 (bdl, mpr);
endmodule
```

在 child 模块的实例中，bdl[2]连接到pba[0]，bdl[1]连接到 pba[1]，余下的输入端口 pba[5]、pba[4]、pba[3] 和 pba[2]置空，因此为高阻态 z。与之相似，mpr[6]连接到 ppy[0]，mpr[5]连接到 ppy[1]，mpr[4] 连接到 ppy[2]，如图 3.6 所示。

还有值得注意的一点是，端口命名连接规则可以置空某个端口而不用特别说明，而端口位置连接规则则需要特别说明，否则会造成连接错误。

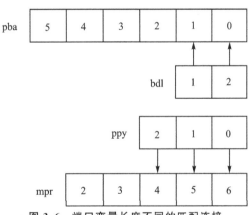

图 3.6 端口变量长度不同的匹配连接

3.3 表达式

3.3.1 运算表达

数字逻辑电路中经常用到各种数学运算，其中包括逻辑运算和算术运算等。Verilog HDL 语法中规定运算表达式由语法定义的操作符和操作数组成，目的是根据操作符的意义对操作数进行操作得到计算结果，如：

```
a  && c;        // 表示对操作数 a 和 c 进行的逻辑与(&&)操作
in1 + in2;      // 表示对操作数 in1 与 in2 进行相加(+)的算术操作
-12 / 3;        // 除法(/)操作
```

表达式结果的位宽由操作数最长位宽决定。在较大的表达式中，会出现中间结果，在 Verilog HDL 中定义了如下规则：表达式中的所有中间结果应取最大操作数的位宽长度（赋值时，此规则也包括左端目标）。

例 3.24：操作数位宽

```
wire [4:1] a,b ;
wire [5:0] c;
wire [5:0] d;
wire [15:0]  sum;
⋮
assign sum = (a + b) + (c + d);    //连续赋值算术表达式
```

表达式操作右端的数被声明为 6 bit，但是按照语法规则求和数的位宽是 16 bit。所以所有的加操作使用 16 bit 进行，当位数不足时从最高有效位之前用 0 补位。

3.3.2　操作符

与其他高级语言一样，Verilog HDL 语言使用操作符进行算术运算和逻辑运算，操作符按功能可以分为算术操作符、逻辑操作符、位操作符、关系操作符、等价操作符、赋值操作符、缩减操作符、移位操作符、拼接操作符、条件操作符，见表 3.8。

表 3.8　操作符

操作符名称	功能分类	操作符
算术操作符	add　加法	+
	sub　减法	—
	mul　乘法	*
	div　除法	/
	mod　取余数	%
	exp　指数	* *
逻辑操作符	and　逻辑与	& &
	or　逻辑或	||
	not　逻辑非	!
位操作符	and　按位与	&
	or　按位或	|
	not　按位非	~
	nand　按位与非	~&
	nor　按位或非	~|
	xor　按位异或	^
	xnor　按位异或非	~^ 或 ^~
	逐位加	+
	逐位减	—
关系操作符	小于	<
	大于	>
	小于或等于	<=
	大于或等于	>=

操作符名称	功能分类	操作符
等价操作符	相等	==
	case 等	===
	不等	!=
	case 不等	!==
赋值操作符	阻塞赋值	=
	非阻塞赋值	<=
缩减操作符	and 与	&
	or 或	|
	nand 与非	~&
	nor 或非	~|
	xor 异或	^
	xnor 同或	~^
移位操作符	逻辑左移、右移	<< >>
	算术左移、右移	<<< >>>
拼接(concatenation)操作符	拼接	{}
	replication 重复拼接	{{ }}
条件操作符	conditional 条件	? :
	event 事件	or
连接	并行连接	=>
	全连接	*>
命名事件	触发事件	->
	识别事件	@

操作符中,按其所带操作数的个数不同可以分为如下两种。

● 单目操作符:对一个操作数执行,放在操作符的右边。

● 多目操作符:对两个/多个操作数和数据类型执行操作。

1. 单目操作符

单目操作符包括按位操作符和部分算术操作符,如:位与(&)、位或(|)、位异或(^)、位非(~)、位同或(~^或^~)、一元逐位加减(+、-)。若其操作数的位宽不相等,对较短操作数左边补零,使其位宽相等。然后单目操作符对两个操作数按位操作。对于取反操作符,其只有一个操作数,取反操作符是对操作数逐位取反。

例 3.25:单目操作

```
a & b        //按位与
in1^in2      //按位异或
~result      //按位求反
+ 10         //正 10
- 2          //负 2
```

在 Verilog HDL 语法中,负数采用二进制补码表示。本书建议采用整数或实数形式表示负数,从而避免使用<nn>'<base><number>格式带来的错误。计算中将会转换为无符号的 2 的补码形式,如下:

```
-'d10/2
//此值等于 10 的二进制补码除以 2,即(2³² - 10)/2,32 是系统机器字节长度,计算结果与预期不同!
```

单目操作符还包括一元缩减操作符(&、~&、|、~|、^、~^、^~),一元缩减操作就是为实现单比特结果而执行的逐位操作的运算。

例 3.26:缩减符的使用

操作符	&	~&	|	~|	^	~^
4'b0000	0	1	0	1	0	1
4'b1111	1	0	1	0	0	1
4'b0110	0	1	1	0	0	1
4'b1000	0	1	1	0	1	0
4'b01xx	0	1	1	0	x	x
4'b01z0	0	1	1	0	x	x

2. 算术操作符

在 Verilog 硬件描述语言中,算术操作符包括加(+)、减(—)、乘(*)、除(/)、取模(%)和指数(* *)。单目操作符中的一元逐位加减操作符也是算术操作符。算术操作符按如下执行:

- 将负数赋值给 reg 或其他无符号变量使用二进制补码;
- 如果操作数的某一位是 x 或 z,则结果为 x;
- 在整数除法中,余数舍弃;
- 模运算中使用第一个操作数的符号。

例 3.27:算术操作符的使用

```
rega = 3;       regb = 4'b1010;
int = -3;              //int = 1111…1111_1101

ans = 5 * int;       // ans = -15
ans = (int + 5)/2;   // ans = 1
ans = 5/ int;        // ans = -1
num = rega + regb;   // num = 1101
num = rega + 1;      // num = 0100
num = int;           // num = 1101
num = regb % rega;   // num = 1

10 % 3 = 1;
-10 % 3 = -1;
11 % -3 = 2;                  //符号以第一个数为准
-4'd12 % 3 = 1               //补码计算过程为 1100→1011→0100
result = base * * exponent   //指数操作运算
```

3. 逻辑操作符

逻辑操作符包括逻辑与(&&)、逻辑或(||)、逻辑非(!)。对比前面介绍的位操作符,逻辑操作符执行逻辑操作,其操作结果为逻辑数值 0、1、x。"0"表示假,"1"表示真,"x"表示不确定。对于不为 0 的操作数,等同于逻辑真"1"。对于为 0 的操作数,等同于逻辑假"0"。如果操

作数任意一位为"x"或"z",则其等价于逻辑不确定"x"。逻辑操作符只对逻辑值运算,如果操作数为全 0,则其逻辑值为假;如果操作数有一位为 1,则其逻辑值为真。

例 3.28：逻辑操作符的使用

```
rega  =  4'b0011;       //逻辑值为"1"
regb  =  4'b10xz;       //逻辑值为"1"
regc  =  4'b0z0x;       //逻辑值为"x"
ans = rega && 0;        // ans = 0
ans = rega || 0;        // ans = 1
ans = regb && rega;     // ans = 1
ans = regc || 0;        // ans = x
ans = ! rega            // ans = 0 逻辑非
ans =   ~rega           //ans = 1100 按位取反
```

4. 关系操作符

关系操作符有四种:">""<"">=""<=",分别表示大于、小于、大于或等于、小于或等于四种关系。在进行关系操作时,如果所声明的关系为假,则其返回值为 0;如果声明的关系为真,则其返回值为 1。如果操作数的值不确定,则其返回值不确定。值得强调的是,关系操作符的优先级别低于算术操作符的优先级别。

例 3.29：关系操作符的使用

```
a > b+1           //等同于a>(b+1);
a+1 > = b
```

5. 等价操作符

等价操作符是对符号两侧的操作数进行逐位对比的操作。等价操作符比关系操作符的优先级更低,其有四种操作符,见表 3.9。

表 3.9　等价操作符

a == b	a 逻辑等于 b
a != b	a 逻辑不等于 b
a === b	a 全等(case equality)b,包括 x 和 z
a !== b	a 不全等(case inequality)b,包括 x 和 z

四个操作符有相同的优先级,a === b 和 a !== b 对操作数进行比较时,多操作数中出现的不确定值 x 和高阻值 z 也要进行比较,当两个操作数完全一致时,结果为 1,否则为 0。而 a == b 和 a != b 在遇到操作数中某些为不确定值 x 和高阻值 z 时,其结果会出现不确定值 x。**全等操作符和不全等操作符一般情况下都不可综合。**

例 3.30：等价操作符的使用

```
2'b1x = = 2'b0x         //值为 0,因为不相等
2'b1x = = 2'b1x         //值为 x,因为可能不相等,也可能相等
2'b1x = = = 2'b0x       //值为 0,因为不相同
2'b1x = = = 2'b1x       //值为 1,因为相同
```

6. 移位操作符

移位操作符包括逻辑移位和算术移位两类,其中逻辑移位符号为逻辑左移"<<"和逻辑

右移"＞＞"，而算术移位包括算术左移"＜＜＜"和算术右移"＞＞＞"两种。逻辑移位是将向量操作数向左右移动指定的位数，逻辑移位时，向量产生的空余位用 0 来补充。算术移位则根据表达式内容确定空余位的填充值，表达式为正数时，补充 0；表达式为负数时，补充 1。

例 3.31：移位操作符的使用

```
A = 4'b1010
Z = a >>2;                //z 结果是 0010,右移 2 位,最高位用 0 补充
Z = a << 1;               //z 结果是 0100,左移 1 位,最低位用 0 补充
module ashift;
  reg signed [3:0] start, result;
  initial begin
      start = -10;
      result = (start >>> 3);           //最高位用 1 补充,得到 4'b1110,结果为 -2,
  end
endmodule
```

7. 条件操作符

条件操作符根据条件表达式的值选择表达式(符号为"?"":")，形式如下：

＜条件表达式＞ ?＜真表达式＞:＜假表达式＞;

首先，计算条件表达式，如果结果为真(逻辑 1)，则选择问号后面的真表达式；否则，选择冒号后面的假表达式。如果为不确定态 x，且真、假两个表达式不相等，则输出不确定值！

```
wire [15:0] busa = drive_busa ? data : 16'bz;
```

当该条件表达式的条件判断语句是逻辑 1 时，busa 输出数据 data；否则，busa 输出不确定值。条件表达式可以嵌套使用，即真、假表达式本身又可以是一个完整的条件操作表达式。条件操作符优先级别最低。

8. 其他操作符

在 Verilog HDL 语法中，操作符还包含赋值操作符、拼接操作符、重复操作符等。

代码中使用量最大的操作符是赋值操作符，即阻塞赋值"＝"和非阻塞赋值"＜＝"。它的优先级别低于其他的操作符，所以对该操作符往往最后读取。它的作用是将等号右侧的值赋给操作符左侧的变量。阻塞赋值与非阻塞赋值是 Verilog HDL 语法中重要的问题之一，不仅影响逻辑赋值关系的表达，还影响电路结构以及时序关系，具体内容将在后续章节中阐述。

例 3.32：赋值操作符的使用

```
reg [3:0] a, b;
a = 4;          //将数值 4 赋值给变量 a
b = 3;          //将数值 3 赋值给变量 b

out = control? in1:in2;       //将条件表达式的结果赋值给 out
```

拼接操作符"{ }"可以将多个操作数拼接在一起，组成新的操作数，为了确定拼接操作数的位宽，被拼接的操作数位宽必须确定。拼接操作数的数据类型可以是变量线网或寄存器、向量线网或寄存器、位选、组选和确定位宽的常数。

例 3.33：拼接操作符的使用

```
rega = 8'b0000_0011;
regb = 8'b0000_0100;
regc = 8'b0001_1000;
regd = 8'b1110_0000;

out = {regc [4:3], regd [7:5], regb [2], rega [1:0]};
      // out = 8'b11111111
{b, {3{a, b}}}// 相当于 {b, a, b, a, b, a, b}, 即(a,b)重复拼接 3 次
```

Verilog 提供了命名事件控制，通过关键字 event 声明变量类型，实现触发该事件和识别该事件的发生两种功能。命名事件具有下列特点：

● 可以发生在任何特定的时间；

● 没有持续时间消耗。

触发事件操作符"→"，识别事件操作符"@"。

例 3.34：触发操作符的使用

```
parameter d = 50;        // d 声明为变量
reg [7:0] r;             // r 被声明 8 - bit reg

begin
#d r = 'h35;
#d r = 'hF7;
#d -> end_wave;          //触发事件 end_wave
end

fork
    @enable_a            //识别命名事件
    begin
        #ta wa = 0;
        #ta wa = 1;
        #ta wa = 0;
    end
    @enable_b            //识别命名事件
    begin
        #tb wb = 1;
        #tb wb = 0;
        #tb wb = 1;
    end
join
```

9. 操作符的优先级

在 Verilog HDL 语言中，操作符是根据其优先级的不同来决定计算的先后顺序的。操作符的优先级见表 3.10。

表 3.10　操作符的优先级

优先级别	操作符	说　明
最高	!　～	逻辑非,按位取反
	&　～&　|　～|　^　～^　^～	一元缩减
	+　—	一元逐位加减
	*　/　**　%	乘、除、指数、取模
依次递减	+　—	算术加、减
	<<　>>	移位
	<　>　<=　>=	关系
	==　!=　===　!==	等价
	&　～&	按位 与/与非
	^　^～　～^	按位 异或/同或
依次递减	|　～|	按位 或/或非
	&&	逻辑与
	||	逻辑或
	{　}　({n{m}})	拼接、重复拼接
最低	?　:	条件操作符
	=　<=	赋值操作符

操作符使用时的注意事项:将负数赋值给寄存器类型 reg 或其他无符号变量,需使用二进制补码计算;如果操作数的某一位是 x 或 z,则结果为 x;在整数除法中,余数舍弃;模操作中使用第一个操作数的符号。逻辑反操作符将操作数的逻辑值取反。例如,若操作数为全 0,则其逻辑值为 0,逻辑反操作值为 1,按位反的结果与操作数的位数相同。条件操作符必须有三个参数,缺少任何一个都会产生错误。

3.3.3　操作数

在 Verilog HDL 语言中规定的数据类型都可以是操作数,也就是操作数可以是常数、整数、实数、线网、寄存器、位选、组选、存储器和函数调用等。位选是向量线网或向量寄存器的某一位,组选是向量线网或向量寄存器的一组选定的位。

例 3.35:操作数的类型

```
real x, y, z;
z = x + y;                  //x 和 y 是实型操作数
integer numb, numb_sum;     //定义的整型操作数
numb_sum = numb + 10;

reg [7:0] ab_1,ab_2;
out = ab_1 & ab_2;          //寄存器按位与操作
```

整数在操作数中的表达式分为三种形式:
- 无符号、无进制基底的整数(如:8、200);
- 无符号、有进制基底的整数(如:'d8、'b1100);

● 有符号、有进制基底的整数(如:4'd8、-'d12)。

语法中,一个无进制基底的整数解释为有符号的 2 的补码的格式,无符号进制基底整数解释为无符号值。

例 3.36:负数操作数

```
integer inta;
inta = - 12 / 3;             // The result is - 4.
inta = - 'd 12 / 3;          // The result is 1431655761.
inta = - 'sd 12 / 3;         // The result is - 4.
inta = - 4'sd 12 / 3;        // - 4'sd12 is the negative of the 4 - bit
// quantity 1100, which is - 4. - ( - 4) = 4.
// The result is 1.
```

1. 矢量位选与组选

位选就是从向量中提取特定位,该向量可以为矢量线网(vector net)、寄存变量、整型变量或时间变量。该位可以使用一个表达式表示。如果该选择位超出地址范围,或者选择位是 x 或 z,则其返回值为 x。一个变量的位选择或组选择被声明为 real 或 realtime,表示其是非法的。

例 3.37:位选

```
reg [3:0] vect;
vect = 4'b0001;
vect  [0] = 1          //地址选从低位第 0 位或 LSB 开始
vect  [3] = 0          //地址选从低位第 3 位开始
vect  [4] = x          //地址选从低位第 4 位开始
vect  [1'bx] = x       //地址表达式是 x 或 z
```

矢量线网、寄存器矢量、整型变量、时间变量中的几个连续位可以被寻址,被称为组选。选择部分有两种类型:一种是常数部分选择;一种是可变部分选择。寄存器或矢量线网的一个常数部分选择用下面的形式给出:

```
vect [msb_expr: lsb_expr]
```

常数表达式中两个位宽表达式都是不变的表达式。第一个表达式必须寻址一个比第二个表达式更大的地址空间。如果部分选择超出地址空间的约束或部分选择是 x 或 z,则其返回值将是 x。

矢量线网、寄存器矢量、整型变量、时间变量中的变址部分选择如下:

```
reg [15:0] big_vect;
reg [0:15] little_vect;
big_vect  [lsb_base_expr + : width_expr]
little_vect [msb_base_expr + : width_expr]
big_vect  [msb_base_expr - : width_expr]
little_vect [lsb_base_expr - : width_expr]
```

width_expr 应是一个常数表达式。它将不会受到运行时间参数分配的影响。lsb_base_expr 和 msb_base_expr 在运行时,可以有所不同。前两个例子的选择位从低位开始,而后逐位上升。选择的位的数目与表达式宽度相等。后两个例子的选择位从高位开始,而后逐位下降。部分选择位的地址范围不受线网、寄存器、整数或时间的地址限制,当部分选择位为 x 或 z 时,读取时应返回 x 值,写入时不会影响数据的存储。部分选择位超出范围部分,读取时返回超出范围的不确定值 x,写入时应只影响范围内的位。

例 3.38：组选择位结构

```
reg [31:0] big_vect;
reg [0:31] little_vect;
reg [63:0] dword;
integer sel;

initial begin
        big_vect[0 + :8];          //等同 big_vect[7:0]
        little_vect[0 + :8];       //等同 little_vect[0:7])
        big_vect[15 - :8];         //等同 big_vect[15:8])
        little_vect[15 - :8];      //等同 little_vect[8:15])

    end
```

例 3.39：可变域选择

```
reg [63:0] word_wid;
reg [3:0] byte_n;
wire [7:0] byteN = word_wid [byte_n * 8 + :8];
wire [7:0] byteM = word_wid [63 - :16];  .

for (i = 0; i<= 31; i = i+1)     //循环语句用在可变域选择
    byte_n = word_wid [(i * 8) + :8];
    word_wid [(byteN * 8) + :8] = 8'b0000_1111;
```

例 3.39 的意义是,如果 byte_n 的值为 2,则将 word_wid [24:16]赋值给 byteN。而 byteM 的值则为 word_wid [63:47]。对于可变域选择,可用循环语句选取一个很长的向量所有位。

例 3.40：不同的返回值

```
reg [7:0] vect;
vect = 4;
//被定义的 vect 变量是 0000_0100
//当位选地址是 2 时,vect[2] 返回值是 1
//当位选在地址范围外时,返回值是 x
//当位选地址是 0、1、3、…、7 时,返回值是 0
//当组选 vect[3:0]时,返回 0100
//当组选的地址字节有 x 或 z 时,地址值是 x
```

2. 符号操作数

当执行算术操作和赋值操作的时候,应该注意无符号数与有符号数的区别。无符号数存储在线网量中,一般为 reg 变量,可以是以进制基底格式表示的整数。有符号数存储在有符号 reg 变量和十进制形式的整型变量中。整型变量是有符号的,有符号数需使用 2 的补码表示,有符号数与无符号数的相互转换需保持同样比特位宽,表 3.11 描述了数据类型与说明。

表 3.11　数据类型与说明

数据类型	说　明
unsigned net	无符号线网
signed net	有符号线网,以二进制补码表示

续表 3.11

数据类型	说　明
unsigned reg	无符号寄存器变量
signed reg	有符号寄存器,以二进制补码表示
integer	有符号整数,以二进制补码表示
time	无符号
real, realtime	有符号类型

例 3.41：无符号操作数与有符号操作数

```
reg [5:0] a;
integer  b;
a = - 4'd8;        // reg 变量 a 的十进制数为 56,向量值为 111000
b = - 4'd8;        // 整型变量 b 的十进制数为 - 8,补码编码形式为 1111 1111 1111 1111 1111 1111
                   // 1111 1000
```

两种情况下,位向量存储内容都相同,但是在第一种情况下,向量被解释为无符号数,而在第二种情况下,向量被解释为有符号数。因为 a 是普通寄存器类型变量,只存储无符号数。右端表达式的值为 8 的二进制补码 2'b111000。因此在赋值后,a 存储十进制值 56。在第二个赋值中,右端表达式相同,值为 2'b111000,但此时被赋值为存储有符号数的整数寄存器。b 存储十进制值 -8(位向量为 32'b1111_1111_1111_1111_1111_1111_1111_1000)。

例 3.42：reg 和 integer 数据的计算

```
module lrm_arithmetic;
integer ia, ib, ic, id, ie;
reg [15:0] ra, rb, rc;
initial begin
    ia = - 4'd12;        ra =  ia / 3;        // 这里的 reg 类型变量作为无符号数
    rb = - 4'd12;        ib =  rb / 3;
    ic = - 4'd12 / 3;    rc = - 12 / 3;       // real 类型变量作为有符号数
    id = - 12 / 3;       ie =  ia / 3;        // 二进制补码表示
end

initial begin #1;
    $ display("                    hex     default");
    $ display("ia = - 4'd12     = % h % d",ia,ia);
    $ display("ra = ia / 3      =    % h     % d",ra,ra);
    $ display("rb = - 4'd12     =    % h     % d",rb,rb);
    $ display("ib = rb / 3      = % h % d",ib,ib);
    $ display("ic = - 4'd12 / 3 = % h % d",ic,ic);
    $ display("rc = - 12 / 3    =    % h     % d",rc,rc);
    $ display("id = - 12 / 3    = % h % d",id,id);
    $ display("ie =  ia / 3     = % h % d",ie,ie);
  end
endmodule
//显示结果如下:
                   hex         default
```

```
ia =  - 4'd12    = fffffff4        - 12
ra =  ia / 3     =     fffc      65532
rb =  - 4'd12    =     fff4      65524
ib =  rb / 3     = 00005551      21841
ic =  - 4'd12 / 3 = 55555551   1431655761
rc =  - 12 / 3   =     fffc      65532
id =  - 12 / 3   = fffffffc        - 4
ie =   ia / 3    = fffffffc        - 4
```

符号操作数还可以使用关键字 $ signed()和 $ unsigned()来表达。如下例所示：

```
reg [7:0] regA, regB;
reg signed [7:0] regS;
regA = $ unsigned( - 4);        // regA = 8'b11111100
regB = $ unsigned( - 4'sd4);    // regB = 8'b00001100
regS = $ signed (4'b1100);      // regS = - 4
```

3.4　标准主要差别

Verilog—2001 标准为适应集成电路的发展趋势做了修改,其中主要表现在:应用于系统级的高级设计模式,可覆盖 IP core 开发模式,为深亚微米/纳米级工艺补充了更精确的时序精度。下面就一些主要区别进行介绍。

1. 模块的端口、敏感表设置使用 ANSI 风格

```
//Verilog - 1995 separate module port,IO, and parameter definitions
module memory (rdy,clk,rw,strb,addr,data);

input   clk,rw,strb;
input   [addr_s - 1:0]  addr;
inout   [word_s - 1:0]  data;

output rdy;
parameter addr_s = 4;
          word_s = 16;

    always @(addr or rw or strb)

//Verilog - 2001 combined module port, IO, and parameter definitions
module memory # (parameter addr_s = 4, word_s = 16) (
input   clk,rw,strb;
input   [addr_s - 1:0]  addr;
inout   [word_s - 1:0]  data;
output rdy;

always @(addr, rw, strb)
```

Verilog—1995 标准：

```
module sy_d_ff(clk, d, q, qb);
     input clk, d;
     output q, qb;
     reg q,qb;
```

Verilog—2001 标准：

```
module sy_d_ff(clk, d, q, qb);
    input   wire clk, d;
    output  treg q, qb;
```

带初始变量的定义

Verilog—1995 标准：

```
reg   enable;
initial
    enable = 1;
```

Verilog—2001 标准：

```
reg enable = 1;
```

2. 函数与任务定义的区别

Verilog—1995 标准：

```
function  [7:0]    sum;
    input  [7:0]  in_a,in_b;
    input          in_c;
task      sum;
    output [7:0]  sum;
    input  [7:0]  in_a,in_b;
    input          in_c;
```

Verilog—2001 标准：

```
function  [7:0]    sum(input [7:0] a,b,input in_c);

task      sum(output [7:0] sum, input [7:0] in_a,in_b,inpu tin_c);
```

Verilog—2001 标准增加了关键字 automatic，其指定的内存空间动态分配，任务/函数具有可重载功能。

```
function automatic [63:0] factorial (input reg [31:0] n);
if (n < = 1) factorial = 1;
else factorial = n * factorial(n−1); //recursive call
endfunction
```

3. 测试分支的参数描述

Verilog—1995 标准：

```
module top;
    parameter   step = 10;
    output      clk;
    reg         clk;
initial begin
    clk = 0;
    forever  # step    clk = ~clk;
end
endmodule
```

Verilog—2001 标准：

```
module top # (parameter step = 10)(output reg clk = 0);
    initial
        forever # step clk = ~clk;
endmodule
```

4. 数组描述

Verilog—1995 标准仅仅支持一维数组，包括 reg 型、integer 型和 time 型。

```
reg [15:0] memory [127:0];          //一维阵列存储
```

Verilog—2001 标准支持三维数组的描述，包括 reg 型、integer 型和 time 型。

```
reg [15:0]  memory [0:127][0:127];
real    time [0:15][0:15][0:15];
```

5. 操作符

在 Verilog—1995 标准中仅有逻辑移位，如 data>>2。

在 Verilog—2001 标准中，字节移位操作符支持算术右移(>>>)和算术左移(<<<)操作。Verilog—2001 标准中支持指数运算符，如"data=base * * exponent;"。

6. 符号运算

在 Verilog—1995 标准中，reg 和 wire 类型为无符号类型，而数据类型 integer 为有符号类型，且 integer 大小固定，即为 32 bit 数据。

在 Verilog—2001 标准中对符号运算进行了如下扩展，其中 reg 和 wire 变量可以定义为有符号类型。

```
reg signed [31:0]        data;
wire signed [15:0]       in_wire;
input signed [31:0]      top_input;
function signed [7:0]    mult;
```

操作数可以是有符号和无符号类型，且可以互相转换，通过系统函数 $ signed 和 $ un-signed 实现。

```
reg [7:0] data1,data2; //unsigned data type
always @(data1) begin
    count_a = data1 + 1; //unsigned arithmetic
    count_b = $ signed(data1)&data2;//signed arithmetic
end
```

7. 敏感列表

① 对于 Verilog—1995 标准，有多个敏感列表时使用"or"操作符，例如

```
always @(a or b or c or d)
```

② 对于 Verilog—2001 标准，有多个敏感列表时使用逗号(,)即可，例如

```
always@(a,b,c,d)
```

另一种是用星号"*"表示，表示在使用模块全部输入变量条件下，例如

```
always@(*)
```

8. 常量功能

Verilog—1995 标准语法中,向量的宽度或数组大小必须是一个确定的数字或一个常量表达式。常量表达式只能是基于一些常量的算术操作,比如:

```
parameter width = 8;
wire [width-1:0] data;
```

而在 Verilog—2001 标准中,增加了常量功能,其定义与普通的 function 一样,不同点是只可以进行常量操作。例如,alu 函数返回输入值 2 次方的次数。

```
input [alu(size)-1:0] bus;
 ⋮
function integer alu (input integer path);
begin
    for(alu = 0; path>0; alu = alu+1)
    path = path <<3;
end
endfunction
```

9. 矢量的常量和变量

在 Verilog—1995 标准中,可以选择比特矢量的任何一位作为输出,也可以选择比特矢量的连续几位输出,不过此时连续几位的始末数值的索引必须是常量。其表达式如下:

```
vect[msb_expr : lsb_expr];
```

其中,msb_expr 和 lsb_expr 必须是常量表达式。

在 Verilog—2001 标准中,索引可以使用变量,也可以进行组选择(part_select)。

```
[<start_bit> + : width_expr]    //从起始位开始递增,位宽为 width_expr
[<start_bit> - : width_expr]    //从起始位开始递减,位宽为 width_expr
```

其中,start_bit 可以是变量,而 width_expr 必须是常量;"+"表示由 start_bit 向上增长 width_expr 位;"—"表示由 start_bit 向下递减 width_expr 位。

10. Generate 语句

Verilog—2001 标准中增加了 generate 循环语句,允许产生 module 和 primitive 的多个实例,为满足要求,Verilog—2001 标准增加了关键字 generate、endgenerate、genvar、localparam。generate 语句还可以使用条件语句,根据条件不同产生不同的实例化。除条件语句外,还能使用 for 语句进行循环。genvar 为新增数据类型,存储正的 integer 型数据。在 generate 语句中使用的 index 必须定义成 genvar 类型。Verilog—2001 标准中定义了本地参数 localparam,它不能通过 redefined 直接重定义。generate 语句可以用于 variable、net、task、function、continous assignment、initial 和 always 语法结构中。

Verilog—2001 标准增加了实例化传递参数的功能,类似于 VHDL 的 Generic 语句,传递的参数是子模块中定义的 parameter。

传递的方法有以下两种:

```
module_name #( parameter1, parameter2) inst_name( port_list);
module_name #( .parameter_name(para_value), .parameter_name(para_value)) inst_name (port_list);
```

下面是一个使用 generate 的例子,根据 a_width 和 b_width 的不同,实例化不同的 multi-plier。

```verilog
module multiplier (a, b, product);
parameter a_width = 8, b_width = 8;
localparam product_width = a_width + b_width;
input [a_width-1:0] a;
input [b_width-1:0] b;
output [product_width-1:0] product;

generate
if((a_width < 8) || (b_width < 8))
    Array_multiplier #(a_width, b_width)
    u1 (a, b, product);
else
    Booth_multiplier #(a_width, b_width)
    u2 (a, b, product);
endgenerate
endmodule
```

基于端口列表的描述:

```verilog
module mult (a, b, value);
parameter a_width = 8, b_width = 8;
localparam value_width = a_width + b_width;
input [a_width-1:0] a;
input [b_width-1:0] b;
output [value_width-1:0] value;
generate
        if((a_width < 8) || (b_width < 8))
                cla_multiplier #(a_width, b_width) u1 (a, b, value);
        else
                multiplier #(a_width, b_width)  u1 (a, b, value);
endgenerate
endmodule
```

11. 参数重载

Verilog HDL 语言规定,在编译过程中参数可以根据每个模块单独调用不同的参数值,叫做参数重载(或参数再赋值,关键字 defparam)。参数重载实现编译时对不同模块传递不同的参数值,而不考虑原有声明的参数值。参数重载语句涉及不同模块间数据传递问题。

参数重载语句:

```verilog
defparam hier_path_name1 = value1,
         hier_path_name2 = value2,...;
```

参数重载的描述:

```verilog
module world();
parameter ref_num = 7;
endmodule

module top;
//改变引用的实例模块中的参数值
```

```
defparam u1.ref_num = 1, u2.ref_num = 2;
//调用两个实例模块
world u1();
world u2();

endmodule
```

defparam 参数重载语句是一种较差的编码方式,不建议使用。

习　　　题

1. 试描述一个基本的逻辑门级 Verilog HDL 语言源代码。
2. Verilog HDL 语言包含几种数值逻辑?其电位特性如何?
3. Verilog HDL 语言共包含多少种数据类型?每种数据类型都包含什么?
4. 请给出 Verilog HDL 语言操作符,并指出操作符的优先级。
5. 举例说明数组类型及其声明格式,并对数组类型进行赋初值。
6. 参考下列代码:

```
module mux4_1( z, d0, d1, d2, d3, s0, s1);
output z;
input d0, d1, d2, d3, s0, s1;
        and  (t0, d0, s0_, s1_),
             (t1, d1, s0_, s1),
             (t2, d2, s0, s1_),
             (t3, d3, s0, s1);
        not (s0_, s0), (s1_, s1);
        or (z, t0, t1, t2, t3);
endmodule
```

给出电路的结构图。

7. 请根据下列代码:

```
module mux2_1 (out, a, b, sl);
input a, b, sl;
output out;
        not u1 (nsl, sl);
        and  u2 (sela, a, nsl);
        and u3 (selb, b, sl);
        or   u4 (out, sela, selb);
endmodule
```

给出电路结构图,并尝试编写测试分支进行测试仿真。

8. 试给出下列各表达式的值。

```
integer A;
A = - 12 / 3;          A = -'d 12 / 3;
A = -'sd 12 / 3;       A = - 4'sd 12 / 3;

reg [5:0]   A;
```

```
integer   B;
A  =  - 4'd8;                   B  =  - 4'd8;

 - 10 % 3  =  - 1;
11 % - 3  =  2;
 - 4'd12 % 3  =  1
```

9. 试考虑下面矢量变量赋值的结果。

```
reg [63:0] word_wid;
reg [3:0] byte_n;   //a value from 0 to 7
wire [7:0] byteN = word_wid[byte_n * 8 + :8];
wire [7:0] byteM = word_wid[63 - :16];
```

10. 模块定义的关键字是什么？端口声明有哪些？

11. 模块是否可以嵌套或是分层连接使用？其使用时端口的连接如何处理？

12. 试说明下列两种模块连接方式的异同。

```
module     sin_pout( reset, in, clk, q );
input      reset, clk, in;
output  [3:0] q;
wire  [3:0] qb;
    R_sydff   u0      ( reset,  in, clk, q[0], qb[0] ),
              u1      ( .r_b(reset), .d(q[0]), .clk(clk), .q(q[1]), .qb(b[1])),
              ...
endmodule

//连接子模块 1
module     R_sydff(r_b, d, clk, q, qb );
input      r_b, d, clk;
output     q, qb;
reg q;
    assign   qb = ~q;
    always   @( posedge clk or negedge r_b )
        q < = ( ! r_b)? 0: d;
endmodule
```

13. 设计一个顶层模块 top,其中声明 4 bit 输入信号 data_in、1 bit 使能信号以及 4 bit 输出信号,模块中调用另一模块 full_add,试分别使用顺序连接法和端口命名法编写代码。

14. 模块是否可层次化？层次化的原则是什么？

第 4 章

建模与用户原语

为了有效地利用 Verilog HDL 语言进行电路设计,需要采用结构化和层次化的建模方法;自顶向下和自底向上方法是其中两种相辅相成的设计理念。对于自顶向下方法,顶层模块被分解为子模块,而子模块逐层细分,一般所描述的子模块由基础逻辑单元构成,或者使用封装的成熟模块;而自底向上方法注重的是通用功能的模块实现,以便构成可以被后续设计引用的"元件"单元。

为了保障使用 Verilog HDL 语言设计逻辑电路的层次性和便利性,Verilog HDL 语言中建模方法如下:

- 模块行为级建模的实例化方法;
- 连续赋值建摸的实例化方法;
- 逻辑门级建模的实例化方法;
- 开关级建模的实例化方法;
- 用户定义原语(User Defined Primitive,UDP)实例的引用语句。

其中,前四种属于不同层次的逻辑建模,而 UDP 实例的引用类似于开关级逻辑门的引用。上述各建模方法中线网和变量实现了数据流的移动。对于这些变量的赋值和条件判断也是不可或缺的,因此本章还将说明数据流建模方法,而将主要在模块内部实现的行为建模方法安排在第 5 章介绍。

4.1 基础建模

4.1.1 门级建模

逻辑门级电路是数字电路中最基本的逻辑元件。所谓逻辑门就是一种开关,它能按照一定的逻辑关系去控制信号的逻辑响应。门电路的输入和输出之间存在着所设定的逻辑关系。基本逻辑关系为"与"、"或"、"非"三种。门级建模是通过实例化 Verilog HDL 语言的内建原语基本门电路元件,并通过线网连接形成数字电路逻辑。Verilog HDL 提供了下列基本门电路:

- 多输入门:与门(and)、或门(or)、或非门(nor)、异或门(xor)、同或门(xnor);
- 多输出门:缓冲器(buf)、非门(not);
- 三态门:bufif0、bufif1、notif0、notif1;
- 上拉/下拉门:pullup、pulldown。

下面是简单的逻辑门实例引用语句的格式:

```
逻辑门类型 [实例化名称] (output, input1,..., inputN);
```

其中,逻辑门类型是上述列出的门电路内建原语或 Verilog HDL 语法约定的关键字,而实例化名称是可选的自主设定的标识符,括号中是输入、输出端口相连的线网或常量。同一类型逻辑门的多个实例能够在一条语句结构中定义。对于实例名,可以根据 Verilog HDL 的实例命名规则合理选取。内置的多输入门只有单个输出,一个或多个输入,例如下面的代码段定义了"与非"门和"异或"门。

```
and u1 (out1, in1, in2);
xor u2 (xparity, in_vector[3], in_vector[2], in_vector[1], in_vector[0]);
```

多输入门的输入必须是标量,如果有矢量输入,必须把矢量中的各分量分别写入到门实例的输入表。

多输入逻辑门的真值表如表 4.1～表 4.6 所列。注意:规定对于多输入门,输入端的值为 z 时的处理方式与 x 值一样;此外多输入门的输出决不可能是 z。

多输出门为 buf 和 not 的实例化的语句的格式如下:

```
多输出门的类型 [实例化名称]（ output1, output2,..., outputN, input ）;
```

规定最后的端口是输入端口,其余的端口全部为输出端口。多输出门的真值表如表 4.7、表 4.8 所列。

表 4.1　多输入"与"门的真值表

and	0	1	x	z
0	0	0	0	0
1	0	1	x	x
x	0	x	x	x
z	0	x	x	x

表 4.2　多输入"与非"门的真值表

nand	0	1	x	z
0	1	1	1	1
1	1	0	x	x
x	1	x	x	x
z	1	x	x	x

表 4.3　多输入"或"门的真值表

or	0	1	x	z
0	0	1	x	x
1	1	1	1	1
x	x	1	x	x
z	x	1	x	x

表 4.4　多输入"或非"门的真值表

nor	0	1	x	z
0	1	0	x	x
1	0	0	0	0
x	x	0	x	x
z	x	0	x	x

表 4.5　多输入"异或"门的真值表

xor	0	1	x	z
0	0	1	x	x
1	1	0	x	x
x	x	x	x	x
z	x	x	x	x

表 4.6　多输入"同或"门的真值表

xnor	0	1	x	z
0	1	0	x	x
1	0	1	x	x
x	x	x	x	x
z	x	x	x	x

表 4.7	多输出缓冲器(buf)的真值表

输　入	输　出
0	0
1	1
x	x
z	x

表 4.8	多输出反相器(not)的真值表

输　入	输　出
0	1
1	0
x	x
z	x

基于上述逻辑门的逻辑关系,Verilog HDL 逻辑门级建模如例 4.1 所示。

例 4.1:逻辑门级建模

```
module mux4_1( y, d0, d1, d2, d3, s0, s1); //多路复用器门级建模
output y;
input d0, d1, d2, d3, s0, s1;
//内部线网
wire t0, t1, t2, t3, s0_, s1_;
        and     (t0, d0, s0_, s1_),
                (t1, d1, s0_, s1),
                (t2, d2, s0, s1_),
                (t3, d3, s0, s1);      //省略了实例化名
        not (s0_, s0), (s1_, s1);
        or (y, t0, t1, t2, t3);
endmodule

module rs_latch (y, yb, r, s); //锁存器门级建模
output y, yb;
input r, s;
        nor n1( y, r, yb);
        nor n2( yb, s, y);
endmodule
```

4.1.2　开关级建模

随着电路复杂性的增加和 EDA 工具功能的强大,工程领域很少直接使用晶体管进行逻辑设计。但是 Verilog HDL 仍然提供用逻辑值 0、1、x、z 以及与它们相关的驱动强度进行数字设计的仿真能力,并且能够描述基本的 MOS 开关、双向开关、阻抗 MOS 开关,以及电源和数字地。

两种类型的 MOS 管用关键字 nmos 和 pmos 定义,它们从行为上都是增强型的,即:若 NMOS 的栅源极电压差超过阈值,则在漏极和源极之间形成 N 沟道;若 PMOS 的栅源极电压差为负,且其绝对值超过阈值,则在漏极和源极之间形成 P 沟道。图 4.1 展示了两种晶体管模型的符号,它们的实例化代码如例 4.2 所示。作为数字开关,设 NMOS 管在栅极信号为 1 时导通,在栅极信号为 0 时,源漏极为高阻;与之相反,设 PMOS 管在栅极信号为 0 时导通。

例 4.2:开关建模

```
nmos n1 (out, data, control);      // 实例化一个 NMOS 开关
pmos n2 (out, data, control);      // 实例化一个 PMOS 开关
```

如图 4.1 所示的信号 out 的值由信号 data 和 control 的值决定,其逻辑真值表如表 4.9 和表 4.10 所列。信号 data 和 control 可以分别取 0、1、x、z,表中所列是在它们的逻辑组合下输出的值。

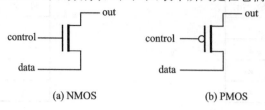

(a) NMOS　　　　　　　(b) PMOS

图 4.1　两种 MOS 开关

表 4.9　NMOS 开关的真值表

data	control			
	0	1	x	z
0	z	0	0 或 z	0 或 z
1	z	1	1 或 z	1 或 z
x	z	x	x	x
z	z	z	z	z

表 4.10　PMOS 开关的真值表

data	control			
	0	1	x	z
0	0	z	0 或 z	0 或 z
1	1	z	1 或 z	1 或 z
x	x	z	x	x
z	z	z	z	z

CMOS 开关又被称为传输门,由 NMOS 和 PMOS 互补而成,如图 4.2 所示,其代码如下:

```
nmos (out, data, ncontrol);  // 实例化一个 NMOS 开关,实例名称是可选的,这里没有实例名
pmos (out, data, pcontrol);  // 实例化一个 PMOS 开关,实例名称是可选的,这里没有实例名
```

事实上,Verilog HDL 语言也提供了专门的 CMOS 开关的关键字 cmos,它包含 4 个参数,如图 4.2 所示,其实例化代码如下:

```
cmos (out, in, ncontrol, pcontrol);     // ncontrol 控制 N 型栅极,
                                        //pcontrol 控制 P 型栅极
```

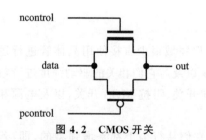

图 4.2　CMOS 开关

注意,开关的控制信号 ncontrol 和 pcontrol 通常也是互补的。当信号 ncontrol=1 且 pcontorl=0 时,开关导通;反之当 ncontrol=0 且 pcontorl=1 时,开关高阻输出。

当 NMOS、PMOS 和 CMOS 都是从漏极到源极单向导通,但是在数字电路中需要双向导通的器件,即:两边的信号都可以是驱动信号。Verilog HDL 语言提供了三个关键字:tran、tranif0 和 tranif1,如图 4.3 所示。

开关 tran 作为两个信号 inout1 和 inout2 之间的缓冲器。对于开关 tranif0,当控制信号 control=1 时,连接 inout1 和 inout2 信号;当控制信号 control=0 时,没有驱动源的信号为高阻态 z,有驱动源的信号仍然与驱动源的值相同。同理,开关 tranif1 的作用与之类似,只是控制信号的极性相反。

作为阻抗开关,由关键字 rnmos、rpmos、rtran、rtranif0、rtanif1 形成的器件与工艺有关,它们在源极和漏极之间存在沟道的情况下,阻抗不可忽略,起到了"电阻"的作用。与一般的开

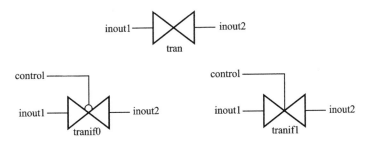

图 4.3　三种双向开关

关不同,这种开关的传输信号强度被特殊定义,其输入/输出的强度关系如表 3.1 所列,关于 Verilog HDL 语言的信号强度建模可参阅 IEEE 1346—2005 标准。

设计晶体管电路需要使用电源和地,分别用关键字 supply1 和 supply0 表示,其中前者相当于数字电路中的 V_{DD},即在网表中输入逻辑 1 所对应的高电平;后者相当于数字电路中的数字地,即逻辑电平 0。电源和地可以被实例化,而且可以通过连续赋值语句(参见 4.2 节)对线网变量赋值,如下所示。

例 4.3:电源—地

```
module inverter (out, in);
input in;
output out;
supply1 VDD;
supply0 GND;

    nmos (out,GND,in);
    pmos (out,VDD,in);


endmodule
```

利用开关级建模也可以构成相应的数字逻辑电路,例 4.4 给出了用 MOS 晶体管构成的二选一多路复用器。注意,在例 4.4 中将 CMOS 作为传输门使用。

例 4.4:利用开关实现二选一多路复用器(见图 4.4)

```
module mux2_sw ( out , sel, in );
output out;
input sel;
input [1:0] in;

// 内部线网
wire not_sel;  // 对 sel 求反

  not (not_sel, sel);  //使用门级建模,对 sel 求反

  // 实例化两个 CMOS,这两个 CMOS 作为传输门使用
  cmos u0 (out, in[0], not_sel, sel);
  cmos u1 (out, in[1], sel, not_sel);


endmodule
```

关于开关级建模需注意:该方案仅仅可以作为仿真验证,不能进行逻辑综合(逻辑综合将在第 9 章中讲述),即不可实现数字逻辑电路。初学者不建议使用。

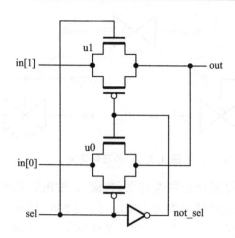

图 4.4   含有开关级逻辑的二选一多路复用器

4.2   数据流建模

4.2.1   连续赋值语句

连续赋值是用某个逻辑值驱动线网,它是 Verilog HDL 语言中最基本的赋值语句,是比逻辑门级结构更抽象的电路描述。连续赋值声明一般用关键字 assign 来声明,赋值用操作符"="执行,它的句法为:

```
//显式连续赋值:
    net_type [size] net_name;          //最常见的 net_type 为 wire
    assign (drive strength) #(delay) net_name = expression;
         //[驱动强度][延迟]线网变量 = 表达式;
//隐式连续赋值:
    net_type (drive strength) [size] #(delay) net_name = expression;
```

其中,关键字后面为驱动强度(默认的驱动强度为 strong1 和 strong0)、延迟,这两部分是可选的;而主体部分等号左边为线网变量,右边为表达式。

需要注意的是:

- 赋值式的左边必须是一个线网类型,或者是标量或矢量线网变量利用运算符"{ }"的组合,不能是寄存器变量。
- 连续赋值总是处于赋值操作的状态。只要赋值表达式右端数据发生变化,就被赋值到左端。
- 赋值语句的右端可以是线网或寄存器变量,也可以是函数调用。
- 端口和端口表达式存在一种隐含连续赋值的关系。因此当两者的位宽不一致时,就会进行端口位宽匹配,位宽匹配的规则与 3.2.3 小节"端口位宽"使用的规则相同。
- 连续赋值语句可以不用关键字 assign,即隐式连续赋值结构。

例 4.5:显式连续赋值语句

```
module ass_mod (a, b,c,d,e,f,s, out_y);
input a,b,c,d,e,f,s;
```

```
outputout_y;

    assign out_y = ～(a|b) & (c|d) & (e|f);
    assign {out_y, s} = a + b + c;


endmodule

//多连续赋值方法
  ：
tri [1:n] data;                          // Net declaration.
tri [1:n] busout = enable ? data :zee;

assign                                   // Assignment statement with
    data = (s = = 0) ? bus0 :zee,        // 4 continuous assignments.
    data = (s = = 1) ? bus1 : zee,
    data = (s = = 2) ? bus2 : zee,
    data = (s = = 3) ? bus3 : zee;
```

在例 4.5 中,只要 a、b、c、d、e、f 中的值发生变化,连续赋值立即执行。

连续赋值语句中被赋值的线网变量可以是拼接而成的,如例 4.5 所示的全加器代码,将相加的结果赋予 1 位的进位 c_out 和多位的和 s,可以用拼接运算符"{ }"将它们拼接起来。

显式连续赋值采用了关键字 assign 进行连续赋值,此外,Verilog 语法还支持一种不用关键字 assign 进行的连续赋值,也就是在线网声明的同时对被赋值变量进行连续赋值。隐式连续赋值语句中线网只能被声明一次。

例 4.6:隐式连续赋值语句

```
input in1,in2;
wire c_out;


wire c_out =   in1 + in2;
```

4.2.2　数据流建模实例

本小节通过数据选择器和比较器的例子说明数据流建模的多种方法。对于数据选择器,可以采用逻辑门电路的方法进行描述,但还可以采用数据流建模的方法。

例 4.7:数据选择器

```
//4 - 1 selector
module mux4_1( a, b, c, d, sel, out );
input a, b, c, d;
input [1:0] sel;
output out;

    assign out = ( sel[1] = = 0 )?
             (( sel[0] = = 0 )? a: b):(( sel[0] = = 0 )? c: d );
endmodule

//8 - 1 selsector
module mux8_1 ( out, in, sel );
output out;
input [7:0] in;
```

```
input [2:0] sel;

    // out 的逻辑表达式
    assign out = ~sel[2] & ~sel[1] & ~sel[0] & in[0] |
                 ~sel[2] & ~sel[1] &  sel[0] & in[1] |
                 ~sel[2] &  sel[1] & ~sel[0] & in[2] |
                 ~sel[2] &  sel[1] &  sel[0] & in[3] |
                  sel[2] & ~sel[1] & ~sel[0] & in[4] |
                  sel[2] & ~sel[1] &  sel[0] & in[5] |
                  sel[2] &  sel[1] & ~sel[0] & in[6] |
                  sel[2] &  sel[1] &  sel[0] & in[7] ;
endmodule
```

例 4.8：4 bit 比较器数据流建模

```
module  comp( x, y, lg_out, eq_out, sm_out );
input   [3:0] x, y;
output  lg_out, eq_out, sm_out;
wire  [2:0] lg, eq, sm;
    full_comp    comp0  ( x[0], y[0], 1'b0, 1'b1, 1'b0, lg[0], eq[0], sm[0] ),
                 comp1  ( x[1], y[1], lg[0], eq[0], sm[0],lg[1], eq[1], sm[1] ),
                 comp2  ( x[2], y[2], lg[1], eq[1], sm[1],lg[2], eq[2], sm[2] ),
                 comp3  ( x[3], y[3], lg[2], eq[2], sm[2],lg_out, eq_out, sm_out );
endmodule

/* 完整的 1 bit 比较器 full_comp 模块 */
module    full_comp   ( x, y, lg_in, eq_in, sm_in, lg_out, eq_out, sm_out );
input     x, y;
input     lg_in, eq_in, sm_in;
output    lg_out, eq_out, sm_out;

    assign  lg_out = ~y & x | ( y ~^ x ) & lg_in;
    assign  sm_out =  y & ~x | ( y ~^ x ) & sm_in;
    assign  eq_out = ( y ~^ x ) & eq_in;

endmodule
```

4.3 模块与层次

4.3.1 模块划分

　　模块结构划分是系统功能设计中,将复杂问题简化的一种手段。当使用硬件描述语言等高级程序设计语言时,在充分理解系统功能后,一般按照其逻辑功能,划分为主模块和各个功能子模块。主模块内仅包含模块 I/O 端口、内部连线和子模块。为避免子模块间寄生逻辑,所有逻辑功能全部置于各子模块内,禁止主模块内设置逻辑功能。系统中模块结构的划分一般可以采用空间结构法和时间结构法。空间结构法是按照系统的逻辑功能平行划分,时间结构方法则是根据系统的计算过程纵向划分。如例 4.9 为 4 bit 串行进位加法器。

Verilog－2001 标准允许端口声明既可以在模块内部,也可以像标准 C 语言那样,在端口列表中给出,而 Verilog－1995 标准的语法端口声明在模块内部。

下面通过图 4.5 所示 4 bit 全加器的例子展示模块内部对于低层模块的实例化建模。

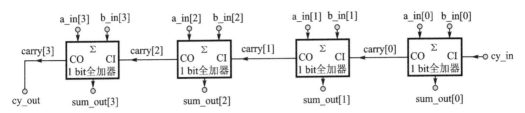

(a) 4 bit 串行进位加法器的结构框图

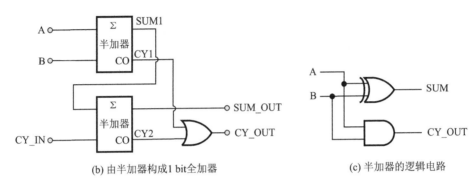

(b) 由半加器构成 1 bit 全加器　　　　　(c) 半加器的逻辑电路

图 4.5　层次化实现的 4 bit 全加器

模块的调用如第 3 章所讲述,会涉及到模块间端口的连接。其中,端口命名连接不必严格按照端口的定义顺序对应,提高了程序的可读性和可移植性。这样,在实例引用语句中,如果端口的括号内部分为空白,就将该端口指定为未连接的端口。另外,未使用的端口还可以不写。但是,对于比较简单明确的接口关系,也可采用端口位置连接规则,如例 4.9 所示。

例 4.9：4 bit 全加器模块

```
module Adder4bit    ( a_in, b_in, cy_in, sum_out, cy_out);
input [3:0]    a_in, b_in ;
input          cy_in ;
output [3:0]   sum_out ;
output         cy_out ;
wire [2:0]     carry ;     // 进位

    fulladder FA0(a_in[0], b_in[0], cy_in, sum_out[0], carry[0]);
    fulladder FA1(a_in[1], b_in[1], carry[0], sum_out[1], carry[1]);
    fulladder FA2(a_in[2], b_in[2], carry[1], sum_out[2], carry[2]);
    fulladder FA3(a_in[3], b_in[3], carry[2], sum_cut[3], cy_out);
endmodule

module fulladder(A, B, CY_IN, SUM_OUT, CY_OUT);   // 1 bit 全加器模块
input A, B, CY_IN;
output SUM_OUT, CY_OUT;
wire SUM1, CY1, CY2;
```

```
    halfadder     HA1(A, B, SUM1, CY1);
    halfadder     HA2(SUM1, CY_IN, SUM_OUT, CY2);
    or OR   (CY_OUT, CY1, CY2);
endmodule

module halfadder(A, B, SUM, CY_OUT);        // 1 bit 半加器模块
input A, B;
output    SUM, CY_OUT;

    xor    x(SUM,A,B);              // 异或运算相当于 1 bit 的模 2 加法
    and    a(CY_OUT, A, B);         // 当 A 和 B 都为 1 的时候,产生进位
endmodule
```

　　4 bit 全加器模块的框图如图 4.5(a)所示,包含 4 个 1 bit 全加器 FA0、FA1、FA2 和 FA3。它们均由 1 bit 全加器模块 fulladder 实例化而成。例 4.9 代码中实例化采用了端口位置顺序对应的风格。值得注意的是,模块的输入/输出信号命名可以与实例所连接的信号命名采用不同的标识符,在例 4.9 中,fulladder 的端口为加数,输入 A 和 B,来自低位进位输入 CY_IN,求和输出 SUM_OUT,以及向高位的进位输出 CY_OUT;而当它实例化的时候,根据应用的需求连接相应的 wire 或 reg 类型的变量。例如:4 bit 加法器中次高位的运算,调用半加器代码如下:

```
fulladder   FA2(a_in[2], b_in[2], carry[1], sum_out[2], carry[2]);
```

　　说明:4 bit 全加器模块输入矢量中 a_in[2]和 b_in[2]分别连接 fulladder 模块实例 FA2 的输入端口 A 和 B;输入矢量 carry[1]连接 FA2 的输入端口 CY_IN,而该模块实例的输出分别形成顶层模块输出 sum_out[2]和内部定义的 wire 类型 carry[2]。

　　Verilog HDL 允许层次化的模块引用,根据例 4.9 的代码实现,顶层模块下的各个 1 bit 全加器模块可以由更低层的半加器模块实现,图 4.5(b)给出了这种实现的框图,与代码中的 fulladder 模块定义相对应。

4.3.2　带参数模块

　　当某个低层模块被某高层模块调用时,高层模块能够改变低层模块的参数值。模块参数值的改变可采用下述两种方式:
- 带参数值的模块实例;
- 参数重载(defparam statement)。

　　如果模块参数与重载参数冲突,则模块内参数将被参数重载所指定。在模块实例参数赋值中,又包含顺序赋值和命名赋值两种情况,模块实例语句自身包含有新的参数值。例 4.10 中采用带参数的模块引用方式。

　　例 4.10:参数模块实例

```
//简单参数声明模块
module vdff (out, in, clk);
input [0:size-1] in;
```

```
input clk;
output [0:size-1] out;
reg [0:size-1] out;

parameter size = 5, delay = 1;

    always @(posedge clk)
            # delay out = in;
endmodule

//隐含参数声明模块
module   top;
reg clk;
wire   [0:4] out_c, in_c;
wire   [1:10] out_a, in_a;
wire   [1:5] out_b, in_b;

// 创建一个实例并设置参数
  vdff #(10,15) mod_a(out_a, in_a, clk);
// 创建一个实例并使用默认参数
  vdff mod_b(out_b, in_b, clk);
// 创建一个实例并对它的某一个参数进行设置
  vdff #(.delay(12)) mod_c(out_c, in_c, clk);
endmodule
```

在例 4.10 中,第二个模块中的"#(10,15)"表示对 mod_a 中的参数 size 和 delay 赋值,即 size=10,delay=15。"#(.delay(12))"表示 mod_c 模块中延迟为 12。

应注意到,在带参数的模块引用中,参数的指定方式与门级实例语句中延迟的定义方式相似;但由于在对复杂模块的调用时,其实例语句不能像对门实例语句那样指定延迟,故此处不会导致混淆。

下面是通用的 $M \times N$ 乘法器建模的实例说明。

例 4.11: 乘法器

```
module multiplier (pd_1 , pd_2 , result) ;
parameter em = 4,en = 2;     //默认值
input [em:1] pd_1 ;
input [en:1] pd_2 ;
output [em + en:1]  result;
      assign result = pd_1 * pd_2;
endmodule
```

这个带参数的乘法器可以在另一个设计中使用,下面是 8×6 乘法器模块的带参数引用方式:

```
wire [1:8] pipe_reg;
wire [1:6] dbus;
wire [1:14] addr_counter;
      ⋮
multiplier #(8,6) M1(pipe_reg,dbus,addr_counter) ;
```

第 1 个值 8 指定了参数 em 的新值,第 2 个值 6 指定了参数 en 的新值。
使用参数重载时,在任何模块实例化中通过使用分层参数名的方式,参数值都能被改变。

在等号右边的重载表达式必须是只包含数字和引用参数的常量表达式,重载参数声明值必须在相同模块内声明。在一个模块内所有参数值同时重写赋值是一种有意义的方法。

例 4.12: 参数重载

```
module anno;
defparam
    top.m1.size = 5,
    top.m1.delay = 10,
    top.m2.size = 10,
    top.m2.delay = 20;
endmodule

module top;
reg clk;
reg [0:4] in1;
reg [0:9] in2;
wire [0:4] o1;
wire [0:9] o2;
    vdff m1 (o1, in1, clk);
    vdff m2 (o2, in2, clk);
endmodule

module vdff (out, in, clk);
parameter size = 1, delay = 1;
input [0:size-1] in;
input clk;
output [0:size-1] out;
reg [0:size-1] out;
    always @ (posedge clk)
    # delay out = in;
endmodule
```

在例 4.12 中,模块 anno 中设置参数重载,在实例化 m1 和 m2 中重载参数 size 和 delay,模块 top 和 anno 都被认为是顶层模块。

例 4.13: 256 ×16 RAM 块

```
module map_lpm_ram(dataout,datain,addr,we,inclk,outclk);
input  [15:0] datain;                                    //端口定义
input  [7:0] addr;
input  we,inclk,outclk;
output  [15:0] dataout;

        //lpm_ram_dq 元件例化
        lpm_ram_dq ram(.data(datain),.address(addr),.we(we),.inclock(inclk),
                        .outclock(outclk),.q(dataout));
    defparam ram.lpm_width = 16;                          //参数赋值
    defparam ram.lpm_widthad = 8;
    defparam ram.lpm_indata = "REGISTERED";
    defparam ram.lpm_outdata = "REGISTERED";
    defparam ram.lpm_file = "map_lpm_ram.mif";           //RAM 块中数据取自该文件
endmodule
```

4.3.3　层次命名

Verilog HDL 语言实现了硬件设计的软件化编程,数字电路软件化设计同样遵循设计方法论的基本规则,即自顶向下或自底向上的设计方法。无论采用哪种设计方法,都不可避免地涉及到不同模块间的互相调用,同时也涉及到模块间的层次命名或划分问题。对于每一个模块实例、端口或变量,都需要进行声明定义,在整个设计层次中,被定义的标识符都具有唯一位置。层次命名由"."分隔符完成,每个分隔标识符代表一个层次。Verilog HDL 语言所描述的电路结构需要唯一的层次路径,包括模块内更复杂的描述结构。层次结构通常会形成树形结构,下面通过例 4.14 描述讲解层次的命名问题。

例 4.14:层次的命名

```
module mod (in);
input in;
    always @(posedge in) begin : keep    //命名块结构,在后续章节中介绍
        reg hold;
        hold = in;
    end
endmodule

module cct (stim1, stim2);
input stim1, stim2;
    // instantiate mod
    mod u1(stim1);
    mod u2(stim2);
endmodule

module top;
reg stim1, stim2;

    cct a(stim1, stim2); // instantiate cct
    initial begin :wave1
    #100 fork :inwave
        reg hold;
      join
    #150 begin
        stim1 = 0;
      end
    end
endmodule

//模块内层次路径:
top                    top.a.u2
top.stim1              top.a.u2.in
top.stim2             top.a.u2.keep
top.a                  top.a.u2.keep.hold
top.a.stim1          top.wave1
top.a.stim2          top.wave1.inwave
top.a.u1              top.wave1.inwave.hold
top.a.u1.in
top.a.u1.keep
top.a.u1.keep.hold
```

例 4.14 是模块层次命名代码的描述,其中包含层次路径名。图 4.6 是对所描述代码的部分树形结构的图形展示。任何完整的路径名都从顶层模块(或称"根模块")开始,此路径名可以标示层次结构中的任何一级或一个平行分层结构。在 Verilog HDL 语言中,可以在系统任务 $display 中使用特殊字符 %m 来显示层次,具体可参考 Verilog HDL 手册。

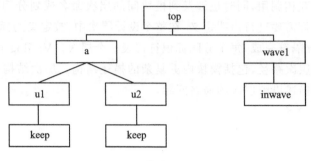

图 4.6　模块层次结构

4.4　用户定义原语(UDP)

4.4.1　UDP 的含义

Verilog HDL 语言提供了一套标准的原语,例如 and、nand、or、nor 和 not 等,作为语言的一部分,它们也被称为内建原语。然而,设计者有时需要使用自定义的原语,Verilog HDL 语言提供了这种机制,称为用户定义原语(User-Defined Primitives,UDP)。UDP 的定义出现于模块定义之外,不依赖于模块定义;在实例化的时候,这些原语的引用方法类似于门级原语。

值得注意的是,UDP 语句是不可综合的,因此它只能被用到仿真功能测试中。

定义 UDP 的关键字为 primitive 和 endprimitive,在关键字之间,是输入/输出端口说明、可选的初始化 initial 块语句和列表。UDP 只能有一个输出,但可以有一个或多个输入;而列表实体在关键字 table 和 endtable 之间定义。

存在两种类型的 UDP,即:

- 当输出仅仅依赖于输入的组合逻辑时,为组合逻辑 UDP;
- 当输出的次态依赖于当前的输入和当前电路状态时,为时序逻辑 UDP,这时输出的值也是 UDP 的内部状态,锁存器和触发器是典型的时序逻辑 UDP 例子。

UDP 的定义必须遵守如下规则:

- UDP 的定义级别与 module 相同,UDP 内部不能包含 module 定义;
- UDP 可以在 module 内部被实例化,调用方法类似于实例化门级原语;
- UDP 只能使用标量的输入端(即:1 bit 位宽),但可以有一个或多个输入端;
- UDP 只能使用标量的输出端(即:1 bit 位宽),而且输出端必须只有一个,必须是 output 类型,且必须出现在输入/输出端列表的第一个;
- UDP 不支持 inout 端口;
- 如果使用可选的 initial 声明,则输出端被赋予 1 bit 位宽的初始化值,所以这时输出端的变量类型必须是 reg;

- 在表实体中可以取的值为 0、1 或 x，UDP 不支持高阻值（即 z），如果调用时传入的是 "z"，则被作为"x"对待；
- 对于时序逻辑的 UDP，输出端的变量类型必须被声明为 reg。

4.4.2　组合逻辑 UDP

在组合逻辑 UDP 中，最重要的部分是表。表定义了不同输入组合及其相对应的输出值，没有指定的任意组合输出为 x，通过例 4.15 加以说明。

例 4.15：二选一多路复用器的 UDP 定义。

```
// 原语名和端口列表
primitive udp_mux_2by1 (y, a, b, sel);

// 端口声明
output y;
input a, b, sel ;

  // 表定义,以关键字 table 引导
  table
    //说明:下面一行注释仅为提高可读性,":"左端是输入实体,其顺序与输入端声明相同
    //a  b  sel :  y
      0  ?  1   :  0;
      1  ?  1   :  1;
      ?  0  0   :  0;
      ?  1  0   :  1;
      0  0  x   :  0;
  endtable
endmodule
```

在组合逻辑 UDP 的表定义中，字符"?"表示不必关心变量的具体值，即它可以是 0、1 或 x。列表实体各列的次序必须与输入端口的次序相匹配。注意，在例 4.19 中没有完全显式地说明当 sel 的取值为 x 时，输出和输入之间的关系，在这种未显式说明的输入取值组合的情况下，输出的缺省值为 x。上述预定也适用于其他组合 UDP 定义的情况。

4.4.3　时序电路 UDP

可以使用一条过程赋值语句对时序逻辑 UDP 的状态进行初始化，其伪代码格式如下：

```
initial 输出端口名 = 值 ;
```

时序电路 UDP 使用寄存器当前值和输入值决定寄存器的次态和后续的输出。在时序逻辑的 UDP 定义中，使用 1 bit 寄存器描述内部状态，该寄存器的值就是时序逻辑电路的输出值。共有两种不同类型的时序 UDP，一种是电平敏感的，另一种是边沿触发的。

在两种时序电路 UDP 的列表中，需要纳入时钟变量。电平敏感的列表中，时钟的取值以 0、1 作为表项，而边沿触发的列表中，则以"（01）"、"（10）"分别表示时钟的上升沿和下降沿。另外，还以"（0x）"和"（1x）"表示从 0 或 1 电平转换到 x。例 4.16 给出了一个正电平触发锁存器的 UDP，它是电平触发的时序逻辑 UDP 的典型例子。

例 4.16：正电平触发锁存器的 UDP 定义

```
// 原语名和端口列表
primitive udp_latch (q, clk, d);
// 端口声明
output q;
input clk, d ;
reg q;                  // 时序 UDP,输出变量必须是 reg 类型

  // 表定义,用关键字 table 引导
  table
    //说明:加入注释仅为提高可读性,共有两组":",
    //      第一组":"左端是输入实体,其顺序与输入端声明相同;第一组":"右端是输出端的初态。
    //      第二组":"右端是输出端的次态。
    //clk  d  :  q(state):  q(next)
     0   ?  :  ?       :  - ;           //字符"-"表示值"无变化"
     1   1  :  ?       :  1 ;
     1   0  :  ?       :  0 ;
  endtable
endmodule
```

值得注意的是,列表中字符"-"表示次态无信号变化。

采用 UDP 定义一种上升沿触发的 D 触发器,如例 4.17 所示。

例 4.17：上升沿触发的 D 触发器的 UDP 定义

```
// 原语名和端口列表
primitive udp_d_ff_pos_edge (q, clk, d);
output q;
input clk, d ;
reg q;                  // 时序 UDP,输出变量必须是 reg 类型

  initial q = 0;// 初始化

  // 表定义,以关键字 table 引导
  table
    //说明:加入注释仅为提高可读性,共有两组":",
    //第一组":"左端是输入实体,其顺序与输入端声明相同;第一组":"右端是输出端的初态。
    //第二组":"右端是输出端的次态。
    //   clk    d    :    q(state)  :    q(next)
        (01)   0    :    ?         :    0 ;
        (01)   1    :    ?         :    1 ;
        (0x)   0    :    0         :    0 ;
        (0x)   1    :    1         :    1 ;

        // 下面一行忽略时钟的负边沿
        (? 0)  ?    :    ?         :    - ;  //字符"-"表示值"无变化"

        // 下面一行忽略在稳定时钟下的数据变化
        ?      ?    :    ?         :    - ;
  endtable
endmodule
```

对于 UDP 的实例化类似于 Verilog HDL 的门级逻辑原语的实例化。例如:如果要对例

4.16 和例 4.17 定义的 udp_latch 和 udp_d_ff_pos_edge 进行调用,则可能的代码片段如例 4.18。

例 4.18:调用 UDP

```
input clock, D1, D2;    // 如果不是模块的 I/O 端口,也可合理采用 wire 或 reg 类型的变量
output Q1, Q2;

parameter tRISE = 2; tFALL = 3 ;

    udp_latch   # (tRISE, tFALL)( Q1, clock, D1 );   // 实例名是可选的
    udp_d_ff_pos_edge   # (tRISE, tFALL)
    temp_d_ff ( Q2, clock, D2 ); // temp_d_ff 是实例名
```

值得注意的是,正如调用内建的门级逻辑原语一样,实例名是可选的;另外,对于 UDP 的输出端可以取值为 0、1 和 x,所以可以为 0 和 1 分别指定延迟参数,而 x 无延迟。

习　　题

1. 本章学习了几种建模方法? 各有哪些特点?

2. Verilog−1995 和 Verilog−2001 标准的模块输入/输出端口声明的格式各是什么? 模块可以没有任何输入/输出端口吗? 没有输入/输出端口的模块的作用是什么?

3. 一种 8 bit 并行移位寄存器的 I/O 引脚如图 4.7 所示,设模块名为 shift_reg,分别以 Verilog−1995 和 Verilog−2001 标准的风格写出该模块的端口列表和端口声明(不用给出模块的内容)。

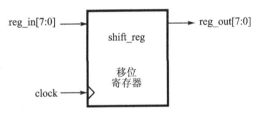

图 4.7　习题 3 的图

4. 图 4.8 是 1 bit 全加器的电路原理图,请使用 Verilog HDL 的门级逻辑描述方法,设计实现该 1 bit 全加器模块,模块名设为 full_adder_gates。

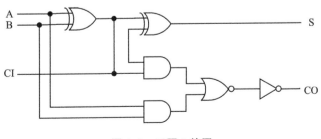

图 4.8　习题 4 的图

5. 采用数据流建模的方式,主要使用连续赋值语句,设计实现与题 4 相同功能的 1 bit 全

加器,模块名设为 full_adder_assign。

6. 设计实现 1 bit 全加器的测试程序,同时,对题 4 中实现的 full_adder_gates 模块和 full_adder_assign 模块进行测试,采用随机数驱动加数输入 A、B 和进位输入 CI,对两种模块实例的输出进行比较。

7. 采用 Verilog HDL 的门级建模方法设计实现 8 线输入 I[7:0]、3 位输出 Y[2:0]的优先权编码器 priority_encoder。当输入线为高电平(逻辑 1)的时候被认为有信号输入,规定高位线的信号输入优先于低位线;并且,该优先权编码器具有片选输入端 S,以及用于扩展的输出端 Y_S 和 Y_EX,即:

① 当 S==0 时,编码器输出全 0;

② Y_S 为所谓的"无信号输入端",其逻辑代数式为 $Y_S = \overline{I_0} \cdot \overline{I_1} \cdot \cdots \cdot \overline{I_7} \cdot S$;(公式中 Y_S 表示 Y_S,I_i 表示 I[i],$\overline{I_i}$ 表示对 I[i]取反。)

③ Y_EX 用于编码扩展,其逻辑代数式为 $Y_{EX} = \overline{Y_S} \cdot S = (I_0 + I_1 + \cdots + I_7) \cdot S$。(公式中,$Y_{EX}$ 表示 Y_EX。)

8. 组合逻辑的 UDP 和时序逻辑的 UDP 有什么区别?

9. 利用例 4.15 中 UDP 定义的二选一多路复用器,定义一个四选一多路复用器模块。

10. 在将定点整数转化为浮点数的时候,需要判定从最高位开始有几个连续的 0,用以确定浮点数科学计数法小数点的位置,可以采用优先权编码器实现,请写出对一个 8 bit 无符号二进制整数计算从最高位开始连续的 0 的数目的组合逻辑模块。

第 5 章

行为描述

采用逻辑门级建模或连续赋值建模方法能实现简单功能的电路描述,其特点是易于理解电路的门级关系,可以更准确地描述电路的物理结构。实际的工程设计中,如:微处理单元、逻辑控制单元以及其他复杂抽象逻辑等则需要提供描述复杂系统的更高层抽象功能。本章描述从行为过程入手构建模型的方法更适于描述复杂逻辑功能实现,并更容易进行时序关系检查。

对于系统设计师而言,优良的系统架构和优良的算法是其核心工作,所以在大多数情况下是立足于功能行为,从高度抽象的角度来描述电路逻辑关系。Verilog HDL 语言提供了类似于 C 语言的高抽象层级的行为描述,从而更有利于设计师的算法级或系统架构级设计。

5.1 行为级建模

基于 Verilog HDL 语言的行为级建模包含能控制仿真进程的过程赋值语句(procedural statement),用前面所声明的带有数据类型的变量进行控制和操作,这些声明语句必须包含在过程声明结构中,这些过程声明结构简称为过程块。过程块由关键字 initial 和 always 构造。模块中的过程块是并发的,反映了硬件物理上并发执行的特点。

门级建模或连续赋值建模侧重于底层物理结构和简单线网数据类型,行为级建模通常使用过程赋值语句实现复杂的逻辑功能描述。过程赋值语句的右端(right-hand side,RHS)可以对左端(left-hand side,LHS)的数据类型进行过程赋值,其数据类型包含 reg、integer、time、real、realtime 和 memory 类型赋值操作。

行为级建模描述通常包含下列语法:

- 过程块:行为建模包含 initial 语句块和 always 语句块;
- 语句块:含顺序块和并行块;
- 时序控制;
- 过程赋值语句:阻塞性或非阻塞性过程赋值语句;
- 过程连续赋值语句;
- 条件语句;
- 多路分支语句;
- 循环语句;
- 等待语句;
- 不使能语句;
- 事件触发器;
- 用户定义或者系统定义的任务和函数调用。

5.1.1 过程块

1. initial 语句

由关键字 initial 语句引导的过程块只执行一次，它在仿真初始时刻(即 0 时刻)开始并发执行直到当前状态结束，在一个模块内每个 initial 块是独立并发执行的。其语法格式如下：

```
initial
    [时序控制]            // 时序控制是可选的
    过程赋值语句等
```

例 5.1：initial 语句的例子

```
module stimulus ; // 设模块的名字为 stimulus
reg a, b, m;

    initial
    m = 1'b0;               // 单个过程声明语句,不需要在语句块中

    initial begin
    #5 a = 1'b1;            // 多个过程声明语句,需要在语句块中成组编写
    #25 b = 1'b0;
    end

    initial
      #50 $finish; // 测试中的系统任务
endmodule
```

在典型的情况下,initial 模块用于在仿真过程中进行初始化、监视、波形生成和其他过程操作,并且在整个仿真测试过程中仅执行一次。例 5.1 进行波形的生成,initial 模块还可以用于变量赋值,如例 5.2,而对于变量的初始化赋值也可以在声明中进行。

例 5.2：变量的初始化

```
// 首先定义变量 clock
reg clock;
// 变量 clock 的值被初始化设置为 0
initial clock = 0;

// 作为上面的方法的替代,clock 变量能够在声明的时候被初始化,
// 这只允许应用于 module 级别的变量
reg clock = 0;
```

2. always 语句

在 always 语句中所有的行为声明构成 always 过程块。always 过程块在 0 时间开始顺序执行其中的行为语句。当过程块内最后一条语句执行结束后,在时序控制条件下循环再次执行过程块内的第一条语句,直到仿真结束。当仿真缺少时间控制时会造成仿真死锁。因此,always 块通常用于数字电路中反复执行活动的建模。其语法格式如下：

```
always
    [时序控制]            // 时序控制是可选的
    过程赋值语句等
```

　　例 5.3 给出了一个 always 语句块的例子。在这个例子中重复执行 clock 变量的求反操作,将在时刻 0 起无限地循环操作,直到仿真结束。

　　例 5.3：always 语句块带阻塞赋值语句

```
clk = 1'b0;
always #10clk = ~ clk;            //每 10 个单位时间执行 clk 信号的反转
```

　　为了避免无意义的循环运行,必须加入时序控制。时序控制的方法之一是加入延迟控制,如例 5.3 所示。以"#"引导的延迟控制一般用于测试平台,而在实际的电路实现中,使用带有事件控制的 always 语句,如例 5.4 所示。

　　例 5.4：always 语句块带非阻塞赋值语句

```
reg clock;
reg [5:0] in, q1, q2;
    always @(posedge clock)   // 使用 clock 上升沿触发的事件控制(将在下文中讨论)
       begin
           q1 <= in; // 采用非阻塞赋值(将在下文中讨论)
           q2 <= q1;
       end
```

5.1.2　语句块

　　在过程块结构中,为使结构清晰和正常的功能执行,Verilog HDL 语法提供了一种合并机制的语句块。语句块将多于一条的语句合并为相当于一条语句的语法结构。在 Verilog HDL 中有两种语句块:

　　① 顺序块(关键字:begin…end):语句块中的语句按照给定次序顺序执行;

　　② 并行块(关键字:fork… join):语句块中的语句并发执行,该语句块不可综合,一般在测试平台内使用。

　　1. 顺序块

　　采用关键字 begin 和 end 将多条语句声明作为一组封装称为顺序块,其具有如下特征:

　　① 在顺序语句块中的语句根据它们的顺序进行处理,除了内部赋予时序控制的非阻塞赋值语句之外,只有当前面的语句执行完成之后,后续的语句才能够执行;

　　② 如果定义了延迟控制与事件控制,则该块的执行取决于前面的声明语句;

　　③ 顺序块内控制的传出必须在最后一条语句结束后执行。

　　在例 5.5 中,不带延迟控制的顺序块,执行后在仿真时间 0 得到 c=2'b01,而对于带延迟控制的顺序块,执行后在仿真时间 15 得到 c 的值。

　　例 5.5：不带延迟控制和带有延迟控制的顺序块

```
// 不带延迟控制的顺序块
reg a, b;
reg [1:0] c;

    initial   // initial 过程块
    begin
        a = 1'b0;
        b = 1'b1;
```

```
        c = {a, b};
end

// 带有延迟控制的顺序块
reg a, b;
reg [1:0] c;

    initial
      begin
        a = 1'b0;                  // 在仿真时间 0 完成
        #5  b = 1'b1;              // 在仿真时间 5 完成
        #10 c = {a, b};            // 累加上述 #5 的延迟时间,在仿真时间 15 完成
      end
```

2. 并行块

采用关键字 fork 和 join 将多条语句声明作为一组封装称为并行块(parallel block)。关键字 fork 可以被看做将一个单独的流程分为独立的流程,关键字 join 可以被看做将多个独立的流程合成为一个单独的流程。并行语句块具有如下特征:

① 在并行语句块中的声明语句是并发执行,执行的次序由每条单独语句的延迟和事件控制决定;

② 如果定义了延迟控制或事件控制,它们对应于进入该语句块的时间;

③ 所有在并行语句块中的语句在进入到块中的时候开始执行,所以在并行语句块中语句的书写次序并不重要。

在例 5.6 中,与顺序块相比,各条语句在相应的仿真延迟下执行。

例 5.6:并行块

```
reg x, y;
reg [1:0] z;
    initial
    fork
        x = 1'b0;              // 在仿真时间 0 完成
        #5  y = 1'b1;          // 在仿真时间 5 完成
        #10 z = {x, y};        // 在仿真时间 10 完成
    join
```

在并行块中,如果两条语句在同一时刻对同一个变量进行操作,会潜在地存在执行条件冲突,必须小心地使用并行语句块,避免不可预测的情况发生。

比较两种语句块:

begin… end	fork…join

begin
    a = #5 b;
    b = #5 a;
    #10 $display(a, b);
end
	fork
	    a = #5 b;
	    b = #5 a;
	    #10 $display(a, b);
	join

在顺序块中，b 值在时刻 0 被立刻采样，延迟 5 个时间单位后赋值给 a；而后下一条语句 a
在时刻 5 被采样，再延迟 5 个时间单位在时刻 10 赋值给 b。

在并行块中，b 和 a 的值在时刻 0 立刻被采样，各自保存的值在时刻 5 同时赋值给各自的
目标，此时存在竞争问题。

3. 语句块的使用

语句块在使用时可具有嵌套、命名和禁用命名等方法。语句块的命名标识符是可选的，即
可以没有标识符。如果有标识符，则被称为命名语句块（named block），可以在语句块内部声
明局部变量，块中声明的变量可以通过层次名引用进行访问。此外，语句块的标识符还提供了
一种可以对变量进行唯一标识的途径。需要特别注意的是，所有的局部变量都是静态的，即：
它们的值在整个仿真运行期间保持不变。这一点与 C 语言编程的习惯不同。带有标识符的
语句块还可以被引用，例如，使用 disable 语句可以禁止带有某个特定标识符的语句块执行。
关键字 disable 提供终止命名块的方法，可用于从循环中退出，处理错误条件以及控制某些代
码段是否被执行。

例 5.7(a)： 语句块的嵌套

```
initial
fork
      a = 1'b1;
      b = 1'b0;
      begin
         #10   c = {a,b};
         #5    d = {b,a};
      end
      #10      e = {c,d};
join
```

例 5.7(b)： 语句块的命名与禁用

```
fork : block_name             //冒号后面是块的名
    rega = regb;

    disable block_name;       //disable 实现块的禁用功能
    regc = rega;              // 该句的赋值将不会被执行
join
```

例 5.7(c)： 命名语句块的局部变量声明

```
module named_block_varib();
parameter len = 16;
reg [len-1:0] bit_detect;
reg [5:0] b_position;

    always @ (bit_detect)
    begin :detect                //块的命名
        integer i ;              //块内局部变量声明
        for(i = 0; i<len; i = i+1)     //for 循环语句在后续章节中介绍
        begin
        //其他语句
        disable detect;          //发现首个满足条件时结束块的执行，不必执行全部循环语句
```

```
        end
    end

    //其他语句
endmodule
```

5.1.3　时序控制

Verilog HDL 语言规定过程赋值语句中两种时序控制。第一种是简单的延迟控制,它规定了最初时刻与执行时刻的时间延迟。这种延迟控制具有电路状态的动态控制功能,它通过简单数字表达状态执行的时间。延迟控制由标识符"♯"引导,后面跟随着最小、标准、最大延迟值。

如果延迟的表达式计算为一个未知值或高阻抗值,则解释为零延迟。如果延迟表达式的计算结果为负值,它被解释为一个二进制补码的无符号整数的时间变量。

例 5.8:简单延迟的参数使用

```
module clock_gen (clk);
output clk;
reg clk;
parameter cycle = 20;

  initial clk = 0;
  always #(cycle/2) clk = ~clk;                //延时赋值语句
endmodule

#10 reg_a = reg_b;              //简单延迟控制语句,延迟 10 个时间单位执行赋值操作
reg_a = #10 reg_b;             //立即计算 reg_b 的值,10 个时间单位后赋给 reg_a
```

Verilog HDL 语言中规定第二种时序控制是电平敏感,用关键字 wait 表示等待电平为真的敏感条件才能执行后面的语句或语句块,但该语句属于不可综合结构。其规范化定义的语法结构如下:

```
wait_statement ::=
  wait ( expression )       // 等待( 表达式 )
    statement_or_null       // 声明语句或不写
```

例 5.9:电平敏感时序控制

```
begin
  wait (ctl_en == 1)
  #10 a = b;
  #10 c = d;
end
```

例 5.9 使用了电平敏感时序控制,其执行过程如下:如果条件判断的 ctl_en 值为 0,则不执行后面的语句;如果判断条件为 1,则在延迟 10 个单位时间后执行后面的赋值语句。如果判断条件始终为真,那么将每隔 10 个单位重新执行一次赋值。

第三种时序控制是事件控制。Verilog HDL 语言中,事件是指线网变量或寄存器值发生变化,由"@"引导敏感表表示的事件控制也被认为属于广义的时序控制。事件可以用来触发声明语句或块语句的执行。事件控制包含三种类型:边沿敏感事件控制、电平敏感事件控制和

命名事件控制。规范化表达的事件控制语法格式如下：

```
event_control :: =          // 事件控制定义为
   @ event_identifier       // 事件标识符
   |@ ( event_expression )  // 事件表达式
   |@ *                     // 表示对其后语句块中所有输入变量的边沿敏感
   |@ ( * )

event_expression:: =        // 其中,事件表达式定义为
   exp                      // 表达式
   | event_id               // 或事件标识符
   | posedge exp            // 或上升沿表达式
   | negedge exp            // 或下降沿表达式
```

例 5.10：事件控制

```
@(posedge clock)     reg_a = reg_b;   // 上升沿敏感
@(negedge clock)     reg_c = reg_d;   // 下降沿敏感
@(clk)q = d;                          // 时钟的双沿敏感
reg_a = @(posedge clk) reg_b;         // 立刻计算 reg_b 值,
                                      // 直到时钟的上升沿跳变赋值给 reg_a
```

关键字 posedge 和 negedge 分别表示上升沿和下降沿。信号敏感列表中还可以用关键字 or 连接多个敏感信号。

在 Verilog—2001 标准中,对于敏感表及其信号的定义引入了两种新特性。其一是采用逗号“,”代替“or”分隔多个敏感信号,例如“@(edge signal or edge signal or …)”和“@(edge signal, edge signal, …)”是等效的;其二是引入“@ *”或“@ (*)”,它们表示对其后语句块中所有输入变量的边沿敏感。

Verilog HDL 语言提供了命名事件,这是一种有别于线网和变量的新的数据类型,关键字为 event。命名事件通过操作符“—>”可以触发静态对象,通过符号“@”来识别事件是否发生,事件在引用前必须被声明。一个命名事件可以被显式触发。它可以用在事件表达式中,以事件控制的方式控制过程语句的执行。事件类型具有如下特征：

- 没有持续时间,也不具有任何值;
- 是一种数据类型,只能在过程块中触发一个使能事件;
- 不可综合。

例 5.11：命名事件控制

```
event  add, mult;       //定义事件数据类型

always @ (a or b)
  if (a> b)
    -> add;             // 触发事件 add
  else
    -> mult;            // 触发另一事件 mult
// 下面为被触发的两个事件的响应
  always @( add )
    out = a + b;

  always @( mult )
    out = a * b;
```

一个声明事件是由一个事件触发语句的激活而产生的。事件控制表达式中,当改变事件数组序列时事件不被激活。命名事件和事件控制提供了描述两个或多个并发活动进程之间的通信和同步的功能强大且有效的方法。

Verilog HDL 新标准中提供了内部分配时序控制功能(intra-assignment timing control)。内部分配延迟和事件控制包含在赋值语句中,并以不同的方式修改状态执行进程。内定时控制和任务重复定时控制可用于内部分配延迟。内部分配延迟和事件控制可应用于阻塞赋值和非阻塞赋值。对指定的事件发生数目,重复事件控制应指定内部分配延迟。表 5.1 所列为内部和非内部分配时序控制等价表。

表 5.1　内部和非内部分配时序控制等价表

内部分配时序结构	非内部分配时序结构

a = #5 b;	begin
	temp = b;
	#5 a = temp;
	end

a = @(posedge clk) b;	begin
	temp = b;
	@(posedge clk) a = temp;
	end

a = repeat(3)
@(posedge clk) b;
	begin
	temp = b;
	@(posedge clk);
	@(posedge clk);
	@(posedge clk) a = temp;
	end

下面例子是 repeat 事件控制一个非阻塞赋值的内部分配延迟。

```
a <= repeat(5) @(posedge clk) data;
```

图 5.1 所示为 repeat 事件控制时序。

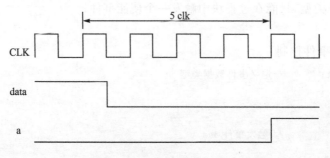

图 5.1　repeat 事件控制时序

5.2　过程赋值语句

在 initial 和 always 语句内部进行赋值被称为过程性赋值。它们只能对变量数据类型进行赋值,如对 reg、integer、real 或 time 类型,赋值语句右侧还可以是表达式。在其他过程赋值语句为变量赋一个不同的值之前,该变量的值将保持不变。过程赋值分为阻塞(blocking)和非阻塞(non-blocking)两类。

5.2.1 阻塞赋值语句

阻塞赋值语句按照在语句块中的前后顺序执行。所谓阻塞是指在同一个 always 块中,其后面的赋值语句(即使不设定延迟)是在前一句赋值语句结束后再开始赋值的。阻塞赋值语句不能阻塞在并行块中的语句。阻塞赋值的操作符是"=",其语法结构如下:

被赋值变量 =［延迟与事件控制］表达式或操作数等

简单的阻塞赋值的例子如下所示:

```
module   blocking  (a, b, c, clk);
input    clk;
input    [4:0]      a;
output   [4:0]      b, c;
reg      [4:0]      b, c;

    always @ (posedge clk) begin
      b = a;
      c = b;
    end
endmodule
```

该阻塞赋值例中,在 clk 上升沿到来的时候,把 a 的值赋给 b,再把 b 的值赋给 c。当条件符合时,执行上述操作。在把 a 的值赋给 b 的过程中,其他的语句都"被阻塞",被迫停下来,a 给 b 赋值结束之后,才能执行下一条语句,直到执行完顺序块中的语句,所以相当于把 a 的值通过 b 传递给 c。其 Modelsim 仿真结果如图 5.2 所示。

例 5.12:测试分支中阻塞赋值语句

```
initial
  begin
      x = 0; y = 1;        //对标量进行初始化赋值
      count = 0;           //为整型变量赋值
      vector_z = 8'b0;          //对比特矢量进行初始化赋值

      #5 vector_z [0] = 1'b1;    //对矢量中选定的比特位赋值,这里还延迟 5 个时间单位
      #10 vector_z [7:6] = { y, x };   //对矢量中选定的部分赋值,将拼接操作的结果赋值给位域

      count = count + 1 ;       //对整型变量赋值,这里是进行加 1 操作
      memomey [address] = 8'hff;   //对寄存器进行赋值
  end
```

值得说明的是,对于寄存器变量的过程赋值,如果表达式右边数值的位宽大于该变量的宽度,则将右端的值进行调整,从最低位开始保留,多于左边变量宽度的高位部分被丢弃。如果右边数值的位宽小于该变量的宽度,则在寄存器变量的高位部分补 0 填充。

如果阻塞赋值分别被放在不同的 always 块里,那么仿真时,这些块执行的先后顺序是随

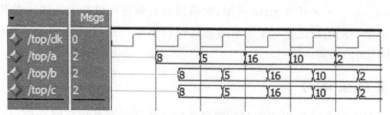

(a) Modelsim 仿真波形输出结果

blocking	a=8	b=8	c=8
blocking	a=5	b=5	c=5
blocking	a=16	b=16	c=16
blocking	a=10	b=10	c=10
blocking	a=2	b=2	c=2

(b) Modelsim 终端显示输出结果

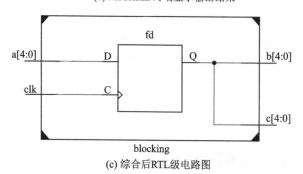

(c) 综合后RTL级电路图

图 5.2　阻塞赋值的仿真测试和功能综合的结果

机的,因此可能出现错误的结果。按不同的顺序执行这些块将导致不同的结果,这是 Verilog HDL 中的竞争冒险。但是,这些代码的综合结果却是正确的流水线寄存器。也就是说,前仿真和后仿真的结果可能会不一致。

5.2.2　非阻塞赋值语句

　　非阻塞赋值允许在不阻塞顺序语句块中后续语句执行的情况下执行赋值操作;非阻塞赋值语句可以对多个变量在同一时刻赋值,且在彼此无互相影响的条件下执行操作。非阻塞赋值采用运算符"<=",该运算符与关系运算符"大于或等于"号相同,但在非阻塞赋值的语境下是赋值的含义。其语法结构如下:

被赋值变量 < = ［延迟或事件控制］表达式或操作数等

简单的非阻塞赋值的例子如下所示:

```
module  non_blocking  (a, b, c, clk);
input    clk;
input    [4:0]    a;
output   [4:0]    b, c;
reg      [4:0]    b, c;
```

```
    always @ (posedge clk) begin
        b < = a;
        c < = b;
    end
endmodule
```

这段代码的含义是,在 posedge clk 到来时,计算所有的右端(RHS)的值,假设此时,a 的值为 5,b 的值为 x,这是并发执行的,没有被阻塞按先后顺序执行;然后更新左端(LHS)的值,结束之后,b 的值变为 5,c 的值为前一时刻 b 的值。其 Modelsim 仿真结果如图 5.3 所示。

若过程块中的所有赋值都是非阻塞的,则赋值按以下两步进行:

① 时钟上升沿到来时仿真器计算所有右侧表达式的值,保存结果,并进行调度在时序控制指定时间的赋值事件。

② 在经过相应的延迟后,仿真器通过将保存的值赋给左侧表达式完成赋值。因此赋值完成的时间顺序不影响结果。

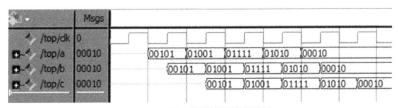

(a) Modelsim 仿真波形输出结果

Non-blocking	a=5	b=5	c=x
Non-blocking	a=9	b=9	c=5
Non-blocking	a=15	b=15	c=9
Non-blocking	a=10	b=10	c=15
Non-blocking	a=2	b=2	c=10
Non-blocking	a=2	b=2	c=2

(b) Modelsim 终端显示输出结果

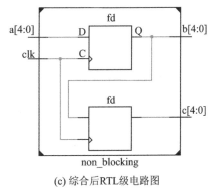

(c) 综合后RTL级电路图

图 5.3 非阻塞赋值的仿真测试和功能综合的结果

例 5. 13：非阻塞赋值语句

```
reg x, y;
reg [7:0] vector_z;
integer count ;

    initial
      begin
          x = 0; y = 1;              //对标量进行初始化赋值
          count = 0;                 //为整型变量赋值
          vector_z = 8'b0;           //对比特矢量进行初始化赋值

          vector_z[0] <= #5 1'b1;    //对矢量中选定的比特位赋值,这里还延迟5个时间单位
          vector_z[7:6] <= #10 { y, x };
                                     //对矢量中选定的部分赋值,将拼接操作的结果赋值给位域

          count <= count + 1 ;       //对整型变量赋值,这里是进行加1操作
      end
```

为了进一步解释非阻塞赋值与阻塞赋值的不同,例 5.13 给出了相应的例子,通过与阻塞赋值的例子(例 5.12)相对比进行说明。在功能仿真中,仿真器将相应的赋值语句调度到相应的仿真时刻,然后继续执行后面的语句,而不是停下来等待赋值的完成。在例 5.13 中,从 x = 0 到 vector_z = 8'b0 的语句是从仿真时刻 0 顺序执行的,之后两条非阻塞语句在 vector_z = 8'b0 执行完之后并发执行,即:

- vector_z[0] <= #5 1'b1; 在被调度到 5 个时间单位后执行,即仿真时刻为 5;
- vector_z[7:6] <= #10{ y, x }; 被调度到 10 个时间单位后执行,即仿真时刻为 10;
- count <= count + 1; 被调度到无延迟时执行,即仿真时刻 0。

与之相对比,在例 5.12 的阻塞赋值中,对于 vector_z[0]、vector_z[7:6] 和 count 的赋值分别在仿真时刻 5、10 和 0 执行。

需要注意,在同一个 always 块中,不建议混合使用阻塞和非阻塞赋值语句。一般情况下,阻塞式赋值用于组合逻辑电路,而非阻塞式赋值用于时序逻辑电路。

在阻塞赋值和非阻塞赋值中,也可以使用时序控制,被称为语句内部延迟。值得注意的是,在语句内部延迟等待,最后把重新计算的值赋给左边的目标。对例 5.4 所示的代码段进行改造,得到如例 5.14 所示的代码。

例 5. 14：非阻塞赋值语句中的时序控制

```
reg clock;
reg [0:5] in, q1, q2;
reg [0:5] reg1;

    always @(posedge clock)   // 使用 clock 上升沿触发的事件控制
      begin
          q1 <= #1 in;
          q2 <= #1 q1;
          reg1 <= @(negedge clock) q1 ^ q2;
      end
```

上述过程赋值中的延迟时间♯1在仿真中有效,但在综合过程中往往会被忽视,其原因是所标定的延迟时间是代表信号的传输线延迟,实际电路的延迟时间并不能被任意指定值。

5.2.3 过程连续赋值语句

过程赋值通过阻塞赋值和非阻塞赋值给寄存器等变量,该值保存在寄存器中直到下一条过程赋值语句将另外一个值存放到该寄存器中。Verilog HDL 语言还允许有限时间内将表达式的值连续加载到寄存器或线网中,其赋值方法不仅改写寄存器也可以改写线网的值,这就是**过程连续赋值**。过程连续赋值方法之一的关键字有 assign 和 deassign。在以关键字 assign 引导的过程连续赋值时,左端只能是变量引用或连续变量。它不是一个内存字(对数组的引用)或位选择,或一个变量的一部分选择。assign 在过程连续赋值中用于对寄存器赋值,deassign 用于取消之前由 assign 赋给某寄存器的值。下面是用 assign、deassign 过程连续赋值描述的 D 触发器的预置和清除输入。

例 5.15:D 触发器

```
module dff (q, d, clear, preset, clock);
output q;
input d, clear, preset, clock;
reg q;

  always @(clear or preset)
    if (! clear)
      assign q = 0;          //用 assign 对 q 执行过程连续赋值
    else if (! preset)
      assign q = 1;
    else
      deassign q;            //用 deassign 取消对 q 执行的过程连续赋值

  always @(posedge clock)
    q = d;
endmodule
```

过程连续赋值的第二种形式是既可以改写寄存器上的赋值也可以改写线网上的赋值,关键字为 force 和 release。其赋值语句的左边表达式可以是一个变量、一个线网、一个矢量线网的常数位选,矢量线网的组选或级联。它的左边表达式不能是存储器字、矢量的变量位选或组选。force 和 release 过程连续赋值对寄存器或线网执行强制赋值,直到 release 释放该过程。释放该过程后被覆盖的变量并非立刻改变其值,force 状态的覆盖值保持到下一个过程赋值发生,除非一个连续过程赋值语句一直在执行。

例 5.16:D 触发器的测试模块和测试输出

```
module test;
reg a, b, c, d;
wire e;

  and and1 (e, a, b, c);

  initial begin
```

```
        $ monitor("% d d = % b,e = % b", $ stime, d, e);
        assign d = a & b & c;
        a = 1;
        b = 0;
        c = 1;
        #10;
        force d = (a | b | c);
        force e = (a | b | c);
        #10 $ stop;
        release d;
        release e;
        #10 $ finish;
    end

endmodule

// 测试结果输出为
0 d = 0,e = 0
10 d = 1,e = 1
20 d = 0,e = 0
```

注意到,其中的"assign"虽然与连续赋值的关键字相同,但它们的性质是完全不同的语句。在过程块中对 reg 类型的 assign/deassign 操作属于不可综合的结构,但在过程块外对 wire 类型的连续赋值是可综合的;另外,force/release 语句属于不可综合结构,不要在设计模块内使用,通常用于测试激励完成全覆盖调试使用。

关于过程连续赋值的特性归纳如下:

① 不能对寄存器变量信号上的一位或部分位使用 assign 和 deassign。

② 后面的 assign 或 force 语句覆盖以前相同类型的语句。

③ 如果对一个信号先 assign 然后再 force 强制赋值,它将保持 force 值,即 force 覆盖 assign。在对其进行 release 后,信号为 assign 值。

④ 如果在一个信号上 force 多个值,然后 release 该信号,则不出现任何 force 值。

⑤ 可以强制(force)并释放(release)一个信号的指定位、部分位或连接,但位的指定不能是一个变量(例如 out_a[i])。

5.3 行为语句

在 Verilog HDL 语言中,行为级建模是其高级描述语言的典型代表。行为级建模除过程块、赋值语句等过程控制结构外,还有执行变量操作的行为语句,主要的行为语句包括条件语句、分支语句、循环语句、其他语句和生成块等。

5.3.1 条件语句

条件语句的关键字为 if 和 else,可以有三种形式。

第一种条件语句形式仅有 if,如果表达式为真,则执行过程性语句。形式如下:

```
if ( 条件表达式 ) 过程声明语句;
```

第二种条件语句是 if… else。形式如下：

```
if ( 条件表达式_1 )
    过程声明语句_1;
else 过程声明语句_2;
//如果条件 1 为真,则执行过程 1,否则执行过程 2
```

第三种条件语句是嵌套型。形式如下：

```
if  ( 条件表达式_1 ) 过程声明语句_1;
else if ( 条件表达式_2 ) 过程声明语句_2;
    // 其他 else if 语句……
else if ( 条件表达式_i ) 过程声明语句_i;
//可以有多组 else if 语句,依次判断条件表达式是否成立,如果成立则执行相应的过程性语句
else 过程声明语句_N;
//若每组条件表达式都不成立,则执行 else 之后的过程性语句
```

第三种条件语句具备最全的语法结构,其解释如下:如果条件 1 的表达式为真(或非 0 值),那么语句块 1 被执行;否则语句块不被执行,然后依次判断条件 2 至条件 n。最后跳出 if 语句,整个模块结束。如果所有的条件都不满足,则执行最后一个 else 分支。在应用中,else if 分支的语句数目由实际情况决定。可以使用多层 if 嵌套形式。在嵌套 if 序列中,else 和前面最近的 if 配对。为提高可读性及确保正确关联,使用 begin…end 块语句指定其作用域。当 else 分支省略时,可生成不被预期的锁存器。下面给出一个 if 语句的例子。

例 5.17：条件语句实现的多路选择器

```
module mux4_1(out, in, sel);
output out;
input [3:0] in;
input [1:0] sel;

  reg out;
  wire [3:0] in;
  wire [1:0] sel;

  always @(in or sel)
      if (sel = = 0)        out = in[0];
      else if (sel = = 1)   out = in[1];
      else if (sel = = 2)   out = in[2];
      else                  out = in[3];
endmodule
```

5.3.2　多路分支语句

根据条件表达式的值进行分支执行的行为类似于多路复用选择器,多路分支语句的关键字为 case、endcase 和 default,语法格式如下：

```
case（条件表达式）
    case_item_1：过程声明语句_1；      // case_item 为分支选项
    // 其他 case 分支选项......
    case_item_i：过程声明语句_i；
     :
    // 可以有多组分支项，其中 case_item_i 为各分支项条件表达式的值
    default：默认的过程声明语句；//默认的分支项
endcase
```

    case 语句首先对条件表达式进行求值，然后依次与各分支项的值进行比较，第一条与条件表达式的值相匹配的分支中的语句被执行。可以在一个分支中定义多个分支项，但必须保证这些分支项的值不互相矛盾，而关键字 default 引导的缺省分支项包含了没有被其他任何分支项包含的值下的语句。例 5.18 给出了一个根据分支项的值为变量赋值的例子。

    例 5.18：多路分支语句实现多路选择器

```
module mux4_1(out, in, sel);
output out;
input [3:0] in;
input [1:0] sel;

  reg out;

    always @(in or sel)
      case (sel)
          0：out = in[0];
          1：out = in[1];
          2：out = in[2];
          3：out = in[3];
        default：out = in[0];
        endcase
endmodule
```

    case 语句的条件判断可以包含 x 和 z，进行逐位比较以求完全匹配（包括 1、0、x 和 z），如例 5.19 所示。所有分支选项的位长度应相等，以便进行精确的逐位匹配比较。

    default 语句可选，在没有任何条件成立时执行，但多于一条 default 语句是非法的。此时如果未说明 default 项，则不执行任何动作。需要指出的是，case 语句的 default 分支虽然可以省略，但是建议一般不要缺少，否则会和 if 语句中缺少 else 分支一样，生成锁存器。

    例 5.19：含 x 和 z 的 case

```
case (select[1:2])
    2'b00：result = 0;
    2'b01：result = flaga;
    2'b0x,
    2'b0z：result = flaga ? 'bx : 0;
    2'b10：result = flagb;
    2'bx0,
    2'bz0：result = flagb ? 'bx : 0;
    default result = 'bx;
endcase
```

还需要注意，使用 if 语句和 case 语句对于硬件实现的区别。在实用中，如果有分支情况，

尽量选择 case 语句。这是因为 case 语句的分支是并行执行的,各个分支没有优先级的区别。而 if 语句的选择分支是串行执行的,是按照书写的顺序逐次判断的。如果设计没有这种优先级的考虑,if 语句和 case 语句相比,需要占用额外的硬件资源。

除了一般的 case 语句之外,还存在考虑无关项的多路分支语句,对应关键字为 casex 和 casez。casex 语句将条件表达式或分支项中的不确定值"x"和"z"作为无关值;casez 将条件表达式或分支项中的高阻值 z(也可用"?"来表示)作为无关值。使用中需要注意,casex 和 casez 在某些编译器下不可综合。

例 5.20: casez 无关项

```
reg [7:0] ir;
casez (ir)
      8'b1???????: instruction1(ir);
      8'b01??????: instruction2(ir);
      8'b00010???: instruction3(ir);
      8'b000001??: instruction4(ir);
endcase
```

例 5.21: casex 无关项

```
reg [7:0] r, mask;
mask = 8'bx0x0x0x0;

    casex (r ^ mask)
        8'b001100xx: stat1;
        8'b1100xx00: stat2;
        8'b00xx0011: stat3;
        8'bxx010100: stat4;
    endcase
```

5.3.3　循环语句

Verilog HDL 语言中有 for、while、repeat、forever 四种类型的循环语句,这些循环语句只能在 always 块或 initial 块中使用。

1. for 循环语句

这种循环语句使用关键字 for 表示,一般包含一个用于计数的控制变量,本身包含三部分:

① 初始条件,对控制变量赋初值;

② 循环条件,也被称为"终止条件",通过检查该条件是否为"真"来循环,如果为"假"才终止循环;

③ 改变控制变量的过程赋值语句。

如果循环中有多条语句,需要用 begin 和 end 把它们组合成块语句;如果 for 循环语句中的循环条件为真,则执行该循环语句或块语句。下面给出了利用 for 循环语句的例子。

例 5.22: for 循环语句

```
module count_test(out, clk);
output   [3:0]    out;
input             clk;
```

```
reg [3:0] out;
wire     clk;
integer  i;

  initial out = 0;

  always @ (posedge clk)
      for (i = 0; i < 3; i = i + 1)
        #10 out = out + 1;

endmodule

`define MAX 16
integer a [0:MAX - 1] ;      // 整型类型的数组有元素 vector_a[0]至 vector_a[MAX - 1]
integer i;

initial
  begin
      for (i = 0; i< `MAX ; i = i + 1) a[i] = 1 ; //将所有元素初始化为 1
  end
```

for 循环一般适用于具有固定的初始条件和终止条件的循环。如果循环的边界是固定的，那么综合时循环语句被认为是重复的硬件结构。for 循环在综合时会占用过多的资源。

2. while 循环语句

这种循环语句使用关键字 while 表示,其循环执行的终止条件是 while 后面括号中的控制表达式的值为"假"。如果遇到 while 语句的时候,表达式已经为假,则一次也不执行。在 while 的表达式中可以利用算术、逻辑、关系、按位逻辑、缩减、移位、拼接、条件等操作符构成复合逻辑表达式。

例 5.23 中为了在 vector_a 中依比特寻找是否为"1'b1",循环的条件是在比特矢量 vector_a 的位宽范围内并且尚未找到"1'b1"。是否尚未找到的条件由循环中对标记变量 flag 赋值决定。如果循环中有多条语句,需要用 begin 和 end 把它们组合起来。

例 5.23：while 循环语句的例子

```
`define TRUE 1'b1;
`define FALSE 0'b0;

reg [7:0] vector_a ;
integer i ; //整型变量用于计数
reg flag ; // 标记变量

initial
begin
      vector_a = 8'b0010_0100 ;
      i = 0 ;
      flag = `FALSE ;

    while ( ( i<8 ) && flag ! = `TRUE )   //多个逻辑表达式构成的复合逻辑条件
```

```
        begin
            if ( vector_a[i] ) flag = 'TRUE ;
            i = i + 1;
        end
    end
```

while 循环一般适用于只有一个执行循环条件的循环。while 循环语句不能被综合。

3. repeat 循环语句

这种循环语句使用关键字 repeat 表示,其功能是执行固定次数的循环,它的循环次数必须是一个常量、一个变量或一个模块的输入信号,它不能像 while 循环一样根据逻辑表达式来确定循环是否运行。值得注意的是,如果循环次数是变量或信号,那么执行时真正循环的次数是该变量或信号在开始执行时的值,而不是循环执行期间的值。循环语句可以带有事件控制,在例 5.24 中,在连续的几个时钟周期的正跳变边沿使 count 的数值累计增加,进而以信号 acc 输出。

例 5.24: repeat 循环语句的例子

```
module data_loader ( clock, enable, reset, acc );
input clock ;
input enable ;
input reset ;
output [3:0] acc ;   // 累加变量,位宽 4 bit
reg [3:0] count ;

    assign acc = count;

    always @( posedge clock or posedge reset )
        begin
        if ( reset ) count = 0 ;
        else
        repeat (8) @( posedge clock ) count = count + 1 ;
                    // 对于 count 在 clock 的上升沿累加 1 的操作,共重复 8 次
        end
endmodule
```

4. forever 循环语句

这种循环语句使用关键字 forever,表示永久循环,不包含任何的表达式,等价于 while(1)。如果要从 forever 循环中退出,可以使用 disable 语句。在测试程序中,也可以使用系统任务 $finish 使之终止。

通常 forever 循环要和时序控制结构结合使用,否则仿真时间将无法推进,造成其他代码无法执行。例 5.25 展示了如何利用 forever 循环产生仿真中的时钟。

例 5.25: forever 循环语句的例子

```
reg clock;

    initial
    begin
        clock = 1'b0 ;
        forever #10 clock = ~clock ; //时钟周期为 20 个单位时间
    end
```

5.3.4　其他语句

1. 等待语句

在事件控制中提供边沿敏感的事件控制符号"@",其主要功能是等待信号量变化或事件触发而进行事件控制。Verilog HDL 语言还通过等待语句进行电平敏感的时间控制,相应地,wait 作为该电平敏感结构的关键字,等待某特定的条件为真,之后再执行某条语句或某个语句块。它的用法已经在 5.1.3 小节时序控制部分进行了阐明,这里仅就使用中的细节问题进一步举例说明。

"wait"后的条件如果为假(0 或 x),则延迟后面的语句或语句块的执行;"wait"后的条件如果为真(非 0),则立即执行后续的语句或语句块。例 5.26 展示了应用 wait 语句的例子,计数器使能变量 ena_count 的值被持续地监测。如果 ena_count==0,则不执行后续的语句;如果 ena_count 不为 0,则在 10 个时间单位后语句 count=count+1 被执行。该例子是不可综合的,该语句在 ena_count 保持为 1 的条件下每隔 10 个时间单位使计数器变量 count 的值加 1。

例 5.26：wait 语句的例子

```
module …

always
    wait ( ena_count ) #10 count = count + 1;

endmodule
```

2. 禁用语句

禁用语句能够被用于终止某个命名块的执行,或者被用于从循环语句中跳出,它由关键字 disable 后面跟随块名或任务名构成。例 5.27 展示了利用"disable"终止命名块的运行,跳出 while 循环的用法。该例子用于在比特矢量变量 bit_vector 中查找第一个为 1 的数据位的位置。

例 5.27：disable 语句的例子

```
reg [15:0] bit_vector ;      // 16 位比特矢量变量,将在其他语句块中被赋值
integer i ;                  // 用于计数的整数
initial begin                // initial 块,不可综合代码
  i = 0 ;
  begin : block1             // 命名块 block1
    while ( i < 16 ) begin
      if ( bit_vector[i] ) disable block1 ;// 如果 bit_vector[i]为 1,则退出循环
      i = i + 1;
    end
  end
end
```

3. 事件触发器

Verilog HDL 语言具有对事件进行声明的能力,并能够定义触发器(trigger)将命名事件(named event)触发。被触发的事件可以通过事件敏感列表识别,这样就可以在一定的触发条

件下执行相应的语句。事件触发器在 always 过程块中的用法已经在 5.1.3 小节时序控制部分进行了阐明,这里仅就使用中的一些细节问题进一步举例说明。

采用关键字 event 声明命名事件,并使用符号"—＞"触发命名事件,使用符号"@"识别被触发的事件。例 5.28 给出了命名事件控制的例子,可以说明事件触发器"—＞"的语法和应用方法,其中关键的语句用黑体标出。

例 5.28:命名事件声明和事件触发

```verilog
`timescale 1ms/100us

module test_event_trigger ;
parameter INDEX_SIZE = 2 ;
parameter FRAME_LENGTH = 1 << INDEX_SIZE ;
parameter MEM_SIZE = 4 ;

reg clock = 1 ;                        // 用于测试的时钟
event event_frame_end ;                // 定义一个命名事件,event_frame_end,表示帧结束
reg in = 1 ;
reg [INDEX_SIZE - 1 : 0] count = 0 ;   // 定义计数器变量
reg [FRAME_LENGTH - 1 : 0] cache ;
reg [FRAME_LENGTH - 1 : 0] mem [MEM_SIZE - 1 : 0] ;
  integer i = 0 ;

  always @ ( posedge clock ) begin     // 同步时序逻辑上升沿时钟触发
  cache = { cache, in } ;
  if( count == FRAME_LENGTH - 1 )      // 如果计数值达到帧长度,则
    -> event_frame_end ;               // 触发 event_frame_end 事件
  count = count + 1 ;
  end

    always @ ( event_frame_end ) begin // 如果发生 event_frame_end 事件,则将 cache 中
                                       // 的数据存入 mem 中相应的元素中

        mem[i] = cache ;
        if ( i >= MEM_SIZE ) i = 0 ;
        else i = i + 1 ;

    end

    always #5 clock = ~clock ;         // 以下是用于测试的时钟和信号
    initial begin
          in <= 1 ;
        #50 in <= 0 ;
        #50 in <= 1 ;
        #50 $ stop ;
    end

endmodule
```

事件触发器的仿真测试波形如图 5.4 所示,在 ModelSim 仿真工具中,当事件发生时显示一个"@"标记。

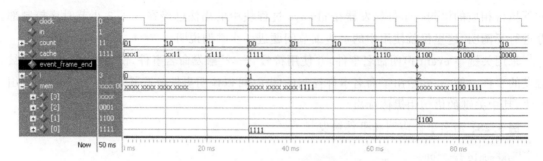

图 5.4   事件触发器的仿真测试波形

5.3.5 生成块

模块设计必须进行模块实例化定义,完成各个模块之间的参数传递以及分层的引用。为了动态地生成 Verilog HDL 代码,同时方便实现参数化模块,在 Verilog—2001 版中提出了"生成块"的概念。生成块有利于建立参数化模型,如当对矢量中的多位进行重复操作,或对模块的实例引用进行重复操作时。生成块的关键字是 generate 和 endgenerate,用以指定生成块的实例范围。

生成块语句不仅能进行变量声明、任务或函数的调用,而且可以进行实例引用的全面调用。生成实例可以是一个或多个模块、UDP、门级结构、连续赋值、initial 块和 always 块。生成块内变量声明和生成实例在设计中可多次被实例化。生成的实例有独特的标识符名称和可供引用的分层结构。为了支持结构化单元和过程块语句的互连,Verilog HDL 语言允许在生成块范围内声明下列数据类型:

- 线网型:wire、wand、wor、tri、triand、trior、trireg;
- 变量类型:reg、integer、real、time、realtime;
- 事件类型:event。

参数重定义可以使用顺序法或命名法赋值,或用关键字 defparam 在生成块内声明。其中通过 defparam 语句重新定义的参数必须在同一个生成范围内,或是在生成块范围的层次化实例中。

生成块内可以使用任务和函数,但不可在三种生成循环结构中使用。生成任务和函数具有唯一标识符并且可以在分层结构中被引用。

生成块中不支持的语法结构是:

- parameters、local parameters;
- input、output、inout 和 specify 块。

生成语句包含生成循环、生成条件和生成多路分支三种情况,下面通过例子进行解释。

1. 生成循环

生成循环(generate-loop)允许一个或多个模块、变量声明、自定义原语、门级结构、连续赋值、initial 块和 always 块并用 for 循环进行多次实例化。for 循环中的循环标识变量需要用 genvar 进行临时变量声明。

例 5.29:格雷码转顺序二进制码

```
module gray2bin (bin, gray);
```

```
parameter width = 8;
output [width - 1:0] bin;
input [width - 1:0] gray;
reg [width - 1:0] bin;

genvar i;                    //用 genvar 声明循环标识 i
    generate for (i = 0; i<width; i = i + 1)
    begin:bit    //用顺序块且须命名
        always @(gray[width - 1:i])
        bin[i] = ^gray[width - 1:i];
    end
    endgenerate

endmodule
```

上述生成块内的代码转换功能还可以使用连续赋值的语句完成。

```
generate for (i = 0; i<width; i = i + 1)
  begin:bit
    assign bin[i] = ^gray[width - 1:i];
  end
endgenerate

//上述生成语句将 for 循环展开后如下:
assign bin[0] = ^gray[WIDTH - 1:0];
assign bin[1] = ^gray[WIDTH - 1:1];
assign bin[2] = ^gray[WIDTH - 1:2];
assign bin[3] = ^gray[WIDTH - 1:3];
assign bin[4] = ^gray[WIDTH - 1:4];
assign bin[5] = ^gray[WIDTH - 1:5];
assign bin[6] = ^gray[WIDTH - 1:6];
assign bin[7] = ^gray[WIDTH - 1:7];
```

例 5.30:生成循环语句描述的脉动加法器

```
module addergen1 (co, sum, a, b, c);
parameter width = 4;
output [width - 1:0] sum;
output co;
input [width - 1:0] a, b;
input c;
wire [width :0] cw;
  wire [width - 1:0] t [1:3];

  genvar i;
  assign cw[0] = c;
  generate
    for(i = 0; i<width; i = i + 1)
      begin : bit
          xor g1 ( t[1][i], a[i], b[i]);
          xor g2 ( sum[i], t[1][i], c[i]);
          and g3 ( t[2][i], a[i], b[i]);
          and g4 ( t[3][i], t[1][i], c[i]);
          or  g5 ( cw[i + 1], t[2][i], t[3][i]);
      end
```

```
    endgenerate
    assign co = cw[width];
endmodule

// 被生成实例名如下：
// xor gates: bit[0].g1 bit[1].g1 bit[2].g1 bit[3].g1
// bit[0].g2 bit[1].g2 bit[2].g2 bit[3].g2
// and gates: bit[0].g3 bit[1].g3 bit[2].g3 bit[3].g3
// bit[0].g4 bit[1].g4 bit[2].g4 bit[3].g4
// or gates: bit[0].g5 bit[1].g5 bit[2].g5 bit[3].g5
```

上述生成循环语句在仿真时仿真器会对其进行展开操作，然后仿真器对展开代码进行操作。因此，生成语句的本质是使用循环语句简化多条重复的相同的语句，有助于编程简洁，提高程序的可读性和可综合性。生成语句中的变量必须在生成块内用关键字 genvar 声明，属于临时变量，只在生成块内起作用，生成循环语句可以多层嵌套使用，但生成循环内的变量标识符必须不同。for 循环内的语句必须使用 begin…end 块，并需要对其命名，如：begin: bit … end。其目的是对生成循环语句内的变量进行层次化引用。

2. 生成条件

生成条件（generate if）使用条件语句（if…else）构成，允许模块、变量声明、自定义原语、门级结构、连续赋值、initial 块和 always 块进行实例化。

例 5.31：生成条件语句描述的参数化乘法器

```
module multiplier(a, b, product);
parameter a_width = 16, b_width = 16;
localparam product_width = a_width + b_width;
// 参数及本地参数声明
input [a_width-1:0] a;
input [b_width-1:0] b;
output [product_width-1:0] product;

  //条件调用不同类型乘法器
  generate
    if((a_width < 16) || (b_width < 16))
    CLA_multiplier #(a_width,b_width) u1(a, b, product);
    // 实例化一个 CLA 乘法器
    else
    WALLACE_multiplier #(a_width,b_width) u1(a, b, product);
    // 实例化一个 Wallace 树乘法器
    endgenerate
    // 生成的实例名是 u1
endmodule
```

例 5.32：流水线的生成块结构

```
module pipeline(out, in, clk, rst);
parameter bits = 8;
parameter stages = 4;
input [bits-1:0] in;
output [bits-1:0] out;
wire [bits-1:0] stagein [0:stages-1];   // 从前面级得到的值
reg [bits-1:0] stage [0:stages-1];       // 流水线寄存器
```

```
assign stagein[0] = in;
generate
    genvar s;
    for (s = 1; s < stages; s = s + 1) begin : stageinput
  assign stagein[s] = stage[s-1];
    end
endgenerate
assign out = stage[stages-1];
generate
    genvar j;
    for (j = 0; j < stages; j = j + 1) begin : pipe
        always @(posedge clk) begin
            if (rst) stage[j] <= 0;
            else stage[j] <= stagein[j];
        end
    end
endgenerate
endmodule
```

3. 生成多路分支

Verilog HDL 语法中规定生成多路分支(generate case)语句允许模块、变量声明、自定义原语、门级结构、连续赋值、initial 块和 always 块进行实例化。

例 5.33：生成多路分支

```
generate
  for (i = 0; i < N; i = i + 1)
    begin: adder
      case (i)
            0    : assign {c[i], sum[i]} = x[i] + y[i] + c_in;
          N-1    : assign {c_out, sum[i]} = x[i] + y[i] + c[i-1];
        default : assign {c[i], sum[i]} = x[i] + y[i] + c[i-1];
      endcase
    end
endgenerate
```

5.4　任务和函数

对于行为级建模,代码结构会出现不同位置的代码执行同样功能的情况,这就需要提取公共代码组成相应的子结构而提供给不同位置调用这些子程序,从而避免过多的重复程序代码。任务和函数就是语法中规定的结构,其关键字为 task 和 function,利用任务和函数可以把一个很大的程序模块分解成许多较小的任务和函数,以便于理解和复用。输入、输出和总线信号可以传入、传出任务,函数只能传入并由函数名返回结果。使用 task 和 function 语句可以简化程序的结构,使程序清晰易懂,便于编写较大型的模块。

5.4.1　任　务

任务使用关键字 task 和 endtask 进行声明。它可以有 input、output 和 inout 参数,能计算多个结果值,这些结果值只能通过被调用的任务的输出或总线端口送出,在任务中能够启动其他任务或函数。任务可以没有或具有多个任何类型的变量,但没有返回值。满足下列条件时只能使用任务而不能用函数：模块内包含时序控制（"♯"延迟，"@"，"wait"）或时间控制结构，没有输入或输出，存在多个输出，还可以调用其他任务或函数。值得说明的是，任务中尽管也使用输入/输出变量，但它与模块的端口有本质的区别，模块的端口用于与外部信号连接，而任务的输入/输出是用来传入/传出变量的。

定义的任务格式如下：

```
task [ automatic ]任务标识符 ；  // "automatic"为自动任务的关键字,可选
    输入输出变量声明
    声明语句
endtask
```

而调用任务的语句格式如下：

```
<任务名>（端口 1 ，端口 2 ，…… ,端口 n)
```

例 5.34：任务中的输入/输出变量

```
module mult (clk, a, b, out, delay);
input clk, delay;
input [3：0] a, b;
output [7：0] out;
reg [7：0] out;

    always @( posedge clk)
      mult_use (a, b, out);          // 任务调用语句

      task mult_use;                 // 任务块定义
      input [3：0] xme, tome;
      output [7：0] result;

        wait ( delay )
        result = xme * tome;
      endtask

endmodule
```

在上面的任务中，传递给任务的输入是 a 和 b，等待一定的 delay 值，输出值被计算出来。当任务执行结束后，输出值被传递回调用任务的输出变量。可见，任务的输入/输出变量是向其传入变量或从任务中传出的作用，并不是向模块中输入/输出变量。

在例 5.35 中，定义任务 neg_clocks，用于根据输入的端口变量的数值，延迟相应数量的脉冲，并在 initial 语句块中调用了该任务。

例 5.35：任务的定义和调用

```
module test_DUT ;              //仿真测试模块 test_DUT
reg clk, a, b;

    always #5clk = ! clk ;     // 仿真测试用的时钟

        task neg_clocks;       // 定义任务 neg_clocks
            input [3：0] num_of_edges;
                               //任务的输入端口声明,根据位宽,取值范围为 0～15
            repeat(num_of_edges) @(negedge clk ); // 用 repeat 循环延迟
```

```
                         // 表示等待 clk 上出现 num_of_edges 个负跳变沿,
                         // 然后再向下执行
        endtask

        initial
        begin
            clk = 0; a = 1; b = 1;
            neg_clocks(3);        //任务调用,等待时钟出现 3 次负跳变沿,之后对 a 阻塞赋值
            a = 0;
            neg_clocks(5);        //任务调用,等待时钟出现 5 次负跳变沿,之后对 b 阻塞赋值
            b = 0;
        end
    endmodule
```

由例 5.35 可见,任务的定义中用到了模块中定义的变量或信号(该例子中为 clk),而任务内部定义的端口是形式变量;在任务调用时,具体的数值与形式变量复合。

任务在某模块中可能存在两次以上同时调用的可能,由于任务中声明项的地址空间是静态分配的,上述同时调用任务的操作可能会出现错误的结果。为解决此问题,Verilog HDL 设定了自动任务的功能,其关键字为 automatic。这种自动调用任务就形成了地址空间动态分配,从而实现正确的运算功能。

例 5.36：自动任务(或称可重入任务)

```
module top
    //模块中的其他语句

    task automatic logic_aoi;
      output   ab_and,ab_or;
      input    a,b;
        begin
          ab_and = a&b;
          ab_or = a|b;
        end
    endtask

    //下面两个过程块在 clk 上升沿同时调用 logic_aoi 任务,因此任务须声明为自动任务
    always @( posedge clk)
      logic_aoi (out_and1, out_or1, x, y );

    always @(posedge clk)
      logic_aoi (out_or2, out_or2, u, v);

endmodule
```

5.4.2　函　数

函数(function)通过返回一个值来响应输入信号的值,一般将函数作为表达式中的操作符,这个操作的结果值就是这个函数的返回值,函数至少需要一个输入变量,有一个返回值。在函数中不能调用任务。Verilog HDL 语言使用关键字 function 和 endfunction 来进行函数声明。函数的一些特性如下:

● 不能包含非阻塞赋值语句;

- 函数仿真时间从 0 开始；
- 只含有输入(input)参数并由函数名返回一个结果,不能有输出或双向变量；
- 可以调用其他函数,但不能调用任务；
- 函数不能包含时序控制、延迟；
- 通常用于计算某一个函数值或描述组合逻辑。

定义函数的格式如下：

```
function 返回值类型或返回值宽度    函数名;
        输入端口声明
        局部变量声明
        begin
            行为语句 1;
            行为语句 2;
                ⋮
            行为语句 n;
        end
endfunction
```

其中,"输入端口声明"用来对函数各个输入端口的宽度和类型进行声明,在函数定义中必须至少有一个输入端口。该输入端口说明语句的语法与模块定义时的输入端口说明语句的语法是类似的,但要注意,函数定义结构中不允许出现任何的输出端口(output)和输入/输出端口(inout)。"局部变量说明"是对函数内部局部变量进行的宽度和类型说明。"行为语句"部分由关键字 begin 和 end 界定,这部分语句指明了函数被调用时要执行的操作,它们决定着函数实现的运算功能。在函数被调用时,这些行为语句将按串行方式执行操作。

所谓的"函数名"实际也是函数返回值的形式变量名。

调用函数的语句格式如下：

```
函数名 ( 端口 1,端口 2, …… ,端口 n);
```

其中,n 个端口与函数定义结构中说明的各个输入端口一一对应,它们代表着各个输入端口的输入数据。这些输入表达式的排列顺序及类型必须与各个输入端口在函数定义结构中的排列顺序及类型保持严格一致。函数的返回值可以直接给信号连续赋值,在多输出时很便捷。例 5.37 给出函数调用的例子。

例 5.37：函数调用

```
module orand (a, b, c, en, out);
inputen;
input [7: 0] a, b, c;
output [7: 0] out1,out2;
reg [7: 0] out1,out2;

        always @( a or b or c or en)
            {out1,out2} = fun_log (a, b, c, en); // 函数调用

        function [7:0] fun_log;
            input [7:0] a, b, c;
            input en;
                if  (en)
                    fun_log = (a | b) & c;
```

```
            else
                fun_log = 0;
        endfunction

endmodule
```

例 5.38 中函数的功能是根据 index_of_byte 值,将 64 bit 长的字(word)中取出指定的字节,并赋值给局部变量 get_byte,形成输出。

例 5.38:函数的定义

```
function  [7:0] get_byte;            // 函数定义结构开头,注意:在此行中不能出现端口列表
                                     // get_byte 的位宽为 8 位

input  [63:0] word;                  // 输入端口 1
input  [3:0] index_of_byte ;         // 输入端口 2

integer bit;            //局部变量说明
reg [7:0] temp;         //局部变量说明

    begin
      for ( bit = 0; bit< = 7; bit = bit + 1 )
      temp[bit] = word[((index_of_byte - 1) * 8) + bit ]; //第一条行为语句
       get_byte = temp;                                    //第二条行为语句
      end
  endfunction            //函数定义结束
```

函数调用既能出现在过程块中,也能出现在连续赋值语句中,对于例 5.38 所定义的函数调用可以是:

```
wire [7:0] net1;
reg [63:0] input1;
assign net1 = get_byte( input1, 3 );          // 在连续赋值语句中调用
```

但要注意,函数的调用不能单独作为一条语句出现,它只能作为一个操作数出现在调用语句内,例如:只有"get_byte (input1 , number);",函数的返回值没有被赋给其他变量是错误的。

在电路实现中,每次函数调用都被综合为一个独立的电路模块;而在仿真中,函数只能与主模块共用一个仿真时间单位。

在 Verilog 硬件语言描述中,函数通常不能进行自动递归调用。如果被定义的函数被两个不同地方同时调用,计算结果将是不确定的,原因是两个调用同时对同一地址空间进行操作而产生误操作。但自动递归函数将解决此问题,其关键字是 automatic。自动递归调用时仿真器为每次函数调用动态地分配新的地址空间,每个函数调用各自的地址空间进行操作。自动调用函数中的局部变量不能通过层次名进行访问,而自动函数本身可以通过层次名进行访问。例 5.39 给出了自动函数的例子。

例 5.39:用自动函数实现阶乘计算

```
module factorial_calc(num, facto);
input [15:0]num;
output   integerfacto;

  facto = facto_calc_func(num);
```

```
    //自动函数的关键字为 automatic
    function automatic integer facto_calc_func;
         input [15:0] i;
           begin
             if(i>=2)
           facto_calc_func = facto_calc_func(i-1);
             else
           facto_calc_func = 1;
           end
      endfunction
endmodule

//testbeach module
module test;
reg [15:0]  num;
wire [15:0]  facto;

  factorial_calcU(num, facto);

  initial
    $ monitor( $ time,"-->factorial of num % d = % d", num, facto);
  initial
    begin
            num = 32;
        #10  num = 5;
        #10  num = 10;
        #20  num = 128;
        #1000 $ finish;
    end
endmodule
```

符号函数关键字是 signed,函数还可以附带符号,其返回值可以作为带符号的数进行运算,如下所示:

```
function signed [63:0] signed_calc (input [63:0] num);
   //函数体
endfunction
```

Verilog—2001 标准常量函数(constant function)只允许操作常量,该函数具有如下的限制:
- 仅本地声明的变量可被引用,线网类型则不能被引用;
- 函数内被使用的参数值在其被引用前必须被定义;
- 不能调用在任意语境下具有常量表达式的其他常量函数;
- 系统函数调用非法,系统任务调用被忽略;
- 不能进行层次化的引用。

例 5.40 是一个使用常量的例子,clogb 函数返回输入值为以 2 为底的对数(取整)。

例 5.40:常量函数

```
module ram (address_bus, write, select, data);
parameter width = 1024;

input [clogb(width)-1:0] address_bus;
```

```
//其他语句

    function integer clogb (input integer depth);
    begin
        for( clogb = 0; depth>0; clogb = clogb +1 )
        depth = depth >> 1;
    end
    endfunction
endmodule
```

本节讲述了任务与函数的语法规则和使用方法，为更好、更熟练掌握其使用方法，就任务与函数总结如下：

① 函数必须至少有一个输入端口，而任务可以有一个或多个输入端口，也可以没有输入端口。

② 函数不能有输出端口，而任务可以有一个或多个输出端口，也可以没有输出端口。

③ 被调用函数通过函数名返回一个值，而被调用任务必须通过输出端口传递返回值。

④ 在函数中不能调用其他任务，而任务能调用函数。

⑤ 函数常用于计算或描述组合逻辑，而任务常用于时序控制的行为描述。

⑥ 函数调用不能单独作为一条语句出现，它只能以语句的一部分的形式出现，而任务的调用则是通过一条单独的任务调用语句实现的。

⑦ 函数调用可以出现在过程块或连续赋值语句中，而任务调用只能出现在过程块中。

⑧ 函数内不允许存在时间控制语句，函数的执行总是在零仿真时间内完成，而任务内可以出现时间控制语句，任务的执行可以占用非零时间单位。

⑨ 函数的执行不允许由 disable 语句进行中断，而任务的执行可以由 disable 语句进行中断。

习　　题

1. 如何理解 initial 语句只能执行一次的概念？ 在 initial 语句引导的过程块中是否可以有循环语句？ 如果可以有，是否与"只能执行一次"的概念有矛盾？

2. 采用 always 和 initial 语句定义一个周期为 40 个时间单位的时钟信号 clock，占空比为 25%，在时间为 0 的时候 clock 为 0，试设计过程块语句。

3. 如何理解边沿触发和电平触发的不同？ 边沿触发的 always 块和电平触发的 always 块各表示什么类型的逻辑电路的行为？ 为什么？

4. 阻塞赋值和非阻塞赋值之间有何区别？ 用电平敏感事件列表触发条件的 always 块表示组合逻辑时，应该选用哪种赋值形式（阻塞、非阻塞）？ 用带有时钟边沿触发条件的 always 块表示时序逻辑时，应该选用哪种赋值形式（阻塞、非阻塞）？

5. 为什么不能在多个 always 块中给同一个变量赋值？

6. 请使用 if 和 else 语句设计实现 4 选 1 数据选择器。

7. 请使用 case 语句，设计实现具有 8 个功能的算术逻辑单元（ALU），该 ALU 具有 4 bit 位宽的输入 in1 和 in2，以及 5 bit 位宽的输出 out；该 ALU 通过一个 3 bit 位宽的功能选择输入信号 select，分别实现如下功能（功能的编码可以自行拟定）：

- 直接输出（CUT_THRU）   out ＝ in1
- 加法（ADD）   out ＝ in1 ＋ in2
- 减法（SUBTRACT）   out ＝ in1 － in2
- 取余（REMAIND）   out ＝ in1 ％ in2
- 左移一位（LEFT_SHF）   out ＝ in1 ＜＜ 1
- 右移一位（RIGH_SHF）   out ＝ in1 ＞＞ 1
- 大于比较（MAGI_CMP）   out ＝（a＞b）？ 1：0
- 等于比较（EQUA_CMP）   out ＝（a＝＝b）？ 1：0

8. 设 mem 为宽度为 4 位的 reg 类型的数组变量，共有 0～1 023 个元素，请使用 for 循环对该数组变量进行初始化。

9. 在测试模块中，请采用 initial 过程语句和 forever 循环实现一个 8 bit 的计数器，设：该计数器所对应的变量名为 counter，从 counter＝＝7 开始计数，并在 counter＝＝69 结束计数，并且该计数器启动后只执行一次，请使用命名块、disable 语句实现上述功能。设时钟 clock 的周期为 10 个时间单位，占空比为 50％，counter 在时钟的上升沿进行加法计数。

10. 请使用 wait 语句设计一种电平触发的触发器模块，它的输入端为 clock 和 D，输出端为 Q，只要 clock＝1，则 q＝d。

11. 请编写一个任务，来调用存储器中开始位置和结束位置存储的数据。

12. 请编写一个函数，实现将 8421BCD 码（即自然二进制编码的十进制数）转换为 2421BCD 码。2421BCD 码的编码表如下：

十进制数	2421BCD 码	十进制数	2421BCD 码
0	0000	5	1011
1	0001	6	1100
2	0010	7	1101
3	0011	8	1110
4	0100	9	1111

第 6 章

测试、仿真和验证

随着数字电路系统规模增加，系统设计变得越来越复杂，数字系统的测试与验证已经成为一个日益困难和烦琐的任务。目前，在大规模的数字系统设计开发过程中，测试验证相关工作已经占到系统开发总工作量的 40%～70%，其中很大一部分验证工作是仿真技术。在利用 Verilog HDL 进行数字系统的设计和开发过程中，同样需要采用仿真的方法对系统的功能和性能进行测试和验证，发现设计上的逻辑与时序错误，验证设计结果与预期功能的一致性。

Verilog 硬件描述语言不仅能够描述所设计系统的功能和行为，同样可以用来描述测试信号，实现测试环境的定制和验证功能设计。描述测试信号的变化和测试过程的模块也称为测试平台（testbench 或 testfixture）。在测试平台的基础上，可以利用 Verilog HDL 语言对待测模块（DUT，Design Under Testing）施加激励，通过检查其输出来验证功能的正确性，这里的验证可以是人对测试结果的观察和判断，同样可以是测试平台根据测试向量和验证规则的自动处理过程。在仿真过程中，可以在测试平台里调用不同的测试向量和测试模块对所设计模块实施全面测试和验证工作。

Verilog HDL 语言标准和仿真器提供了多种系统任务和系统函数辅助实现测试和验证功能开发。这些系统任务和函数是 Verilog HDL 语法中预先定义好的，用于模块的调试和编译。由于测试平台的代码仅仅用于仿真测试而不必硬件实现，所以，测试平台的代码不受代码可综合与否的约束，这为测试模块的设计提供了灵活性。

6.1 测试平台

测试平台（testbench）是一段仿真代码，为待测模块提供特定的测试向量和控制信号，也用来观测待测模块的输出响应。一个测试平台典型的功能包括如下三部分：

① 产生激励信号，包括测试向量和控制信号；

② 实例化待测模块，并将激励信号加入到待测模块中，观察其输出响应；

③ 反标注标准延迟格式工艺库文件（SDF），测试综合后所设计模块的延迟、时序等功能。

测试平台是一个无输入有输出的 HDL 顶层调用模块，在模块化思想的指导下，可以采用结构化的方法实现测试模块的开发，将测试模块和待测模块分开进行设计。一个典型的测试平台功能图如图 6.1 所示。

测试激励依据待测模块的功能构造测试向量和控制信号，预期结果是 DUT 预期响应输出的标准化对比数据。通过结果分析与对比实现待测模块功能和性能的验证，可以直接在仿真终端（Terminal）上显示仿真运行结果。结果输出可以是设计者定制的数据和格式，也可以通过仿真软件或者第三方工具进行输出波形的显示和检查。当设计者提供了预期结果并正确设计了验证判决条件和方法时，测试平台还可以实现输出结果的自动验证。

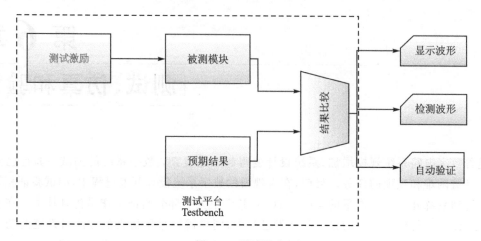

图 6.1　测试平台

根据输出结果自动验证与否,可将测试平台分成简单设计模式和复杂设计模式两种。在测试平台的简单设计模式下,可以没有预期结果和结果自动反馈过程,测试平台仅对待测模块施加测试向量和控制信号,通过人在回路进行结果检查和判断;在复杂设计模式下,结合预期结果,测试平台将自动完成测试信号的输入和结果的验证工作。

6.1.1　测试向量

向量(vector)形式的数据是 Verilog HDL 有别于 C 语言的一种变量描述。在 Verilog HDL 语法中,标量的意思是只具有一位二进制的数据变量,而向量表示具有多位二进制的数据变量。如果变量没有指明位宽,系统默认它为标量。在真实的数字电路中,例如四位二进制数加法器,其每一个加数都是通过四条信号线连接到加法器上的,可以用一个向量来表示这个多位数,然后分别用这个向量的各个分量来表示"四条信号线",即四位中的某一位。这样做的好处是,可以方便地在 Verilog HDL 代码的其他地方选择其中的一位(位选)或多位(组选)进行逻辑设计,如果没有对向量进行位选或组选,则这个多位数整体被选择。

在测试平台中,测试向量(test vector)是待测模块的激励信号。当被测模块设计完成,需要采用一系列的激励信号作为输入加载到被测模块中,然后检查被测模块的输出信号是否正确,以实现模块设计正确性的验证。广义上,向量形式表达的预期输出结果也是测试向量的有机组成。

在测试平台中,测试向量的产生是仿真验证的一个重要组成部分,只有测试向量产生完备,分析仿真验证的结果才有意义。对于简单的模块功能,可以对输入数据在有效范围内进行遍历,实现测试向量的完备性设计,而复杂的模块就需要采用测试向量生成理论进行生成范围的搜索和逼近。对于期望结果的给定也涉及到多种手段和方法,可以利用分析的方法分析系统的响应特性,理论推导激励响应结果;也可以利用第三方工具,比如 MATLAB 对电路进行建模、计算或者仿真得出预期的输出结果,再将预期结果导入到测试平台中;还可以将一个已验证,并且完备的仿真输出结果作为标杆数据导入到测试中,对其他设计者开发的具有相同功能的 Verilog HDL 模块,或者修改迭代后的 Verilog HDL 模型进行对比和验证,在这种验证模式下,标准仿真输出结果可以作为同类模型的验证标准和判决依据。

测试向量的具体内容依据待测模块的功能和性能的不同而各异,但一般来说,测试向量可以包括时钟信号、值序列和重复信号等。

6.1.2 测试模块

测试模块实现激励信号产生和具体的测试功能,从本质上说,测试平台本身就是最顶层的一个测试模块。根据模块化实施的层次,对于测试模块的设计可以分为两种模式。

第一种模式,测试平台直接产生测试激励,并实例化待测模块(设计模块),完成测试信号对接和测试结果输出及验证。如图 6.2(a)所示,测试平台直接生成时钟信号和测试向量输入信号,将这些信号接入到实例化后的待测模块中,并对待测模块的输出直接通过波形等形式显示。

第二种模式,测试平台提供测试信号接口,具体的激励信号生成和测试结果输出及验证功能由模块化的测试模块完成。测试平台负责调用(或实例化)各个待测模块及测试模块。如图 6.2(b)所示,测试平台提供测试信号接口,如 clk、data、result 等,并实例化待测模块和测试模块,测试平台提供测试输入激励、反标文件、工艺库文件以及测试结果等。

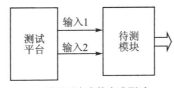

(a) 测试平台直接完成测试

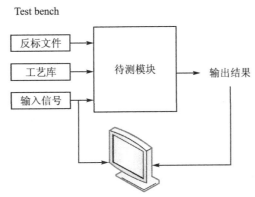

(b) 测试平台提供测试接口间接完成测试

图 6.2 测试平台结构

对于简单的待测模块,其测试向量的构成相对也简单,可以直接在测试平台中编写测试代码完成简单模块的仿真测试工作,代码结构紧凑;对于复杂的待测模块,可以按照模块化的思想分层进行测试模块的设计和开发,同时也方便针对不同的应用场景,调用不同的测试案例以完成复杂待测模块的功能和性能的全方位验证工作。

例 6.1:顶层测试模块代码

```
`timescale 10ns/1ns        //定义仿真时间尺度
`include "dut.v"           //包含所设计的待测模块源文件
module test;               //仿真测试模块名,无端口列表
//各种输入、输出变量定义
```

```verilog
reg clk;                     //输入信号:时钟,定义为 reg 型,以保持信号值
reg reset;                   //输入信号:重置,定义为 reg 型,以保持信号值
reg [7:0] data;              //输入信号:测试向量,定义为 reg 型,以保持信号值
wire [7:0] result;           //输出信号:待测模块输出,定义为 wire 型

    //初始化测试激励信号
    initial
    begin
        clk = 0;
        data = 0;
    end

    //生成测试向量(always、initial 过程块;function、tast 结构等;
    //                if - else、for、case、while、repeat、disable 等控制语句)
    always #5 clk = ~clk;//产生一个不断重复的时钟信号,周期为 10 个仿真时间单位
    always @(posedge clk)
        data = { $ random} % 256; //随机生成 0~255 之间的一个整数
    initial
    begin
        reset = 1;
        #20 reset = 0;
        #5000 reset = 1;
        #20 reset = 0;
        #50 $ finish;//结束仿真
    end

    //调用待测模块
    dut m(.rst(reset),.clk(clk),.data(data),.result(result));

    //监视输出及验证
    initial
        $ monitor ( $ time,"output result =  % d", result);//监视输出结果
    //验证输出结果是否为偶数
    always @(posedge clk)
    begin
        if(reset)
            $ display("simulation time is % t, module reset is enable. ", $ time);
        else
            begin
                if (result % 2 ! = 0 )
                    $ display("simulation time is % t, result is wrong. ", $ time);
            end
    end
endmodule
```

在本例中,测试平台直接产生激励信号并完成测试。测试模块只有模块名字,没有端口列表。与待测模块对接的信号有时钟信号 clk、测试向量 data 以及待测模块 DUT 输出结果 result。遵循 Verilog HDL 语法要求,测试模块内声明的输入信号(激励信号)必须定义为 reg 型,以保持信号值持续驱动被测模块(DUT);测试模块所声明的输出信号(显示信号)须定义为 wire 型。在测试模块中调用待测试模块时,应注意端口排列的顺序与模块定义一致。

在测试模块中,一般可以用 initial、always 等过程块定义激励信号,使用 task 和 function 封装重复操作,使用系统任务和系统函数定义输出和显示格式。在激励信号的定制中,可以使

用 if-else、for、forever、case、while、repeat、wait、disable、force、release、begin-end、fork-join 等控制语句,这些控制语句一般只用在 always、initial、function、task 等过程块中。

对于结构化的顶层测试模块,典型如例 6.2 所示。

例 6.2:结构化测试模块

```
\timescale 1ns/1ns              //定义仿真时间尺度
\include "dut.v"                //包含待测模块源文件
\include "sigdata.v"            //包含激励信号生成模块源文件
\include "verifdata.v"          //包含监视验证模块源文件
module testtop;                 //仿真测试模块名,无端口列表
//各种输入、输出变量定义
wire clk;                       //激励信号:时钟
wire reset;                     //激励信号:重置
wire[7:0] data;                 //激励信号:测试向量
wire[7:0] result;               //待测模块输出信号

    //调用激励信号生成模块
    sigdata sig(.rst(reset),..clk(clk),..data(data));

    //调用待测试模块
    dut m(.rst(reset),..clk(clk),..data(data),..result(result));

    //调用监视验证模块
    verifdata verif(.rst(reset),..clk(clk),..data(data),..result(result));

endmodule
```

在本例中,顶层测试模块仅提供测试信号对接接口,具体激励信号产生和监视验证的功能在模块 sigdata 和 verifdata 中实现。

对于基于 Verilog HDL 的数字系统设计,依据于设计和综合的层次,仿真测试也可以在不同的抽象级别上实施,可以在功能(行为)级上进行,也可以在逻辑网表和门级结构上进行,分别被称为前(RTL)仿真、逻辑网表仿真和门级仿真。如果门级结构与具体工艺技术对应起来,并加上布局布线引入的延迟模型,此时进行的仿真称为布线后仿真,其仿真结果更加接近实际电路的运行情况。但无论对应于哪一级别的待测对象,其仿真输入(测试激励)应该是一致的,并且对输出信号的预期值也应该是一致的,以实现从行为级代码的逻辑仿真到布局布线后的时序仿真的结果的一致性评价。

6.2　波形生成

6.2.1　值序列

Verilog HDL 语言中对值序列数据进行赋值可以有多种方式。

1. 线性产生值序列

在测试模块的 initial 块中,可以采用 begin…end 和 fork…join 对值序列进行线性赋值。需要注意的是,begin…end 顺序块和 fork…join 并行块对于块内语句的执行顺序具有不同的处理方式。在线性赋值过程中,只有当变量的值需要改变时才进行时序输出,可以基于不同的

延迟时间和信号之间的相互顺序,定义复杂的信号时序关系;当待测模块接口信号时序关系复杂并且时序敏感时,线性赋值方式具有激励信号给定方便的优势,但是对一个复杂的测试,产生完备的测试序列可能会非常大。

例 6.3:顺序块线性产生值序列

```
initial
begin
    cs = 1;
    rd = 1;
    add = 8'hxx;
    data = 8'hzz;

    #1000;
    cs = 0;
    rd = 0;
    add = 8'h80;
    data = 8'h10;

    #100;
    cs = 1;
    rd = 1;

    #10;
    add = 8'hxx;
    data = 8'hzz;
end
```

基于此顺序块产生的激励信号波形如图 6.3 所示。

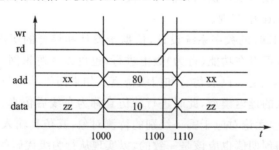

图 6.3　顺序块产生的激励信号波形图

在本例中模拟了通过地址总线读取数据总线数值的控制过程,控制信号 cs、rd 和地址总线 add 以及数据总线 data 之间有着强相关的时序依赖关系,通过顺序块可以实现信号之间的时序控制。

2. 循环产生值序列

除了在 initial 块中利用顺序块和并行块线性产生值序列,还可以通过循环语句或者利用 always 块周期产生值序列。循环产生方法将在每一次循环过程中,修改同一组激励信号,受限于循环延时控制方式,值序列值的变化将与循环周期存在强相关时序依赖关系。对于需要周期性给出值序列的测试情况,循环产生值序列方法代码紧凑、简单。

例 6.4：循环产生值序列

```
reg [7:0] data;
integer i;
    initial
    begin
        for (i = 0; i < 256; i = i + 1)          //循环产生 256 次 data 数据
            #50   data = { $ random} % 256;       //延迟 50 个仿真时间单位,进行本轮 data 值的
                                                  //随机输出
        #200 $ finish;
    end
```

3. 数组产生值序列

采用基于数组的方式产生值序列信号,首先需要将待输出的激励信号表示为一定形式的数组列表,通过直接给定数组数据,或者从文件中读取数值实现数组列表数据的初始化,然后依据激励信号的变化规律按照一定的时序节拍从数组列表中将存储的数据对外输出。在每次时序节拍的控制下,基于数组列表的检索关系,数组产生值序列方式将得到一个新的向量值,如例 6.5 所示。从文件中读取数组向量的方式将在 6.3 节中进行介绍。

例 6.5：数组产生值序列

```
parameter cycles = 24;
reg [7:0] data;
reg data_array[0:cycles - 1];        //数组
integer i;
    //数组列表初始化
    initial
    begin
        data_array[0] = 8'b00000001;
        data_array[1] = 8'b00000010;
        data_array[2] = 8'b00001010;
            ⋮
        data_array[23] = 8'b11000000;
    end

    //从数组列表中产生激励信号
    initial
    begin
        //从数组读入数据
        #20 data = data_array[0];
        #20 data = data_array[cycles - 1];
        #20 data = data_array[8];
        for (i = 0; i < cycles; i = i + 1)        // 循环读取数据
            #50 data = data_array [i];
        #100 $ finish;
    end
```

4. 文本文件导入产生值序列

Verilog HDL 语言提供批量读取数据的系统任务 $ readmemb 和 $ readmemh,与二进制读取文件 $ fread 类似,可以实现大量数据的读取,但 $ readmemb 和 $ readmemh 更加规范化和方便,可以将符合标准格式的数据一次性导入到存储器中,实现文本文件中向量的批量导入。

例 6.6：文本文件导入

```
initial begin
    $ readmemb("input.dat", m_data);
    clk = 1; ⋯
    for(i = 0; i<100;i = i + 1)
    begin
        data_vec = m_data[i];
        # step⋯
    end
    # step⋯
    $ finish;
end

==================input.dat ====================
1001111
1110000
1010101
⋮
1111111
```

6.2.2 重复信号

重复信号典型的可以采用 Verilog HDL 语言中循环语句产生激励信号,这些循环语句可以是 forever、repeat、while、for 等。借助于 always 块的时序控制,也可以在 always 块中产生重复信号。与待测模块所要求的可综合设计风格不同,在测试模块中,可以考虑采用多种循环组合方式产生需要的激励信号。

例 6.7：利用 repeat 重复产生激励信号

```
reg [7:0] data_bus;
initial
fork
    data_bus = 8'b00000000;
    #10 data_bus = 8'b01000101;
    #20 repeat (10)      #10 data_bus = data_bus +1;
    #25 repeat (5)       #20 data_bus = data_bus <<1;
    #140 data_bus = 8'b00001111;
    #200 $ finish;
join
```

基于 repeat 操作产生的激励信号序列如表 6.1 所列。

表 6.1 基于 repeat 操作产生的激励信号序列

时 间	data_bus	时 间	data_bus
0	8'b0000_0000	80	8'b0010_0010
10	8'b0100_0101	85	8'b0100_0100
30	8'b0100_0110	90	8'b0100_0101
40	8'b0100_0111	100	8'b0100_0110
45	8'b1000_1110	105	8'b1000_1100
50	8'b1000_1111	110	8'b1000_1101
60	8'b1001_0000	120	8'b1000_1110
65	8'b0010_0000	125	8'b0001_1100
70	8'b0010_0001	140	8'b0000_1111

利用 repeat 重复产生激励信号仿真波形图如图 6.4 所示。

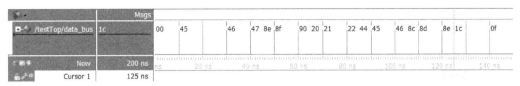

图 6.4　利用 repeat 重复产生激励信号仿真波形图

需要注意,本例中激励序列的产生方法同样属于线性产生值序列的方法。

对于测试模块中需要重复给定的测试激励信号,还可以通过任务或者函数封装替换重复操作,提高代码效率。

例 6.8:利用 task 封装重复操作

```
reg [7:0] data;        //激励信号
reg data_valid;        //激励信号

    initial
    begin
        data_address_test (8'b0000_0000);       //第一次调用任务进行重复信号输出
        data_address_test (8'b1111_0000);       //第二次调用任务进行重复信号输出
        data_address_test (8'b0000_1111);       //第三次调用任务进行重复信号输出
    end

    task data_address_test;         //数据总线测试任务
    input [7:0] data_in;
    begin
        #50 data_valid = 1;
        #20 data = data_in;
        #100 data_valid = 0;
        #20 data = 8'hzz;
    end
    endtask
```

在本例中,针对数据总线测试,封装了 data_address_test 测试任务,在测试任务里完成数据 data 和有效信号 data_valid 的给定,在测试模块中多次调用测试任务,实现测试激励的重复给出。

6.2.3　时钟的建立

时钟信号是测试模块中的测试基准,是时序逻辑电路测试的基本时序控制方法,对于组合逻辑电路,虽然不包括时钟信号,也可以在测试模块中构造时钟信号,借助于 always 块等方式实现激励信号生成,使时钟信号成为测试控制的手段,为测试激励的输出提供多样性。

时钟信号本身具有周期性重复的特点,具有无限循环特征的循环语句都可以用来生成时钟信号。在时钟信号的产生过程中,需要借助于延迟指令实现时钟信号周期的控制,延迟数值实际代表的逻辑仿真时间取决于时间尺度 timescale 的定义。

`timescale 命令用来定义模块的时间单位和时间精度,同时也定义了仿真步长(最小时间单位)。在一个大型系统的设计过程中,可能包含多个 timescale 的定义,仿真步长是所有参加仿真模块中由 `timescale 命令指定的精度中最高(即时间最短)的那个时间尺度决定的。

`timescale 命令格式如下：

```
`timescale<时间单位>/<时间精度>
```

时间单位是用来定义模块中仿真时间和延迟时间的基准单位,时间精度用来声明该模块仿真时间的精确程度。在对延迟时间进行操作前,仿真系统会依据时间单位和时间精度的比例关系对延迟时间进行取整操作,因此时间精度又可称为取整精度。时间精度至少和时间单位一样精确,时间精度的取值不能大于时间单位值。

在 `timescale 中用于说明时间单位和时间精度值的数字必须是整数,单位比例关系如表 6.2 所列。

表 6.2　常用时间单位比例关系

时间单位	定　　义	时间单位	定　　义
s	秒(1 s)	ns	十亿分之一秒(10^{-9} s)
ms	千分之一秒(10^{-3} s)	ps	万亿分之一秒(10^{-12} s)
μs	百万分之一秒(10^{-6} s)	fs	千万亿分之一秒(10^{-15} s)

例 6.9：timescale 时间尺度

```
`timescale 1ns/10ps   //模块 1 的时间尺度定义
    module M1(……);
    not #1.23   not1(nsel, sel);        //1.23 ns 中共有 12 300 个 STU(100 fs)
    endmodule

`timescale 100ns/1ns //模块 2 的时间尺度定义
    module M2(……);
    not #1.23   not1(nsel, sel);        //123 ns 中共有 1 230 000 个 STU(100 fs)
    endmodule

`timescale 1ps/100fs //模块 3 的时间尺度定义
    module M3(……);
    not #1.23   not1(nsel, sel);        //1.23 ps 中共有 12 个 STU(100 fs)
    endmodule
```

在 `timescale 时间尺度例子中,模块 3 的时间尺度定义具有最高精度(100 fs),同时也定义了仿真的最小仿真步长(STU)。在模块 3 的延迟操作过程中,需要延迟 1.23 倍的时间单位(1 ps),由于时间精度为 100 fs,1.23 ps 在 100 fs 的精度下只能表示为 12 个基本时间步长(tick,进行取整操作),因此对于模块 3,实际延迟时间为 12 个 STU(100 fs)。模块 2 和模块 1 的延迟时间分析与此类似。

例 6.10：forever 操作产生时钟信号

```
`define period 100
reg clk;
    initial
    begin
        clk = 0;
        forever
                #(`period/2) clk = ~clk;
    end
```

在利用 forever 产生时钟信号的例子中,通过延迟一半周期将时钟信号进行取反操作,将产生占空比为 50％ 的时钟信号。注意,在本例中需要给时钟信号赋初值,如果不赋初值,则时钟信号的默认值为高阻态 z,经过取反操作后还是高阻态 z,产生不了需要的波形信号。

例 6.11：利用 always 块产生时钟信号(信号的仿真波形图见图 6.5)

```
`define prehalf_period 100
`define posthalf_period 200

reg clk;
    initial
    begin
        clk = 0;
    end

    always
    begin
        # `prehalf_period clk = ~clk;
        # `posthalf_period clk = ~clk;
    end
```

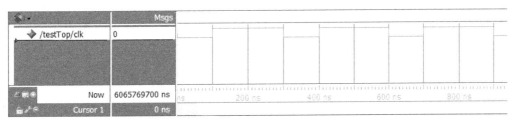

图 6.5　利用 always 块产生时钟信号的仿真波形图

在例 6.11 中,利用 always 语句的重复性产生时钟信号,如果前半周期时长与后半周期时长不一致,将产生占空比不是 50％ 的时钟信号,如本例中,占空比为 66％。

例 6.12：always 块产生多个时钟信号

```
reg clk1,clk2;
parameter cycle = 100;
    always
    begin
        {clk1,clk2} = 2'b10;
        #(cycle/4) {clk1,clk2} = 2'b01;
        #(cycle/4) {clk1,clk2} = 2'b11;
        #(cycle/4) {clk1,clk2} = 2'b00;
        #(cycle/4) {clk1,clk2} = 2'b10;
    end
```

在例 6.12 中,利用 always 的重复性产生两个时钟信号,通过观察 1/4 周期下 clk1 和 clk2 的不同取值情况,可以发现 clk2 的周期是 clk1 的周期的 2 倍。多个时钟信号的建立,除了如本例中联合产生的方法之外,还可以采用串联的方法,利用分频的手段产生更多频率的时钟信号。

6.3　数据显示与文件访问

Verilog HDL 语言为仿真结果显示与输出提供了若干常用的标准系统任务,用于数据显示、文件访问、向量读取与写入、仿真控制等。这些系统任务都具有 $<keyword>$ 的形式,本章对跟仿真测试和验证相关的常用系统任务进行介绍,更加详细的材料可以参考 IEEE Verilog HDL 英文手册。

6.3.1　数据显示

1. 显示信息 $ display

$ display 用于显示变量、字符串或表达式的主要系统任务,在仿真过程中可以直接显示用户定制输出信息。用法如下:

```
$ display(p1,p2,p3,……,pn);
```

参数 p1、p2、……、pn 是输出定制的字符串、变量或者表达式,信息输出时需要对变量进行格式化定制,格式化定义与 C 语言的 printf 类似。如果 $ display 参数列表为空,则显示效果是光标换行到下一行。如果变量中含有不定值 x 或者高阻态 z,则格式化输出结果也将包含 x 和 z 的信息。$ display 常用输出格式及说明如表 6.3 所列。

表 6.3　$ display 常用输出格式及说明

输出格式	说　明
%h 或 %H	以十六进制形式输出
%d 或 %D	以十进制形式输出
%o 或 %O	以八进制形式输出
%b 或 %B	以二进制形式输出
%c 或 %C	以 ASCII 码字符形式输出
%v 或 %V	输出网络型数据信号强度
%m 或 %M	输出模块等级层次
%s 或 %S	以字符串形式输出
%t 或 %T	以时间格式输出
%e 或 %E	以科学记数法形式输出实数
%f 或 %F	以十进制浮点数形式输出实数
%g 或 %G	以科学记数法或十进制形式输出实数,显示较短格式

对于特殊字符的输出,需要通过转义字符进行转换,如表 6.4 所列。

表 6.4　特殊字符转义对照表

转义字符	显示字符	转义字符	显示字符
\n	换行	\"	双引号字符"
\t	tab(制表符)	%%	百分符号%
\\	反斜杠字符\	\ddd	1~3 位八进制数代表的字符

例 **6.13**：$display 显示输出

```
//显示字符串
$display("Hello Verilog World! ");
--- Hello Verilog World!

//显示当前仿真时间(假定为 100)
$display($time); //系统任务$time返回当前仿真时间
--- 100

//显示当前仿真时间(假定为 100)下变量 data 数值(假定为 'h11)
reg[7:0] data;
$display("simulation time is %t, data is %h(hex). ", $time, data);
--- simulation time is 100, data is 11(hex).

//二进制显示 data 数值(假定为 'h11)
reg[7:0] data;
//$display("data is %b(binary). ",data);//输出数据的显示宽度是按照输出格式进行自动调整的,
//用表达式的最大可能值所占的位数来显示表达式的当前值,在用十进制数格式输出时,输出结果前面
//的 0 值用空格来代替。对于其他进制,输出结果前面的 0 仍将显示出来
--- data is 00010001(binary).

//显示不定值(假定为 'h3x)
reg[7:0] data;
$display("data is %b(binary). ",data);
--- data is 0011xxxx(binary).

//显示模块层次,假定在最高层模块 top 中显示该层被调用的实例 p1 的层次名
$display("This string is displayed from %m level of hierarchy. ");
--- This string is displayed from top.p1 level of hierarchy.

//显示特殊字符
$display("This is a \n multiline string with a %% sigh. ");
--- This is a
--- multiline string with a % sign.
```

2. 监控信息 $monitor

$monitor 提供了对信号值变化进行动态监控的功能,每当参数列表中变量或表达式的值发生变化时,整个参数列表中变量或表达式的值都将输出显示,以方便对仿真过程的观察和故障诊断。

用法如下：

```
$monitor(p1,p2,p3,……,pn);
```

$monitor 参数列表中输出格式化字符串和显示信号值的规则与$display 一致,参数p1、p2、…、pn 是输出定制的字符串、变量或者表达式,信息输出时需要对变量进行格式化定制。$monitor 对其参数列表中的变量值或信号值不断进行监视,当其中任何一个值发生变化时,$monitor 将显示所有参数的数值。与$display 不同的是,$monitor 只需要调用一次即可在整个仿真过程中有效。除非主动调用$monitoroff 任务,而$display 的每次显示,均需要调用$display 任务。

对于$monitor 任务,可能在一个大规模系统设计的多个模块中进行调用,但在任意仿

时刻只能有一个监视列表有效。如果设计者在信号观察过程中调用了多个 $ monitor,则只有最后一次调用生效,前面的监控列表被自动覆盖。因此 $ monitor 任务的使用,往往需配合 $ monitoron 与 $ monitoroff,通过 $ monitoron 把需要监视的模块打开,在监视完毕后及时使用 $ monitoroff 进行关闭,以便把 $ monitor 让给其他模块使用。此外,在调用 $ monitoron 启动 $ monitor 时,不管 $ monitor 参数列表中的值是否发生变化,总是立刻输出当前时刻下参数列表中的值,方便监控信号初始值的观察。在缺省情况下,控制标志 $ monitoron 在仿真的起始时刻就已经打开了。 $ monitor 与 $ display 的不同还在于 $ monitor 往往在 initial 块中调用,只要不调用 $ monitoroff, $ monitor 便不间断地对所设定的信号进行监视。

例 6.14: $ monitor 监控输出

```
`timescale  10ns/1ns
module  test;
reg  set;
parameter  p = 1.6;
    initial
    begin
        $ monitor( $ time,"set = ",set);
        #p set = 0;
        #p set = 1;
    end
endmodule
```

输出结果如下:

```
0 set = x //初始值显示
2 set = 0 //第一次值变化
3 set = 1 //第二次值变化
```

在这个例子中,模块 test 想在时刻为 16 ns 时设置寄存器 set 为 0,在时刻为 32 ns 时设置寄存器 set 为 1。由于 $ time 总是输出时间单位的整数倍,所以在经过时间尺度变换后的数字输出时,要先进行取整操作。在本例中,1.6 和 3.2 经取整操作输出为 2 和 3。需要注意, $ time 对时间的取整操作(比如:10 ns 整倍数)并不影响仿真精度(比如:1 ns)的执行。

如果需要按照时间精度进行仿真时间显示,可以调用 $ realtime 任务。 $ realtime 和 $ time 的作用是一样的,只是 $ realtime 返回的时间数字是一个实型数,且该数值是以时间精度为基准。

例 6.15: $ realtime 时间输出

```
`timescale  10ns/1ns
module  test;
reg  set;
parameter  p = 1.58;
    initial
    begin
        $ monitor( $ realtime,"set = ",set);
        #p set = 0;
        #p set = 1;
    end
endmodule
```

输出结果如下:

```
0 set = x          //初始值显示
1.6 set = 0        //第一次值变化
3.2 set = 1        //第二次值变化
```

在本例中,仿真时间输出为实数,输出时间值的单位与仿真时间单位一致(10 ns),但数值精度与仿真精度(1 ns)保持一致。需要注意,延迟"p=1.58"超过了 `timescale 定义的精度,仿真系统将自动对延迟时间进行精度调整。

3. 选通显示 $ strobe

与 $ display 类似,$ strobe 同样提供对信号进行显示输出的功能。

用法如下:

```
$ strobe(p1,p2,p3,……,pn);
```

$ strobe 参数列表中格式化字符串和显示信号值的规则与 $ display 一致,不同的是对待同一仿真时间下显示输出语句和其他仿真语句的执行顺序。对于 $ display,当有多条语句在同一仿真时刻需要执行时,这些语句的执行顺序是随机的;但对于 $ strobe,该语句总是在同一时刻所有赋值语句完成之后再执行,避免了同一时刻下,对同一变量的显示输出结果的二义性。因此,$ strobe 提供了一种同步机制,可以保证在同一时钟沿赋值的所有其他语句在执行完毕之后才进行数据显示。

例 6.16: $ strobe 选通输出

```
always@(posedge clk)
begin
    a = b;
    c = d;
end

always@(posedge clk)
    $ strobe("Displaying a= %b, c= %b", a, c);//显示上升沿时刻的参数值
```

在本例中,a 和 c 的值在时钟上升沿赋值结束后才显示。如果使用 $ display,则 $ display 可能在赋值语句 a =b 和 c = d 之前执行,结果显示具有二义性。

6.3.2　文件访问

文件访问操作包括打开文件、写文件、读文件和关闭文件等典型操作。

1. 打开文件

Verilog HDL 语言提供 $ fopen 进行文件打开操作,典型的用法包括如下两种。

用法 1:

```
integer multi_channel_descriptor = $ fopen ("file_name");
```

用法 2:

```
integer fd = $ fopen ("file_name", type);
```

用法 1 将返回一个多通道描述符(multichannel descriptor)的文件操作句柄。多通道描述符是一个 32 位的变量,第 0 位对应于标准输出(stdout,比如显示终端),不用于文件标识。用法 1 打开文件返回值的 32 位句柄中只有一位被设置成1,其余位被设置成0,因此打开文件

所对应的"1"的位置就是该文件的通道号。当采用用法 1 第一次打开文件时,在返回的多通道描述符句柄的第 1 位被设置成 1;当采用用法 1 打开多个文件时,新打开的文件所对应的通道号就在已打开文件所对应的通道号的基础上依次左移,一直到第 30 位通道号被置位,第 31 位是系统保留位。这些打开的文件具有不同的通道号。通过对多个文件的多通道号进行组合,可以很方便地选择多个文件进行写数据操作。

用法 2 属于单文件操作模式,通过设置打开文件的类型 type,决定对文件是否拥有创建、写入,或者读取等操作的权利。与 C 语言的 fopen 功能类似。用法 2 打开的文档个数不受多通道描述符 31 位的限制,每个文档对应的句柄在 2^{30} 范围内具有唯一性,但不能像用法 1 一样通过句柄的直接组合实现多个文件的同时操作。

用法 2 打开文件类型及说明如表 6.5 所列。

表 6.5　　$ fopen 打开文件类型及说明

类　型	说　明
r 或 rb	打开只读文件
w 或 wb	打开只写文件。若文件存在则文件长度清 0,即该文件内容会清除;若文件不存在,则创建该文件
a 或 ab	以附加的方式打开只写文件。若文件不存在,则创建该文件,如果文件存在,则新写入的数据会被追加到文件尾,文件原先的内容会被保留
r＋、r＋b 或 rb＋	打开可读/写的文件,该文件必须存在
w＋、w＋b 或 wb＋	打开可读/写文件。若文件存在则文件长度清 0,即该文件内容会清除;若文件不存在则创建该文件
a＋、a＋b 或 ab＋	以附加方式打开可读/写文件。若文件不存在,则创建该文件,如果文件存在,则新写入的数据会被追加到文件尾,文件原先的内容会被保留

2. 写文件

对于数据显示的系统任务,基本上都有与其对应的输出到文本的操作命令,Verilog 语言提供了 $ fdisplay、$ fmonitor、$ fstrobe 等写文件系统任务。

用法 1:

```
$ fdisplay(multi_channel_descriptor , p1,p2,……,pn);
$ fmonitor(multi_channel_descriptor , p1,p2,……,pn);
$ fstrobe(multi_channel_descriptor , p1,p2,……,pn);
```

用法 2:

```
$ fdisplay(fd , p1,p2,……,pn);
$ fmonitor(fd , p1,p2,……,pn);
$ fstrobe(fd , p1,p2,……,pn);
```

与打开文件 $ fopen 返回的文档操作句柄有关。写文件操作同样具有两种用法,但需要与 $ fopen 的打开模式一致。这些系统任务语法上与数据显示任务类似,除了能直接在控制台上输出结果外,还提供额外的写文件功能。对于 $ fmonitor,在监控多个监视列表方面有了增强,可以对多个监视列表进行同步操作,并将监控数据写入对应的文件中。因此,$ fmonitor 不存在打开监控 $ monitoron 和关闭监控 $ monitoroff 的任务,取而代之的是 $ fclose,直接关闭 $ fmonitor 活动。

下面给出一个利用多通道描述符进行多个文件写操作的例子。

例 6.17：利用多通道描述符进行多个文件写操作

```
integer messages, broadcast, cpu_chann, alu_chann, mem_chann;//文件操作句柄
initial
begin
    cpu_chann = $fopen("cpu.dat");//打开 cpu.dat 记录文件,返回 32'h0000_0002
    if (cpu_chann == 0) $finish;

    alu_chann = $fopen("alu.dat");//打开 alu.dat 记录文件,返回 32'h0000_0004
    if (alu_chann == 0) $finish;

    mem_chann = $fopen("mem.dat");//打开 mem.dat 记录文件,返回 32'h0000_0008
    if (mem_chann == 0) $finish;

    messages = cpu_chann | alu_chann | mem_chann;//多通道号按"位或"组合
    broadcast = 1 | messages;//广播信息
end

//写文件操作
initial
begin
    //广播消息
    #100 $fdisplay( broadcast, "system reset at time %t", $time );
    //在多通道打开文件中记录重要故障
    #1000 $fdisplay( messages, "Error occurred on address bus",
        " at time %t, address = %h", $time, address );
    //常规记录仿真数据
    forever @(posedge clk)
        $fdisplay( alu_chann, "acc = %h f = %h a = %h b = %h", acc, f, a, b );
end
```

在本例中,利用多通道描述符 messages 对文件 cpu. dat、alu. dat 和 mem. dat 进行同步操作,利用 broadcast 除了向 cpu. dat、alu. dat 和 mem. dat 进行记录外,还将在标准输出(屏幕)上显示。相比于单个文件依次写入的模式,多通道写入模式代码更紧凑、简单。

3. 读文件

Verilog HDL 语言提供了多种读文件系统任务,主要包括:读取单个字符 $fgetc、读取一行字串 $fgets、格式化读取数据 $fscanf、二进制数据读取 $fread 等。此外,还包括文本定位 $ftell、$fseek、$rewind 等文件操作支持。这些系统任务的使用方法与 C 语言对应的文本操作函数类似。

(1) 读取单个字符 $fgetc

用法如下:

```
c = $fgetc ( fd );
```

从 fd 对应的文件中读取一个字节(byte),并返回给 C,如果读取错误,则返回 EOF(−1)。

(2) 读取一行字串 $fgets

用法如下:

```
integer code = $fgets ( str, fd );
```

从 fd 对应的文件中读取一行字串,并将读取字串存储到寄存器向量 str 中,如果 str 填满,或者读取到新的一行,或者读取到文件结束,则读取操作结束。正常情况下,返回读取的字节计数,如果读取错误,则返回 0。

(3) 格式化读取数据 $ fscanf 和 $ sscanf

用法如下:

```
integer code = $ fscanf ( fd, format, args );
integer code = $ sscanf ( str, format, args );
```

$ fscanf 从 fd 对应的文件中按照指定格式读取数据,$ sscanf 则从寄存器向量 str 中格式化读取数据。$ fscanf 和 $ sscanf 的读入格式与 $ display 和 $ monitor 等任务的显示格式一致。

例 6.18:利用 $ fscanf 格式化读取数据

```
integer fp_r, cnt;
reg [7:0] reg1, reg2, reg3;
    initial
    begin
        fp_r = $ fopen("data_in.txt", "r");
        cnt = $ fscanf(fp_r, "%d %d %d", reg1, reg2, reg3);
        $ display("%d %d %d", reg1, reg2, reg3);
    end
```

(4) 二进制数据读取 $ fread

用法如下:

```
integer code = $ fread( reg, fd);
integer code = $ fread( mem, fd);
integer code = $ fread( mem, fd, start);
integer code = $ fread( mem, fd, start, count);
integer code = $ fread( mem, fd, , count);
```

$ fscanf 从 fd 对应的文件中读取二进制数据,并存储到寄存器(reg)或者存储器(mem)中(存储器在 6.3.3 小节中还会有进一步的示例)。start 是放入存储器数组中的首地址,如果不设置 start 地址,则默认从存储器数组开始的地址开始存放数据;count 是最大存放字节数,如果不设置,则将存储器数组填满,或直到文件结束。

4. 关闭文件

Verilog HDL 语言提供了 $ fclose 进行文件关闭操作,与 $ fopen 两种打开方式对应。$ fclose 典型的用法同样包括两种。$ fclose 的关闭模式需要与 $ fopen 的打开模式一致。

用法 1:

```
$ fclose ( multi_channel_descriptor );
```

用法 2:

```
$ fclose (fd);
```

文件一旦被关闭就不能再写入数据了,多通道描述符中对应的通道号也将被重置为 0,使得 $fopen 能借用这个通道号重新打开新的文档。

6.3.3　从文本文件中读取向量

Verilog HDL 语言提供了批量读取数据的系统任务 $readmemb 和 $readmemh。与二进制读取文件 $fread 类似,可以实现大量数据的读取,但 $readmemb 和 $readmemh 更加规范化和方便,可以将符合标准格式的数据一次性导入到存储器中,实现文本文件中向量的批量导入。

用法如下:

```
$ readmemb("<数据文件名>",<存储器名>);
$ readmemb("<数据文件名>",<存储器名>,<起始地址>);
$ readmemb("<数据文件名>",<存储器名>,<起始地址>,<结束地址>);
$ readmemh("<数据文件名>",<存储器名>);
$ readmemh("<数据文件名>",<存储器名>,<起始地址>);
$ readmemh("<数据文件名>",<存储器名>,<起始地址>,<结束地址>);
```

参数列表中<数据文件名> 和<存储器名>是必需的,<起始地址>和<结束地址>是可选的,<起始地址>默认的是存储器数组开始的地址,<结束地址>默认的是数据文件或者存储器数组的结束位置。

在这两个系统任务中,被读取的数据文件的内容只能包含空白位置(空格、换行、制表格(tab)和换页符(form-feeds))、注释行("//"形式和"/ * … * /"形式都允许)、二进制或十六进制的数字。数字中不能包含位宽说明和格式说明,对于 $readmemb 系统任务,每个数字必须是二进制数字;对于 $readmemh 系统任务,每个数字必须是十六进制数字。数字中不定值 x 或 X,高阻值 z 或 Z,下划线(_)的使用方法及代表的意义与一般 Verilog HDL 程序中的用法及意义是一致的,数字必须用空白位置或注释行分隔开。存储器单元的存放地址范围由系统任务中的<起始地址>和<结束地址>来说明,每个数据的存放地址在数据文件中可以进行说明。当地址出现在数据文件中时,其格式为字符"@"后跟上十六进制数,如:@001。

对于这个十六进制的地址数,字符"@"和数字之间不允许存在空白位置,但可以在数据文件里出现多个数据地址。

例 6.19:利用 $ readmemb 读取批量数据

```
reg[7:0] memory[0:7];//声明 8 * 8 的存储单元
integer i;
    initial
    begin
        $ readmemb("init.dat",memory);
        for(i = 0; i < 8; i = i + 1)
            $ display("memory [ % d] = % b",i,memory[i]);
    end
```

文件 init.dat 包含初始化数据,假设其数据样式如下:

```
@002
11111111 01010101
00000000 10101010
@006
1111zzzz 00001111
```

依据 init. dat 中数据及其对应的地址对存储器数组进行初始化,未初始化的位置默认填充为 x。采用 $ display 对存储器数组内容进行显示,其输出应该如下:

```
memory[0] = xxxxxxxx
memory[1] = xxxxxxxx
memory[2] = 11111111
memory[3] = 01010101
memory[4] = 00000000
memory[5] = 10101010
memory[6] = 1111zzzz
memory[7] = 00001111
```

6.3.4 向文本文件中写入向量

Verilog HDL 并没有专门提供向文本文件写入向量的系统任务,利用 6.3.1 小节文件访问中的系统任务,可以实现测试向量在文本文件中的记录操作。当把写入向量操作与从文本中读取向量操作相结合时,可以实现测试向量的获取与重用。在这种操作模式下,可以从一次仿真中获取激励向量和响应,并作为另一次仿真的激励和期望结果。当重新使用获取的测试向量时,可以方便地修改激励数据,并可以利用简单的比较手段判断当次仿真结果与以前的结果是否相同,从而实现模块功能的自动验证。

例 6.20:测试向量的写入操作

```
parameter period = 20;//定义记录时钟周期
reg [7:0] in_vec;//激励向量
wire [7:0] out_vec;//响应向量
integer resultsfile, stimulusfile;//文件操作句柄
dut u1 (out_vec, in_vec);//待测模块实例化
    //在文本中记录测试向量
    initial
    begin
        stimulusfile = $ fopen("stimulus.dat") ;
        resultsfile = $ fopen("results.dat") ;
        fork
            if (stimulusfile! = 0 ) forever #( period/2)
                $ fstrobeb (stimulusfile, "%b", in_vec);//fstrobe 的二进制输出
            if (resultsfile! = 0 ) #( period/2) forever #( period/2)
                $ fstrobeb (resultsfile, "%b", out_vec);//fstrobe 的二进制输出
        join
    end
```

在例 6.20 中,激励向量 in_vec 和响应向量 out_vec 分别记录在 stimulus. dat 和 results. dat 中,这些数据可以为后续的仿真提供基础数据。

例 6.21:测试向量的回放操作

```
parameter num_vecs = 256;  //定义测试向量大小
wire [7:0] results;
```

```
reg [7:0] data;
reg [7:0] stimdata [num_vecs-1:0];//定义存储器
integer i;

    dut u1 (results, data);//待测模块实例化
    //从文本中加载测试向量
    initial
    begin
        $ readmemb ("stimulus.dat", stimdata);
        for (i = 0; i < num_vecs ; i = i + 1)
            #50 data = stimdata [i];//将保存在文件中的向量作为激励输出
    end
```

通过测试向量的回放操作,能够对测试模块施加一致的测试激励,并能对不同层次综合后模块的输出进行基于文本数据的评价和验证工作。

此外,Verilog HDL 语言还提供值变转储文件(VCD)进行仿真数据的记录。值变转储文件是一个 ASCII 码文件,包含仿真时间、范围与信号的定义,以及仿真运行过程中信号值的变化等信息。设计中所有信号或者选定的信号都可以在仿真过程中写入到 VCD 文件中。仿真结束后可以借助基于 VCD 的分析工具将仿真过程中的层次信息、信号值和信号波形显示出来。目前,存在许多的商业化 VCD 后处理软件,并可以集成到仿真器的运行环境中。对于大规模设计的仿真验证,设计者可以把选定的信号转储到 VCD 文件中,并使用后处理软件去调试、分析和验证仿真输出结果。

基于 VCD 文件操作的系统任务包括:转储模块信号 $dumpvars、选择转储文件 $dump-file、转储控制 $dumpon 和 $dumpoff、选择生成检测点 $dumpall 等,进一步的操作可以参考 IEEE Verilog HDL 手册。

6.4 典型仿真验证实例

6.4.1 3-8译码器

译码器是数字系统常用功能模块。一个 3-8 译码器的典型行为代码如例 6.22 所示。

例 6.22:3-8 译码器

```
module decoder3to8(out,in,enable);//定义模块名称
input  [2:0] in;
input enable;
output  [7:0] out;
reg [7:0] out;
    always @(in or enable)
    begin
        if(enable = = 1'b0)
            out = 8'b11111111;
        else
            out = 1'b1<<in;//左移操作
    end
endmodule
```

　　例 6.22 给出了一个带使能控制（enable）端的 3 - 8 译码器。当 enable＝0 时，输出 out 为全 1；当 enable 使能时，输出 out 根据输入 in 的值把最低位的 1 依次左移，从而完成译码操作。基于此模块的测试平台按照简单模式进行测试模块设计，如例 6.23 所示。

　　例 6.23：3 - 8 译码器测试模块

```
`timescale 1ns/1ns //定义仿真时间尺度
`include "decoder3to8.v"
module testbench;
reg    [2:0] in;
reg en;
wire [7:0] out;
    //实例化待测模块
    decoder3to8 dut(.in(in),.out(out),.enable(en));
    //产生输入激励
    initial
    begin
        en = 0;
        in = 3'b000;
        #10 en = 1;
        #10 in = 3'b001;
        #10 in = 3'b010;
        #10 in = 3'b011;
        #10 in = 3'b100;
        #10 in = 3'b101;
        #10 in = 3'b110;
        #10 in = 3'b111;
        #10 $ stop;
    end
    //显示输出结果
    always@(in or out)
        $ strobe ("at time % t, input is % b, % b, output is % b", $ time,in,en,out);
endmodule
```

　　在测试模块中，对 3 位输入信号 in 在取值范围内进行了遍历，并配合使能信号 en，对待测模块进行完整测试。测试模块仿真输出如下：

```
at time   0, input is 000,0, output is 11111111
at time 10, input is 000,1, output is 00000001
at time 20, input is 001,1, output is 00000010
at time 30, input is 010,1, output is 00000100
at time 40, input is 011,1, output is 00001000
at time 50, input is 100,1, output is 00010000
at time 60, input is 101,1, output is 00100000
at time 70, input is 110,1, output is 01000000
at time 80, input is 111,1, output is 10000000
```

　　从显示结果看，3 - 8 译码器能正确完成所有情况下的译码工作，并且 enable 控制端作用良好。

6.4.2　序列检测器

序列检测器是时序数字电路设计中的经典范例,其基本逻辑功能是将一个指定的序列从数字码流中识别出来,一般采用同步状态机进行建模设计。在本例中,依据指定序列的长度,构建串联的多个移位寄存器,通过抽取各个寄存器的输出并与指定的序列进行匹配,从而实现序列检测的目的。

例 6.24：序列检测器

```
module seqcheck(data_in,check_out,clk,rst);//定义模块名称
input data_in,clk,rst;
output check_out;
parameter checkseq = 5'b10010;//指定检测序列
reg[4:0] buffer;//定义移位寄存器
//与指定序列进行匹配检测
    assign check_out = (buffer = = checkseq)? 1:0;
    //移位寄存器对输入数据进行移位缓存
    always@(posedge clk or negedge rst)
    if(! rst) //重置处理
        buffer <= 0;
    else
        begin
            //移位寄存器缓存输入数据
            buffer <= buffer << 1;
            buffer[0] <= data_in;
        end
endmodule
```

例 6.24 给出了一个利用移位寄存器实现序列检测的模块。在本例中,待检测序列为5'b10010,为了对其功能进行仿真验证,设计的测试模块如例 6.25 所示。

例 6.25：序列检测器的测试模块

```
`timescale 1ns/1ns //定义仿真时间尺度
`include "seqcheck.v"
`define half_period 20 //定义码流周期
module testbench;
reg clk,rst;
reg[23:0] data;//定义码流数据向量
wire out;
    assign in = data[23];
    //仿真初始化及仿真控制
    initial
    begin
        clk = 0;
        rst = 1;
        #2 rst = 0;
        #30 rst = 1; //复位信号
        data = 20'b1100_1001_0000_1001_0100;//码流数据
        #(`half_period * 1000) $ stop;//运行 500 个时钟周期后停止
    end
    always # (`half_period) clk = ~clk;//产生时钟信号
```

```
    always @(posedge clk)
        #2 data = {data[22:0],data[23]};//移位输出码流
    //实例化待测模块
    seqcheck dut(.data_in(in),.check_out(out),.clk(clk),.rst(rst));
endmodule
```

在测试模块中,对输入码流中的 5'b10010 检测功能进行验证,仿真波形图如图 6.6 所示。当被检测序列中存在 5'b10010 时,检测信号 out 输出高电平。

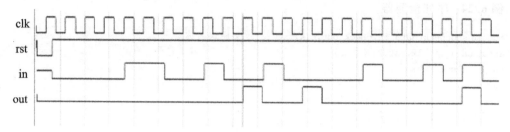

图 6.6　序列检测器仿真波形图

6.4.3　时钟分频器

时钟分频器是时序数字电路设计中的常用模块。在本案例中将设计一个 5 分频电路,相邻两个周期具有不同的占空比,分别为 3:2 和 2:3,即如果当前分频周期的高电平比低电平信号长一个基本时钟周期,则下一个分频周期内高电平信号应该比低电平信号短一个基本时钟周期。时钟分频器模块代码如例 6.26 所示。

例 6.26:时钟分频器

```
module fredivision(rst,clk,clk_out);//定义模块名称
input rst,clk;
output clk_out;
reg clk_out; //分频输出
reg[3:0] count;//定义内部计数器
//分频计数
    always@(posedge clk or negedge rst)
    begin
        if(! rst)//复位操作
            count <= 4'd0;
        else if(count >= 4'd9)//超出两个分频周期计数
            count <= 4'd0;
        else
            count <= count + 1;
        if(! rst)
            clk_out <= 0;
        else if(count == 4'd0 || count == 4'd3 || count == 4'd5 || count == 4'd7)
            clk_out <= ~clk_out;//使能不同占空比
    end
endmodule
```

为了实现相邻两个周期不同占空比,在 always 块语句中对两个分频周期中的时钟信号进行计数,并依据占空比切换位置设置分频输出。与其对应的测试模块如下:

例 6.27:时钟分频器的测试模块

```
`timescale 1ns/100ps //定义仿真时间尺度
`include "fredivision.v"
`define half_period 50 //定义时钟周期
module testbentch;
reg clk,rst;
wire clk_out;
    //仿真初始化及仿真控制
    initial
    begin
        clk = 0;
        rst = 1;
        #10 rst = 0;
        #110 rst = 1; //复位信号
        #10000 $stop;
    end
    always # (`half_period) clk = ~clk;//产生时钟信号
    //实例化待测模块
    fredivision dut(.clk(clk),.rst(rst),.clk_out(clk_out));
endmodule
```

5 分频模块仿真波形如图 6.7 所示。可以看到相邻两个分频周期中占空比分别为 3:2 和 2:3,实现了不同占空比分频的目的。

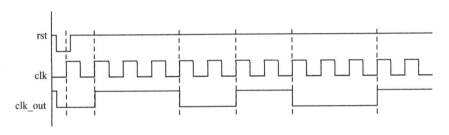

图 6.7　5 分频模块仿真波形图

习　　题

1. 归纳在测试模块中生成时钟信号的典型 Verilog 编写方法。

2. 测试模块代码编写风格与可综合设计模块代码编写风格的异同是什么?

3. 使用 while 循环设计一个时钟信号发生器,时钟信号的初值为 1,周期为 20 ms。

4. 设计一组 8 路时钟信号,如图 6.8 所示每路时钟信号周期一致为 100 μs,但从第一路时钟信号到第 8 路时钟信号,相邻两路时钟信号相位依次间隔 12.5 μs。

5. 在测试模块中生成如图 6.9 所示的激励信号,数据流中共有 256 个字节,每个时钟周期产生 1 bit 信号,字节的高有效位(bit7)先产生;数据流的第 0 个字节为 8'hEB

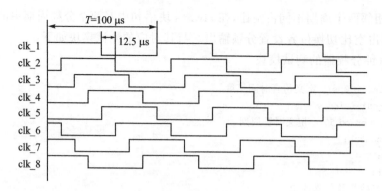

图 6.8　题 4 的图

(8'b11101011)，第 1 个字节为 8'h90，以后依次是 8'h02、8'h03、…、8'hFF（即数据内容与字节序号相同）。

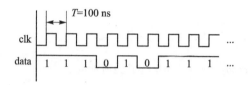

图 6.9　题 5 的图

6. 分析下面的 initial 块语句，说明各个变量在块语句执行完后的值。

```
reg [2:0] a;
reg [3:0] b;
integer i,j;

    initial
    begin
        i = 0;
        a = 0;
        i = i-1;
        j = i;
        a = a-1;
        b = a;
        j = j+1;
        b = b+1;
    end
```

7. 分析如下所示代码中 $display 语句的输出。

```
module top;
    A a1();
endmodule

module A;
    B b1();
```

```
endmodule

module B;
    initial
        $ display("I am inside at % m");
endmodule
```

8. 分析下面采用多通道描述符进行文件写入的操作,说明各条显示语句将会写入到哪些文件中。

```
module test;
integer handle1,handle2,handle3;//文件句柄
    //打开文件
    initial
    begin
        handle1 = fopen("f1.out");
        handle2 = fopen("f2.out");
        handle3 = fopen("f3.out");
    end
    //写文件
    initial
    begin
        #5 $ fdisplay (4, "Display statement #1");
        $ fdisplay (15, "Display statement #2");
        $ fdisplay (6, "Display statement #3");
        $ fdisplay (10, "Display statement #4");
        $ fdisplay (0, "Display statement #5");
    end
endmodule
```

9. 分析下面的块语句,说明每条语句的仿真结束时间,并给出仿真结束后各个变量的值。

```
initial
begin
    x = 1'b0;
    #5 y = 1'b1;
    fork
        #20 a = x;
        #15 b = y;
    join
    #40 x = 1'b1;
    fork
        #10 p = x;
        begin
            #10 a = y;
            #30 b = x;
        end
        #5 m = y;
    join
end
```

10. 在如下测试代码中采用了非阻塞赋值的方式生成 clk 波形,分析各条赋值语句的执行时刻,并给出仿真波形图。

```
module nonblock;
reg clk;
    initial
    begin
        clk< =  #5 1'b0;
        clk< =  #10 1'b1;
        clk< =  #15 1'b0;
        clk< =  #20 1'b1;
        clk< =  #25 1'b0;
    end
endmodule
```

第7章

基础逻辑电路

　　数字电路用数字信号完成数字量的运算和逻辑控制,根据电路输出值与电路原来状态有无关系,可以把数字电路分为组合逻辑电路和时序逻辑电路两大类。

　　组合逻辑电路简称组合电路,它由最基本的逻辑门电路组合而成。其特点是:输出值只与当时的输入值有关,电路没有记忆功能,输出状态随着输入状态的变化而变化,类似于电阻性电路,如加法器、译码器、编码器、数据选择器等。时序逻辑电路简称时序电路,它是由最基本的逻辑门电路加上反馈逻辑回路(输出到输入)或器件组合而成,与组合电路本质的区别在于时序电路具有记忆功能。时序电路的特点是:输出不仅取决于当时的输入值,而且还与电路过去的状态有关,它类似于含储能元件的电感或电容的电路,如触发器、锁存器、计数器、移位寄存器、储存器等。

　　采用硬件描述的方法实现基础数字电路的设计,可以分成组合电路设计和时序电路设计两大类。在对其进行设计时,需要充分考虑两种电路对信号变化时的处理特征,注意电路记忆功能处理时的不同区别。本章将对组合电路和时序电路的典型设计方法进行介绍。

　　本章将用一个经串并转换后的数据相加器的设计示例贯穿整个设计过程,描述基本数字逻辑电路的常用设计方法。数据相加器模块图如图7.1所示,在时钟同步下,对于串行输入的二进制数,由 group 信号标识为8位一组的数据,串行输入的数据(即8位二进制数)高位在前传输,对串并转换后的数据,高4位和低4位信号相加,并将相加的结果用七段数码管显示出来。相加器主要包括串并转换、加法器、进制转换控制、数码管译码电路等子模块。典型的加法器、数码管译码电路和进制转换控制为组合逻辑电路,串并转换和 group 分组控制为时序逻辑电路,在本章中将分别对其进行设计。

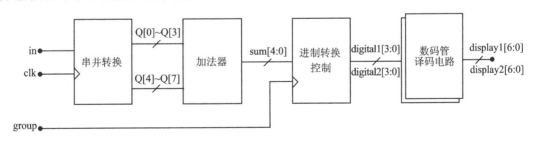

图 7.1　数据相加器模块图

7.1　组合电路设计

7.1.1　门级结构设计

　　依据数字电路功能抽象的不同层次,在 Verilog HDL 语法支持的情况下,可以实现从开关级(switch level)、门级(gate level)、RTL 级(register transfer level)、算法级(algorithmic level),到系统级(system level)的数字电路建模。系统级、算法级和 RTL 级属于行为建模,而门级和开关级属于结构建模。一个逻辑电路的具体功能实现最终还是由许多标准的逻辑门和开关组成,因此用基本逻辑门的模型来描述逻辑电路的结构是最直观的。在 Verilog 语法中,支持的逻辑门或者开关模型一共有 26 种,最基本的是:与门(and)、与非门(nand)、或非门(nor)、或门(or)、异或门(xor)、异或非门(xnor)、缓冲器(buf)和非门(not)。

在使用门级结构描述组合逻辑电路时,首先需要分析电路功能,获得电路的逻辑表达式,然后根据逻辑表达式绘出电路门级结构图,剩下的就是按图索骥,采用标准逻辑门模型描述电路。需要注意的是,在这个过程中,如果已获得电路的逻辑表达式,不进行门级结构转换,直接在逻辑表达式基础上采用 Verilog HDL 进行逻辑输出,则是比门级更抽象一级的 RTL 级建模方法。

对于图 7.1 所示的相加器,首先进行加法器设计,可以考虑采用门级结构进行电路描述,图 7.2 给出了数字电路中一位全加器的门级结构图,在其基础上,采用门级结构的 Verilog HDL 描述,需要调用异或门(xor)、与门(and)、非门(not)、或非门(nor),典型代码如例 7.1 所示。

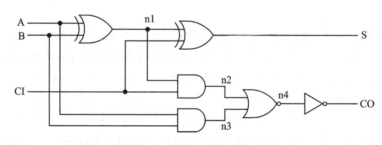

图 7.2 一位全加器逻辑结构

例 7.1:一位全加器门级结构描述

```
module  onebitadder (S, CO, A, B, CI);      //模块名称
input   A, B, CI;                           //输入信号
output  S, CO;                              //输出信号

wire n1,n2,n3,n4;       //内部信号定义

    xor xor1(n1,A,B);//门级结构建模
    xor xor2(S,n1,CI);
    and and1(n3,A,B);
    and and2(n2,n1,CI);
    nor nor1(n4,n2,n3);
    not not1(CO,n4);

endmodule
```

需要注意的是,在例 7.1 中调用标准逻辑门进行结构描述时没有考虑门延迟,对于一个实际的门级电路,其对信号的处理具有延时特性。Verilog 允许设计者通过门延迟来说明逻辑电路中的延迟,此外,设计者还可以指定端到端的延迟,关于端到端延迟的定义需要借助 specify 块进行描述,详细的资料可以参考 IEEE Verilog HDL 手册。

对于逻辑门的延迟主要包括上升延迟、下降延迟和关断延迟。

① 上升延迟:在门的输入发生变化的情况下,门的输出从 0、x、z 变化为 1 所需要的时间;

② 下降延迟:门的输出从 1、x、z 变化为 0 所需要的时间;

③ 关断延迟:门的输出从 0、1、x 变化为高阻抗 z 所需要的时间。

在 Verilog HDL 中,设计者可以使用三种不同的方法来说明门的延迟。如果用户只指定了一个延迟值,那么所有类型的延迟都使用这个延迟值;如果用户指定了两个延迟值,则它们分别代表上升延迟和下降延迟,两者中较小者为关断延迟;如果设计者指定了三个延迟值,则它们分别代表上升延迟、下降延迟和关断延迟;如果设计者没有指定延迟,那么所有延迟默认为 0。此外,对于每种延迟还可以进一步定义其最小值、最大值和典型值。

例 7.2:逻辑门延迟

```
and #(5) a1(n2,A,B);       //所有延迟均为 5
nor #(4,6) n1(n4,n2,n3);//上升延迟为 4,下降延迟为 6,关断延迟为较小值 4
bufif0 #(3,6,5) b1(out,in,ctl);//上升延迟为 3,下降延迟为 6,关断延迟为 5

//所有延迟最小值为 4,最大值为 6,典型值为 5
and #(4:5:6) a1(n2,A,B);

//上升延迟最小值为 3,最大值为 5,典型值为 4;
//下降延迟最小值为 5,最大值为 7,典型值为 6;
//关断延迟最小值为 3,最大值为 5,典型值为 4;
and #(3:4:5, 5:6:7) n1(n4,n2,n3);

//上升延迟最小值为 2,最大值为 4,典型值为 3;
//下降延迟最小值为 5,最大值为 7,典型值为 6;
//关断延迟最小值为 4,最大值为 6,典型值为 5;
bufif0 #(2:3:4, 5:6:7, 4:5:6) b1(out,in,ctl);
```

在门级描述一位全加器的基础上,可以对其进行调用和组合,从而构建更加复杂的组合逻辑电路。图 7.3 在一位全加器逻辑组合的基础上给出了四位全加器连接图。

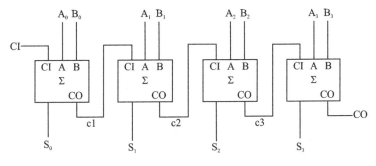

图 7.3　四位全加器连接图

采用 Verilog HDL 调用例 7.1 构建的一位全加器模型,并合理分配输入向量 A、B,以及输出向量 S 与每个一位全加器输入和输出信号之间的映射关系,可以实现其 Verilog HDL 模块设计。

例 7.3:四位全加器

```
module fourbitadder(S, CO, A, B, CI);        //定义模块名称
input[3:0]        A, B;            //输入信号
```

```
input            CI;
output  [3:0]    S;              //输出信号
output           CO;
wire c1,c2,c3;        //内部信号定义

//调用一位全加器进行结构描述
  onebitadder add1(S[0],c1,A[0],B[0],CI);
  onebitadder add2(S[1],c2,A[1],B[1],c1);
  onebitadder add3(S[2],c3,A[2],B[2],c2);
  onebitadder add4(S[3],CO,A[3],B[3],c3);
endmodule
```

在 Verilog HDL 语法中,还允许设计者定义模块数组来简化重复模块的调用操作。当需要对某种类型的门级结构或者模块进行多次调用时,可以采用数组的方式对模块进行定义。需要注意的是,这些数组形式的门级结构或者模块分别连接在输入和输出向量的不同信号位上。

例 7.4: 门级结构数组

```
module driver (in, out, en);        //driver 模块
input [3:0] in;
output [3:0] out;
input en;

  bufif0 ar  [3:0] (out, in, en);   //三态缓冲数组
endmodule

module driver_equiv (in, out, en);  // driver 模块的等价模型
input [3:0] in;
output [3:0] out;
input en;

  bufif0 ar3 (out[3], in[3], en);   //每个缓冲分别声明
  bufif0 ar2 (out[2], in[2], en);
  bufif0 ar1 (out[1], in[1], en);
  bufif0 ar0 (out[0], in[0], en);
endmodule
```

在例 7.4 中,driver 模块采用数组的方式定义了一个三态缓冲区域,虽然每个标准 bufif0 的输入信号 in、en 和输出信号 out 是 1 bit 变量,但通过设计者定义的模块数组对输入的 4 bit 信号 out 和 in,按照数组索引关系进行了端口分配。一条模块数组语句相当于 4 条分开声明的 bufif0 调用,例 7.5 进一步给出了模块数组的示例。

例 7.5: 较复杂的门级结构数组

```
//由 driver 模块构成的 busdriver 模块
module busdriver (busin, bushigh, buslow, enh, enl);
input [15:0] busin;
output [7:0] bushigh, buslow;
input enh, enl;

  driver busar3 (busin[15:12], bushigh[7:4], enh);
  driver busar2 (busin[11:8], bushigh[3:0], enh);
  driver busar1 (busin[7:4], buslow[7:4], enl);
  driver busar0 (busin[3:0], buslow[3:0], enl);
```

```
endmodule

//busdriver 模块的等价模型
module busdriver_equiv (busin, bushigh, buslow, enh, enl);
input [15:0] busin;
output [7:0] bushigh, buslow;
input enh, enl;
    driver busar  [3:0] (  .in(busin),.out({bushigh, buslow}),
                          .en({enh, enh, enl, enl}));
endmodule
```

在例 7.5 的 busdriver_equiv 模块中,通过模块数组的定义,对输入的 16 位变量 busin、输出的 16 位变量拼接组合{bushigh, buslow},以及使能信号 4 位变量拼接组合{enh, enh, enl, enl}按照数组大小 4 进行了分割和映射,并将分割后的信号依次接入到每个实例化模块 driver 的接口信号变量中。

7.1.2　连续赋值语句设计

采用连续赋值语句 assign 进行电路设计是 Verilog HDL 中组合逻辑电路设计的基本手段,它用于对线网类型变量的赋值操作。连续赋值语句总是处于激活状态,只要任意一个操作数发生变化,表达式就会立即重新计算,并将结果赋值给左边的线网变量,因此连续赋值语句完整刻画了组合逻辑电路的逻辑运算关系。

类似于门级结构描述组合电路方法中的延迟控制,连续赋值语句也可以利用延迟信息实现信号产生的时序控制。从本质上讲,采用位运算符构建的连续赋值语句,其逻辑计算就是借助于标准逻辑门进行组合实现,因此在这种条件下连续赋值语句在逻辑表达上等价于门级结构描述;采用逻辑运算符、算术运算符、关系运算符、条件运算符等构建的连续赋值语句,由于这些运算符扩展了位操作,属于抽象层面的运算方式,不一定与门级结构有直接映射关系,所以可以实现更加复杂的逻辑结构。

例 7.6：连续赋值语句延迟控制

```
wire out;
    assign #10 out = in1 & in2;      //延迟 10 个时间单位获得"与"运算结果

//下面是等价延迟表达形式
wire #10 out;
    assign out = in1 & in2;
```

在例 7.1 里讨论了采用门级结构描述一位全加器的设计方法,也可以采用 assign 语句对全加器进行逻辑实现。一位全加器的逻辑表达式如下所示:

$$S = A \oplus B \oplus CI$$
$$CO = AB + (A \oplus B) \cdot CI$$

结合连续赋值语句 assign 和 Verilog HDL 语言的位运算符,可以实现全加器的 RTL 级建模。

例 7.7：一位全加器 RTL 级描述

```
module onebitadder (S, CO, A, B, CI);        //模块名称
input     A, B, CI;       //输入信号
output    S, CO;          //输出信号
```

```
//利用 assign 描述组合逻辑
  assign S = A ^ B ^ CI;
  assign CO = (A & B) | ((A ^ B) & CI);
endmodule
```

相比于门级结构建模,RTL 级建模建立在逻辑表达式的基础上,具有更高的抽象程度。对于四位全加器,在 RTL 级的基础上可以采用更抽象的行为描述方法去实现该模块功能。

例 7.8:多位全加器行为级描述

```
module multibitadder (s, co, a, b, ci);     //模块名称
parameter bits = 4;                 //参数化位宽
input  [bits-1:0]  a, b;         //输入信号
input             ci;
output [bits-1:0]  s;            //输出信号
output            co;

//利用 assign 描述全加器
  assign {co,s} = a + b + ci;
endmodule
```

在例 7.8 中,不需要推导多位全加器输入变量和输出变量每一位(bit)的逻辑表达式,而是直接采用行为描述的方法实现了算数运算。这种行为描述方法给基于 Verilog HDL 语言的数字电路设计带来了极大的方便,但是需要注意的是:越是高层的行为抽象建模,就越缺乏对底层结构、时序、性能、面积等指标上的控制,例 7.8 给出的全加器就无法控制综合器实现超前进位运算。如果设计中对加法运算速度要求严格,就必须从逻辑结构角度出发,采用门级结构或者 RTL 级描述的方式实现数字电路功能。

超前进位全加器逻辑表达式:

$$G_i = A_i B_i$$
$$P_i = A_i \oplus B_i$$
$$S_i = P_i \oplus C_{i-1}$$
$$C_i = G_i + P_i C_{i-1}$$

例 7.9:四位超前进位全加器

```
module fourbitadder (S, CO, A, B, CI);     //模块名称
input  [3:0]    A, B;          //输入信号
input           CI;
output [3:0]    S;             //输出信号
output          CO;
//内部信号定义
wire p0,p1,p2,p3,g0,g1,g2,g3;
wire c1,c2,c3,c4;
    //计算每一级的 p
    assign   p0 = A[0] ^ B[0],
             p1 = A[1] ^ B[1],
             p2 = A[2] ^ B[2],
             p3 = A[3] ^ B[3];
    //计算每一级的 g
    assign   g0 = A[0] & B[0],
             g1 = A[1] & B[1],
             g2 = A[2] & B[2],
             g3 = A[3] & B[3];
```

```
//计算每一级的进位
assign    c1 = g0 | (p0 & CI),
          c2 = g1 | (p1 & c1),
          c3 = g2 | (p2 & c2),
          c4 = g3 | (p3 & c3);
//计算相加总和
assign    S[0] = p0 ^ CI,
          S[1] = p1 ^ c1,
          S[2] = p2 ^ c2,
          S[3] = p3 ^ c3;
//总进位输出
assign CO = c4;
endmodule
```

例 7.9 按照超前进位逻辑表达式对全加器进行了重新设计,能够实现例 7.8 不能完成的超前进位功能,提高了加法器的响应速度。不同的综合工具在进行代码综合时,具有不同的性能表现,能把设计者提供的行为级 Verilog HDL 代码按照指定要求进行电路结构解释和映射的技术,目前正在迅速发展,随着综合器的日益成熟,其综合功能将会越来越强大。

7.1.3 过程块语句设计

always 语句通常对应于数字电路中一组反复执行的活动,例如时钟信号发生器,always 块借助于时钟信号的时序控制,可以实现时钟节拍下的多个信号的运算和控制,以及信号之间的同步处理,因此 always 是时序电路设计的基本手段。在 Verilog HDL 语法中,always 时序控制信号还可以是电平敏感信号,当把组合逻辑放在 always 块中去实现时,从逻辑的角度看敏感列表中任何信号值的变化都将导致 always 块的重复执行,在代码综合时,综合工具将采用组合逻辑结构去实现 always 块中的功能,因此利用 always 块同样可以实现组合逻辑设计。借助于 always 语句对行为块的封装,可以采用更加复杂的逻辑结构去实现组合电路功能。

例 7.10: always 块中实现比较器

```
module compare_n ( X, Y, XGY, XSY, XEY);    //模块名称
parameter width = 8;            //比较信号位宽
input [width-1:0]  X, Y;        //多位比较输入
output  XGY, XSY, XEY;          //比较输出
reg  XGY,  XSY,  XEY;
    //比较输入信号 X 和 Y 的大小
    always @ ( X or Y )         //每当 X 或 Y 值变化时重复执行
    begin
        if ( X == Y )
            XEY = 1;            // X 等于 Y 时 XEY 设置为 1
        else  XEY = 0;

        if (X > Y)
            XGY = 1;            // X 大于 Y 时 XGY 设置为 1
        else  XGY = 0;

        if (X < Y)
            XSY = 1;            // X 小于 Y 时 XSY 设置为 1
        else  XSY =  0;
    end
endmodule
```

例 7.10 给出了多位比较器的行为描述模块,借助于 always 块的封装结构,利用条件语句实现了多个比较结果信号的输出;在模块实例化时,通过设置信号位宽参数 width,可以快速实现 16 位、32 位等多位比较器。

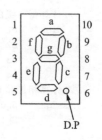

图 7.4　七段数码管

对于图 7.1 所示的数据相加器中的数码管译码电路,可以利用 always 语句实现译码数字逻辑。七段数码管(见图 7.4)是显示数字运算结果的基本器件,输入信号为取值在 0～15 范围内的 4 位编码,通过译码功能将 0～9 的输入编码显示为 0～9 的阿拉伯数字,将 10～14 的编码显示为特殊含义字符,输入为 15 的编码将清空显示。其输入和输出真值表如表 7.1 所列。

表 7.1　七段数码管译码电路真值表

输　入					输　出							
数　字	A_3	A_2	A_1	A_0	a	b	c	d	e	f	g	字　形
0	0	0	0	0	1	1	1	1	1	1	0	0
1	0	0	0	1	0	1	1	0	0	0	0	1
2	0	0	1	0	1	1	0	1	1	0	1	2
3	0	0	1	1	1	1	1	1	0	0	1	3
4	0	1	0	0	0	1	1	0	0	1	1	4
5	0	1	0	1	1	0	1	1	0	1	1	5
6	0	1	1	0	1	0	1	1	1	1	1	6
7	0	1	1	1	1	1	1	0	0	0	0	7
8	1	0	0	0	1	1	1	1	1	1	1	8
9	1	0	0	1	1	1	1	1	0	1	1	9
10	1	0	1	0	1	1	1	0	1	1	1	A
11	1	0	1	1	0	0	1	1	1	1	1	b
12	1	1	0	0	1	0	0	1	1	1	0	C
13	1	1	0	1	0	1	1	1	1	0	1	d
14	1	1	1	0	1	0	0	1	1	1	1	E
15	1	1	1	1	0	0	0	0	0	0	0	

基于此真值表,可以在 always 块中利用 case 语句快速实现译码电路功能。

例 7.11:实现七段数码管译码电路

```
module sevendigital ( A, display);     //模块名称
input [3:0]  A;              //输入编码
output [6:0] display;        //数码管显示编码
reg [6:0] display;
    //译码具体实现
    always @(A)              //每当输入编码 A 发生变化时,重复执行
    begin
      case(A)                //对输入编码进行分支选择
```

```
4'b0000: display = 7'b1111110; //0
4'b0001: display = 7'b0110000; //1
4'b0010: display = 7'b1101101; //2
4'b0011: display = 7'b1111001; //3
4'b0100: display = 7'b0110011; //4
4'b0101: display = 7'b1011011; //5
4'b0110: display = 7'b0011111; //6
4'b0111: display = 7'b1110000; //7
4'b1000: display = 7'b1111111; //8
4'b1001: display = 7'b1111011; //9
4'b1010: display = 7'b1110111; //10,特殊符号
4'b1011: display = 7'b0011111; //11,特殊符号
4'b1100: display = 7'b1001110; //12,特殊符号
4'b1101: display = 7'b0111101; //13,特殊符号
4'b1110: display = 7'b1001111; //14,特殊符号
4'b1111: display = 7'b0000000; //15,清空
        endcase
    end
endmodule
```

在例 7.11 的 always 块内，直接用 case 语句对输入信号 A 的 16 个编码值进行了枚举，并给出了不同编码值所对应的输出显示信号，实现了数码管的译码工作。

需要注意的是：

① 根据 Verilog HDL 语法，在 always 块进行组合逻辑设计时，对有赋值操作的变量仍然需要定义为寄存器变量。比如，例 7.11 中的输出显示编码 display。

② Verilog HDL 语法翻译器以及综合器能够正确识别组合逻辑，并在仿真过程和代码综合过程中给出正确的组合逻辑功能实现。

7.1.4　组合电路不完全描述

组合电路的不完全描述，通常来源于利用 Verilog HDL 进行逻辑实现时没有给出选择分支的全部映射关系。设计者在代码描述中只给出了部分选择分支所对应的操作，但没有给出完整的分支映射，在模块综合的时候，有可能生成设计者所不希望的电路结构。电路的不完全描述并不一定是设计错误，有时是设计者故意设计的结果。需要注意的是，对于不完全描述进行综合后的功能和结构，取决于综合器的具体综合行为和能力，不同的综合工具有可能会有不同的综合结果。

例 7.12：always 块中 if 语句的不完全描述

```
reg q;
    always @(condition or data)
    begin
        if(condition)
            q = data;
    end
```

在本例的 always 块语句中，利用 if 语句实现条件选择。当 condition 使能时，对变量 q 进行赋值操作，但是在该 always 块中没有提供 condition 非使能条件下的 q 的赋值行为。对于综合器以及仿真器来说，会假定认为在 condition 非使能条件下，q 的值保持不变。那么具体的综合结果和仿真行为会生成一个锁存器来记录 q 的值，而不是直接用纯组合逻辑实现输入变量 data 和输出变量 q 的关联。

　　如果设计者希望当 condition 非使能时 q 的输出为指定值,比如 0,那么可以通过增加 else 分支项生成纯组合逻辑结构。在下面的代码中,always 块具体逻辑功能可以采用一个输入端接入使能变量 condition,另外一个输入端接入 data 的与门(and)实现 q 的逻辑输出。

　　例 7.13: always 块中 if 语句的完全描述

```
reg q;
    always @(condition or data)
    begin
        if(condition)
            q = data;
        else
            q = 0;
    end
```

　　在利用 case 语句进行组合逻辑设计时,也会遇到选择分支不完全遍历的情况,如下例所示。

　　例 7.14: always 块中 case 语句的不完全描述

```
reg q;
wire [1:0] sel;
    always @(sel or a or b)
    case(sel)
        2'b00: q = a;
        2'b11: q = b;
    endcase
```

　　在本例的 always 块中利用 case 语句实现多路选择,当选择变量为 2'b00 时,q 取值为 a;当选择变量为 2'b11 时,q 取值为 b;但是对于 2 位的选择变量,其最大选择空间为 4 种。在本例中并没有给出选择变量取值为 2'b01 和 2'b10 时 q 的取值操作,因此对于综合器以及仿真器同样会假定认为在选择变量为 2'b01 和 2'b10 条件下,q 的值保持不变,将采用锁存器来模拟电路行为。如果设计者是希望生成纯组合逻辑电路,就需要对 case 的列项进行完整描述,可以采用 default 分支语句对未描述的分支条件进行默认操作。

　　例 7.15: always 块中 case 语句的完全描述

```
reg q;
wire [1:0] sel;
    always @(sel or a or b)
    case(sel)
        2'b00: q = a;
        2'b11: q = b;
        default: q = 0;
    endcase
```

　　在上面的例子中,由于存在 default 默认选择支,综合器会采用纯组合电路实现模块逻辑功能。综上所述,在利用条件语句 if 和多路分支语句 case 进行组合逻辑设计时,为了避免生成不希望的锁存器电路,分别需要通过 else 和 default 进行分支选择的完全描述。

　　对于组合电路的不完全描述,还存在 always 敏感信号列表的不完整性,如例 7.16 所示。

　　例 7.16: always 块中敏感信号列表的不完全描述

```
reg out;
    always @(a or b)
```

```
begin
    out = (a & b) | c;
end
```

在本例的 always 块中实现简单逻辑运算，参与运算的一共有三个变量 a、b 和 c，但是在 always 的敏感信号列表中只列项了 a 和 b。根据敏感信号列表情况，always 块针对输入变量 a 和 b 的变化会及时响应，采用网线（wire）的方式接入到逻辑门结构中，但对于输入变量 c 的变化导致 out 输出值的改变，须等到 a 或者 b 的值发生变化时才能及时响应。因此在仿真器或者综合器执行代码时，会采用一个锁存器来存储 c 的值，使其能够提供 a 或者 b 变化时对 c 值的采样，从而保证 a 和 b 未变化时的逻辑输出。敏感信号列表中当列项不全时，信号的仿真行为和综合方式取决于仿真器和综合器的具体实现。

为了方便敏感信号在 always 事件控制列表中的描述，可以采用"@（＊）"，或者"@＊"的办法来代替具体信号列表操作。下面给出了具体示例。

例 7.17：always 块中敏感信号列表

```
always @( * )              //与@(a or b or c)等价
begin
    out = (a & b) | c;
end

always @ * begin           //与 @(a or b or c or d or tmp1 or tmp2)等价
    tmp1 = a & b;
    tmp2 = c & d;
    y = tmp1 | tmp2;
end

//时序控制的嵌套操作
always @ * begin //与 @(a or b or c or d)等价
    x = a ^ b;
    @ *  // 与@(c or d)等价
        x = c ^ d;
end
```

7.1.5　典型组合电路设计实例

下面给出几组典型组合电路设计实例。

例 7.18：三态输出驱动器的设计

```
//方案一:用连续赋值语句建立三态门模型
module trist1( out, in, enable);      //模块定义
output out;
input in, enable;
    assign  out = enable? in: 'bz;
endmodule
//方案二:采用门级原语构建三态门模型
module trist2( out, in, enable );
output out;
input in, enable;

//bufif1 是 一个 Verilog 门级原语(primitive)
```

```
        bufif1 mybuf1(out, in, enable);
endmodule
```

例 7.19：三态双向驱动器的设计

```
module bidir(tri_inout, out, in, en, b);      //模块定义
inout tri_inout;      //双向信号
output out;
input in, en, b;

    assign tri_inout = en? in : 'bz;
    assign out = tri_inout ^ b;
endmodule
```

例 7.20：奇偶校验位生成器的设计

```
module parity( even_numbits, odd_numbits, input_bus);      //模块定义
input [7:0] input_bus;                      //原始数据输入向量
output even_numbits, odd_numbits;           //奇偶校验位输出信号

    assign odd_numbits = ^input_bus;        //奇校验位算法
    assign even_numbits = ~odd_numbits;     //偶校验位算法
endmodule
```

例 7.21：八路数据选择器的设计

```
module mux_8(addr,in1,in2,in3,in4,in5,in6,in7,in8,nCS,out);      //模块定义
parameter width = 8;
input [2:0] addr;                   //选择地址编码
input [width-1:0] in1,in2,in3,in4,in5,in6,in7,in8;           //八路数据输入
input nCS;           //使能信号(片选信号)
output [width-1:0] out;      //多路选择输出
reg [width-1:0] out;
    //事件列表的","表述方法,与"or"等价
    always@(addr,in1,in2,in3,in4,in5,in6,in7,in8,nCS )
    begin
        if(! nCS)      //如果多路选择器使能
            case (addr)//多路选择实现
            3'b000: out = in1;
            3'b001: out = in2;
            3'b010: out = in3;
            3'b011: out = in4;
            3'b100: out = in5;
            3'b101: out = in6;
            3'b110: out = in7;
            3'b111: out = in8;
            endcase
        else
            out = 0;
    end
endmodule
```

例 7.22：ALU 指令译码电路的设计

```
//操作码的宏定义
`define plus         3'd0
`define minus        3'd1
```

```
`define band            3'd2
`define bor             3'd3
`define unegate         3'd4

module alu(out,opcode,a,b);        //模块定义
input [2:0] opcode;                //输入操作编码
input [7:0] a,b;                   //算术运算输入
output [7:0] out;                  //算术运算结果输出
reg   [7:0] out;

    //用电平敏感的 always 块描述组合逻辑
    always @(opcode or a or b)
    begin
        case(opcode)
        //算术运算
            `plus: out = a + b;
            `minus: out = a - b;
        //位运算
            `band: out = a & b;
            `bor: out = a | b;
        //单目运算
            `unegate: out = ~a;
            default:out = 8'hx;
        endcase
    end
endmodule
```

例 7.23：利用 task 实现排序的设计

```
module sort4(ra,rb,rc,rd,a,b,c,d);        //模块定义
parameter width = 3;
input [width:0] a, b, c, d;               //无序输入数据
output [width:0] ra, rb, rc, rd;          //排序后输出数据
reg [width:0] ra, rb, rc, rd;

    //用电平敏感的 always 块描述组合逻辑
    always @(a or b or c or d)
    begin: sorting
        reg [width:0] va, vb, vc, vd;     //定义内部变量
        {va,vb,vc,vd} = {a,b,c,d};
        sort2(va,vc);
        sort2(vb,vd);
        sort2(va,vb);
        sort2(vc,vd);
        sort2(vb,vc);
        {ra,rb,rc,rd} = {va,vb,vc,vd};
    end

    //两个数据进行排序的任务
    task  sort2;
        inout [width:0] x, y;
        reg [width:0] tmp;  //定义内部变量
        if( x > y )
            begin //交换 x 和 y 的值
```

```
                    tmp = x;
                    x = y;
                    y = tmp;
                end
        endtask
endmodule
```

7.2　时序电路设计

7.2.1　时序电路设计方法

与组合逻辑电路不同,时序逻辑电路的输出不仅与当前时刻输入变量的取值有关,而且与电路的原状态,即与过去的输入情况有关。在对其进行设计时,对于过去的输入情况往往需要采用寄存器或者锁存器进行信息储存。在数字电路课程中对于时序电路设计,需要根据设计要求对其进行逻辑抽象,设定逻辑状态,并导出对应的状态转换图或状态转换表;按照触发器的类型对状态方程进行逻辑化简,根据编码状态转换表和触发器特性方程,导出输出方程和驱动方程;最后根据输出方程和驱动方程绘制逻辑电路图。在利用 Verilog HDL 进行时序电路设计时,可以采用行为描述的方法进行抽象行为设计,不仅可以规避触发器输出方程和驱动方程等逻辑表达式求解和化简的工作,还能够从更加直观和自然的角度去描述时序电路的行为和功能。

时序电路进一步可分为同步时序电路和异步时序电路,同步时序电路各个触发器共用一个时钟信号,需要更新状态的触发器在时钟边沿同时翻转。异步时序电路各个触发器状态的变化不是同步发生的,每一个触发器都有可能有自己单独的触发时钟,因此对于异步电路状态的更新没有全局的共用时钟信号。

时序电路设计往往采用 always 块进行行为描述,对于简单的不依赖于时序的组合逻辑部分,可以在 always 块外采用连续赋值语句 assign 进行逻辑实现。下面给出同步时序电路设计的典型样例。

例 7.24:同步时序电路设计

```
module synchseq( clk, rst, enable, set, data, in1, in2, out1, out2); //模块定义
parameter X = 8;     //定义参数
input clk,rst,set,enable;     //输入全局时钟,重置信号,置位信号,使能信号(片选信号)
input  [X-1:0] data;    //置位加载数据
input  [X-1:0] in1,in2;     //输入信号,in1,in2,in3,…
output  [X-1:0] out1,out2;   //输出信号,out1,out2,out3,…
reg  [X-1:0] out1;   //对 always 块中进行赋值操作的输出信号进行寄存器类型定义
wire  [X-1:0] wire1,wire2;   //定义内容线网型变量
reg  [X-1:0] reg1,reg2;   //定义内部寄存器型变量

    //利用 assign 实现简单组合逻辑
    assign  out2 = enable? in1: 'bz;
    assign wire1 = in2[0] ^ in1[1];

    //利用 always 块实现复杂同步行为
    always@(posedge clk or posedge rst)
    begin
```

```
            if(rst)   //异步重置
                begin
                    //重置操作
                end
            else if(set)   //同步置位
                begin
                    //置位操作
                    reg1 <= data;
                end
            else if(enable)   //同步使能
                begin
                    //时钟同步逻辑实现
                    //if-elseif-else 语句
                    //case 语句
                    //function 调用
                end
            else
                begin
                    //非使能条件下操作
                end
        end
    //多个共用 clk 时钟的 always 处理块
    always@(posedge clk or posedge rst)
    begin
        //时钟同步逻辑实现
    end
    //利用 always 块实现复杂组合逻辑
    always@(wire1  or wire2)
    begin
        //逻辑描述
    end
endmodule
```

上面的代码给出了一个同步时序电路模块的典型样例,模块中通过多个共用全局时钟 clk 的 always 块实现复杂同步逻辑。在每个 always 块中,通过异步重置信号 rst、置位信号 set 实现模块的初始化和初始数据加载,通过使能信号 enable 激活模块功能。

需要注意的是,对于重置信号、置位信号和使能信号是异步执行还是同步执行,取决于模块的整个功能定义。

一般来说,考虑故障条件下系统依然能够恢复到初始状态,所需的重置信号往往与全局时钟无关。重置信号的到来需要系统立即响应(即使全局时钟出现故障),并不需要等到时钟边沿触发条件下才实现系统的重置操作,因此对于异步的重置信号,需要加入到 always 块的事件触发列表中。对于置位信号和使能信号(片选信号),一般在模块功能正常操作时处于有效的状态,可以使用同步控制的方法对置位信号和使能信号进行判断处理。如果对置位信号和使能信号采用同步方式操作,那么其信号电平的维持时间必须大于时钟的一个周期;否则在全局时钟节拍下不能对置位信号和使能信号进行有效采样,会造成置位信号和使能信号的丢失。

异步时序电路设计的方法与同步时序电路设计的方法基本一致,区别仅仅在于多个 always 块的时钟信号可能为不同的时钟信号,甚至可以让前一个 always 块的输出信号作为后一个 always 块的时钟控制信号,从而进行时钟时序的串联操作。

例 7.25：异步时序电路设计

```
module AMOD(D, A, clk, Q);        //模块定义
input A, D, clk;
output Q;
reg Q,Q1;
    //产生次级 D 触发器时钟控制信号
    always@(posedge clk)
        Q1< = ~( A | Q);
    //采用 D 触发器进行数据输出
    always@(posedge Q1)
        Q < = D;
endmodule
```

例 7.25 给出了异步时序逻辑实现,其逻辑描述对应的异步时序电路如图 7.5 所示。

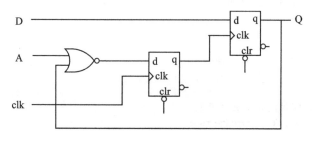

图 7.5   异步时序电路

7.2.2   时序电路单元

触发器是时序电路的最基本电路单元,主要有 RS 触发器、JK 触发器、D 触发器、T 触发器等,下面从最简单的触发器学习怎样利用 always 块实现时序电路设计。

可以通过门级结构的方式实现 RS 触发器,在本例中将采用逻辑描述的方法,将 R 端和 S 端进行组合,描述四种不同取值状态下输出端值的变化情况,以实现 RS 触发器功能。基本 RS 触发器具有置 1、置 0、保持以及不定值四种状态,其结构图如图 7.6 所示,其真值表如表 7.2 所列。

例 7.26：RS 触发器

```
module RS_FF ( R, S, Q, QB);           //模块定义
input R, S;        //输入端
output Q, QB;      //输出端
reg Q, QB;
    always @( R or S )
        case ({ R , S }) //case 进行分支遍历
        0: begin Q < = Q; QB < = QB; end
        1: begin Q < = 1; QB < = 0; end
        2: begin Q < = 0; QB < = 1; end
        3: begin Q < = 1'bx; QB < = 1'bx; end
        endcase
endmodule
```

在基本 RS 触发器的基础上,加上时序控制可以构建同步 RS 触发器。对于输出端 Q 和 QB 信号,考虑到 QB 是 Q 的逻辑取反,在 always 块中只对 Q 进行赋值,而对 QB 采用连续赋

值语句进行逻辑实现。

表 7.2　基本 RS 触发器真值表

S_D	R_D	Q^n	Q^{n+1}	功　能
0	0	0	0	保持
0	0	1	1	
1	0	0	1	置 1
1	0	1	1	
0	1	0	0	置 0
0	1	1	0	
1	1	0	不定态	不定
1	1	1		

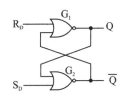

图 7.6　基本 RS 触发器

例 7.27：同步 RS 触发器

```
module SY_RS_FF ( R, S, clk, Q, QB );        //模块定义
input R, S, clk;          //输入端
output Q, QB;             //输出端
reg Q;
    assign QB = ～Q;
    always @( posedge clk )
        case ({ R ,S })
        0:Q <= Q;
        1:Q <= 1;
        2:Q <= 0;
        3:Q <= 1'bx;
        endcase
endmodule
```

采用类似的方法可以对 JK 触发器、D 触发器以及 T 触发器进行逻辑建模。计数器也是时序电路设计中的基本模块,常用于对时序脉冲的个数进行计数,还广泛用于定时、分频和产生同步脉冲等场合,按照计数触发方式,可分为同步计数器和异步计数器。一个简单计数器模块如例 7.28 所示。

例 7.28：计数器

```
module cnt13 (rst, clk, en, load, cout, dout, data);  //模块定义
input rst, clk, en, load;   //带有重置,使能和数据加载控制信号
input [3:0] data;   //并行加载数据
output [3:0] dout;   //计数器输出
output cout;   //计数器进位输出信号
reg [3:0] Q1;
    reg cout;
    assign dout = Q1;   //将内部寄存器的计数结果输出至 dout
    always @( posedge clk or negedge rst )
    begin
        if ( ! rst )
            Q1 <= 0;   //异步重置
        else if ( en )   //同步使能信号
```

```
        begin
            if( ! load )   //当 load = 0 时,向寄存器内部加载数据
                Q1 < = data;
            else if( Q1 > =  4'd12 )//当大于或等于 12 时,进行反馈清零
                Q1 < = 4'b0000;
            else
                Q1 < = Q1 + 1;
        end
    end
    always@( Q1 )//进位输出,组合逻辑
        if( Q1 = = 4'd12 )      //当 Q1 计数达到 12 时,表明计满一个周期,输出进位标志
            cout = 1'b1;
        else   //否则,进位输出为 0
            cout = 1'b0;
endmodule
```

在例 7.28 计数器例子中,采用了异步重置、同步使能和加载数据的控制方法;利用 4 位寄存器 Q1 实现时钟 clk 的节拍计数,计数周期为 13 进制;当计满一个周期后,输出进位信号 cout。在模块的具体实现过程中,利用时钟边沿触发条件下的 always 块进行寄存器 Q1 计数处理,利用另一个电平敏感条件下的 always 块实现进位输出操作。两个 always 块并行执行,电平敏感 always 块按照组合逻辑设计方法实现进位控制。

对于图 7.1 所示的数据相加器中的串并转换电路,典型的可以采用移位寄存器实现。移位寄存器可以用来实现数据的串并转换,也可以构成移位计数器,进行计数、分频操作,还可以构成序列信号发生器、序列信号检测器等。它也是数字系统中应用非常广泛的时序逻辑部件之一。其逻辑结构如图 7.7 所示。

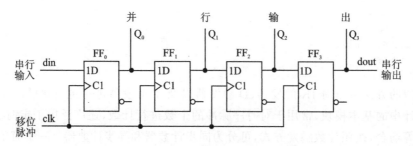

图 7.7 串并转换移位寄存器逻辑结构

基于此结构的 Verilog HDL 建模,如例 7.29 所示。

例 7.29:串并转换移位寄存器

```
module shifter(din, clk, clr, Q);
parameter N = 8;    //参数化位宽
input din, clk, clr;
output [N-1:0] Q;
reg [N-1:0] Q;
    always @(posedge clk)
    begin
        if(clr)    //清零
            Q < = 0;
        else
            begin
```

```
                Q <= Q<<1;//左移一位
                Q[0] <= din;//把输入信号放入寄存器的最低位
             end
      end
   endmodule
```

例 7.29 中利用寄存器向量 Q 进行数据存储,在时钟节拍下,将向量 Q 中的数据进行左移
(最高位 $Q[N-1]$ 被移出寄存器),并对串行信号 din 进行采样,将采样后的数据送往寄存器
向量 Q 的最低位 $Q[0]$ 进行存储,从而实现串行数据在多位移位寄存器中的移位操作。

在移位寄存器的基础上,可以添加反馈构成更加复杂的数字电路,比如可以通过反馈网络
构建伪随机码(小 m 序列)序列发生器。伪随机码是一种变化规律与随机码类似的二进制代
码,可以作为数字通信中的一个信号源,通过信道发送到接收机,用于检测数字通信系统错码
的概率,即误码率;还可以对正常通信信号进行伪随机码加绕,实现信号的加密,并使加绕后的
信号更加适合信道基带传输。

利用反馈型移位寄存器,可以方便地实现伪随机码生成,其反馈网络信号从移位寄存器的
部分输出端($Q[N-1] \sim Q[0]$)中进行抽取,并经过逻辑处理后的输出端反馈到移位寄存器的
串行输入端。通过不同的反馈网络,可以形成不同的移位寄存器控制逻辑。表 7.3 给出了 m
序列在不同触发器级数 N 下的反馈函数 F 的取值。例如:$N=4$ 时,反馈函数为 $F=Q_1
\oplus Q_0$。

表 7.3 不同级数 m 序列的反馈函数

N	F
1	0
2	1,0
3	1,0
4	1,0
5	2,0
6	1,0
7	1,0
8	4,3,2,0

下面以 $N=4$ 为例,构建带反馈网络的移位寄存器,为了消除由"0000"构成的死循环,可
以将反馈函数修改为 $F=Q_1 \oplus Q_0 + \overline{Q_3} \cdot \overline{Q_2} \cdot \overline{Q_1} \cdot \overline{Q_0}$。

例 7.30:反馈型移位寄存器(构建伪随机码)

```
module pseudorandom( clk, load_n, load_data, out);  //模块定义
input clk,load_n;  //输入信号,包含加载数据使能信号
input [3:0] load_data;
output out;
reg [3:0] Q;     //内部寄存器向量
wire F;    //反馈函数输出
    assign F = (Q[1]^Q[0]) | (~Q[3] & ~Q[2] & ~Q[1] & ~Q[0]);
    assign out = Q[3];          //输出信号为移位寄存器的最高位

    always @(posedge clk)
    begin
```

```
            if(~load_n)//加载使能
                Q <= load_data;
            else
                Q <= {Q[2:0], F};//移位操作
    end
endmodule
```

在前面介绍的加法器、数码管译码电路、具有串并转换功能的移位寄存器的基础上，可以实现图 7.1 所示的数据加法器的 Verilog HDL 功能设计。

例 7.31：图 7.1 所示数据相加器模块

```
module dada_adder( clk, in, group, display1, display2);  //模块定义
input clk,in;  //时钟,串行输入信号,
input group;  //8 位分组同步信号
output [6:0] display1, display2;  //数码管译码输出

wire [7:0] Q;      //内部移位寄存器向量
wire [4:0] sum;  //高 4 位和低 4 位相加和
wire [3:0] digital1;  //个位数码管输入编码
wire [3:0] digital2;  //十位数码管输入编码

reg [3:0] syn_digital1;  //同步后个位数码管输入编码
reg [3:0] syn_digital2;  //同步后十位数码管输入编码

    shifter deserialer( .din(in), .clk(clk), .Q(Q));  //调用移位寄存器

    fourbitadder adder(.S(sum[3:0]), .CO(sum[4]), .A(Q[3:0]), .B(Q[7:4]),
    .CI(1'b0));  //调用全加器
    //进制转换
    assign digital2 = sum / 5'd10;
    assign digital1 = sum % 5'd10;

    //同步数码管编码输出
    always @(posedge group)
    begin
        syn_digital1 <= digital1 ;
        syn_digital2 <= digital2 ;
    end
    //七段数码管译码
    sevendigital sevendigital1(.A(syn_digital1), .display(display1));
    sevendigital sevendigital2(.A(syn_digital2), .display(display2));

endmodule
```

在例 7.31 中，通过简单的算术运算符（除法运算符和模运算符）实现了不同进制之间的数值换算，并通过 always 块语句实现了七段数码管译码信号的同步输出，保证了 8 位信号经串并转换后的数据提取的正确性。

7.2.3　时序电路不同描述风格

在时序电路设计过程中，针对同一功能的模块进行设计，可以采用不同的描述风格。不同的描述风格体现了不同的设计层次（比如：行为模型或者结构模型），并且即使都在相同的抽象级别进行建模，也存在多样性的描述方法来实现模块功能。这些不同的描述风格可能会在模

块综合时带来不同的结构电路,并且可能具有不同的性能(比如:响应速度、时延性能)。

下面讨论一个具有异步清零功能的寄存器:当清零信号为 0 时,寄存器缓存数据置 0;当清零信号为 1 时,寄存器可以在时钟节拍的控制下对输入数据进行采样并缓存。例 7.32 中给出了两种典型的设计风格。

例 7.32:寄存器的不同描述风格

```
module REG1 ( clr, D, clk, Q );   //清零信号与时钟控制放在一个 always 块中实现
input clr, clk;   //输入清零信号和时钟
input [3:0] D;    //4 位寄存器
output [3:0] Q;
reg [3:0] Q;
    always @( posedge clk or negedge clr )      //异步清零时序控制
            Q <= ( ! clr )? 0 : D;
endmodule

module REG2 ( clr, D, clk, Q );   //清零信号与时钟控制放在两个 always 块中实现
input clr, clk;   //输入清零信号和时钟
input [3:0] D;    //4 位寄存器
output [3:0] Q;
reg [3:0] Q;
reg [3:0] Q1;   //内部变量
    always @( clr )   //纯组合控制
        if(! clr ) Q1 = 0;
        else Q1 = D;

    always @(posedge clk)   //时钟采样
        Q <= Q1;
endmodule
```

例 7.32 中,模块 REG1 采用一个 always 块实现了清零控制和时钟采样操作,模块 REG2 采用一个独立 always 块(纯组合逻辑)实现清零控制,在另一个由时钟边沿触发的 always 块中实现对内部定义的寄存器变量 Q1 的采样。对于寄存器这个简单的时序功能模块,将组合逻辑控制和时序逻辑控制分成两个独立的部分进行设计并没有体现代码的模块化和简单化;但对于复杂功能的模块设计,往往可以采用这种组合逻辑和时序逻辑分离的设计方法,有助于模块功能检查,并保持每个块语句的相对独立性和简单化。

对于时序逻辑设计,采用单独的 assign 语句同样可以生成带有锁存行为的模块逻辑。

例 7.33:锁存器的不同描述风格

```
module LATCH1 ( clr, D, clr, Q );   //采用 assign 实现锁存器
input clr, clk;   //输入清零信号和时钟
input [3:0] D;    //4 位锁存器
output [3:0] Q;
    assign  Q = ( ! clr )? 4'b0000 : (clk ? D : Q);   //嵌套条件赋值语句,注意 Q 的表述位置
endmodule

module LATCH2 ( clr, D, clk, Q );   //采用 always 语句实现锁存器
input clr, clk;   //输入清零信号和时钟
input [3:0] D;    //4 位锁存器
output [3:0] Q;
reg [3:0] Q;
    always@( D or clr )
```

```
        if( ! clr )
            Q = 0;   //清零操作
        else if( clk )
            Q = D;   //锁存操作
endmodule
```

例 7.33 给出了两种锁存器的实现模块。在模块 LATCH1 中采用 assign 语句实现,在模块 LATCH2 中利用 always 块实现,两个模块综合后的代码一致。

即使对于简单的移位功能,在 Verilog HDL 语法框架下也可以采用不同的运算符和赋值语句实现,这些实现方式从功能上看没有区别,但对于综合后的具体电路取决于综合器对这些操作运算符的理解和实现方式。

例 7.34:移位操作的不同描述风格

```
//采用位拼接实现移位
Q <= {Q[2:0], din};   // 位拼接操作

//采用移位运算符实现移位
Q <= Q<<1;   //左移一位
Q[0] <= din;   //把输入信号放入寄存器的最低位

//采用赋值操作实现移位
Q[3:1] <= Q[2:0];   //赋值操作
Q[0] <= din;   //把输入信号放入寄存器的最低位

//带清零控制的条件赋值语句
Q <= ( ! clr )? 0: {Q,din};   //带清零控制的条件赋值语句
```

对于计数器的设计,同样存在多种风格的描述方法,除了常规的寄存器累加操作之外,还可以利用查询的方法实现,如例 7.35 所示。

例 7.35:简单 7 位计数器的不同描述风格

```
module count1( clk, cnt);   //采用寄存器累加方式生成计数器
input clk;
output [2:0] cnt;   //计数值输出
reg [2:0] cnt;
    always@(posedge clk)
    begin
        if(cnt == 7)   //计满归零
            cnt <= 0;
        else
            cnt <= cnt + 1;   //寄存器累加
    end
endmodule

module count2( clk, cnt);   //采用查询方式实现计数器
input clk;
output [2:0] cnt;
reg [2:0] cnt;
reg [2:0] next_cnt;
    always@(cnt)   //产生下一计数值的组合逻辑
    begin
```

```
        case(cnt)    //分支查询
        3'h0: next_cnt = 3'h1;
        3'h1: next_cnt = 3'h2;
        3'h2: next_cnt = 3'h3;
        3'h3: next_cnt = 3'h4;
        3'h4: next_cnt = 3'h5;
        3'h5: next_cnt = 3'h6;
        3'h6: next_cnt = 3'h7;
        3'h7: next_cnt = 3'h0;
        default: next_cnt = 3'h0;
        endcase
    end
    always @(posedge clk)   //时钟节拍下进入下一个计数值
        cnt <= next_cnt;
endmodule
```

在例 7.35 中,模块 count1 采用常规的寄存器累加方法实现计数,通过判断寄存器是否计满,决定是否对寄存器进行归零或者继续加 1 操作。模块 count2 采用计数值查询的方法,利用 case 语句对计数的 7 个过程分别进行下一计数值的指定,利用时钟 clk 的边沿触发条件实现下一计数值的输出。模块 count1 和模块 count2 代码风格迥异,都实现了计数功能,但模块 2 代码在计数抗干扰能力方面比模块 1 要强,具体性能上的差别取决于综合器实现。

7.2.4　时序电路设计常见错误

1. 误用阻塞赋值代替非阻塞赋值

在 Verilog HDL 语法中,阻塞赋值和非阻塞赋值具有不同的赋值时序。所谓阻塞的概念是指在同一个 always 块中,其后面的赋值语句从概念上是在前一条赋值语句执行结束后再开始赋值的,因此阻塞赋值"="在自己赋值完成时刻前,不允许有其他赋值语句干扰和执行,非阻塞赋值"<="则允许其他赋值语句在当前赋值操作过程中同步进行。一般时序电路赋值操作需要在全局的时序节拍下同步进行,因此在描述时序逻辑的 always 块中常使用非阻塞赋值方式构建电路模块功能。采用阻塞赋值方式代替非阻塞方式进行时序电路设计,有可能带来设计上的失败,或者造成仿真器和综合器对电路行为理解的不一致。

例 7.36:移位寄存器阻塞赋值错误

```
module shifter ( clk, indata, outdata);   //模块定义
input clk;
input [7:0] indata;
output [7:0] outdata;
reg [7:0] outdata;
reg [7:0] q2,q1;             //内部寄存器变量
    always@(posedge clk)
    begin
        q1 = indata;
        q2 = q1;
        outdata = q2;
    end
endmodule
```

在例 7.36 中,试图构建一个 8 位的移位寄存器,但在 always 块中使用了阻塞赋值的方式。在 begin 和 end 构成的顺序快中,首先将 indata 的值赋值给 q1,然后将 q1 的值赋值给

q2,最后将 q2 的值赋值给 outdata,最终结果就是 q1、q2 和 outdata 都被赋值成 indata。因此上面的模块实际上被综合成只有一个寄存器的电路,而不是设计者想要的三级移位寄存器。例 7.36 综合后的逻辑结构图如图 7.8 所示。

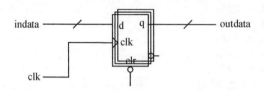

图 7.8   移位寄存器阻塞赋值错误逻辑结构图

要想在该模块中实现移位寄存器的功能,需要将 always 块中 q1、q2 和 outdata 的阻塞赋值语句改成非阻塞赋值语句即可实现所需功能。

2. 对同一变量进行多次赋值

在时序逻辑设计时,根据功能实现的相对独立性,可能会在一个顶层模块中设计多个 always 行为块。每个 always 块实现一个具体功能,但在这多个 always 块中,需要注意不能对同一变量进行重复赋值操作,因为当多个 always 块对同一变量进行多次赋值时会产生竞争和冒险现象。

例 7.37:对同一变量进行多次赋值错误

```
module badcode(q, d1, d2, clk, rst);  //模块定义
output q;
input d1,d2,clk,rst;
reg q;

    always@(posedge clk or negedge rst)
    if(! rst)  q <= 1'b0;
    else       q <= d1;

    always@(posedge clk or negedge rst)
    if(! rst)  q <= 1'b0;
    else       q <= d2;
endmodule
```

在例 7.37 中,出现两个 always 块对同一个变量 q 的赋值操作。由于这两个 always 块执行的顺序是并行的,q 的具体赋值情况体现出随机性,在仿真时会产生竞争和冒险现象。当利用综合工具进行代码综合时,同样会识别多次赋值操作的潜在不确定性。通过产生警告信息进行提示。如果忽略警告继续进行编译,那么就会综合成两个触发器的输出接入到一个两输入端的与门,其综合前仿真与综合后仿真结果就不一致,并且有可能这种综合结果也并不是设计者的原始意图。为了避免多次重复赋值错误,对于例 7.37,需要分析 q 的取值与输入变量 d1 和 d2 的关系,并放在一个 always 块中通过选择语句完成赋值操作。

例 7.38:正确赋值操作

```
module wellcode(q, d1, d2, clk, rst);  //模块定义
output q;
input d1,d2,clk,rst;
reg q;
```

```
        always@(posedge clk or negedge rst)
        if(! rst) q <= 1'b0;
        else
            begin
                if(condition1)
                    q <= d1;
                else if(condition2)
                    q <= d2;
                else
                    ⋮
            end
    endmodule
```

3. 控制信号异步/同步设计错误

在时序电路设计过程中,重置、置位、片选等控制信号是电路正常工作的关键。比如:重置信号可以防止电路功能"跑飞",通过重置信号将电路"拉"回到初始状态,实现电路功能的"归零"。对于组合逻辑电路,重置信号的意义在于防止不确定初始值的出现;对于时序逻辑电路,不完全的设计有可能会造成电路进入到设计者没有考虑的状态,造成时序逻辑失控。因此对于时序逻辑电路,在模块接口中保持重置等控制信号是设计的一个良好习惯,但不正确的控制信号的设计可能达不到设计者对电路控制的要求,甚至造成电路逻辑的混乱。

例 7.39:控制信号设计错误

```
module control( clk, rst, set, indata, outdata);  //模块定义
input clk,rst,set;
input  [3:0] indata;
output  [3:0] outdata;
reg[3:0] outdata;
    always@(posedgeclk or negedge rst or negedge set)  //rst 和 set 都是下降沿触发
    begin
        if(rst)  //重置信号高电平有效
            outdata <= 4'b0000;
        else if(! set)  //置位信号低电平有效
            outdata <= 4'b1111;
        else
            outdata <= indata;
    end
endmodule
```

在例 7.39 中,设计者希望实现重置信号 rst 和置位信号 set 的异步控制,在 always 块的事件列表中也对 rst 和 set 的下降沿触发条件进行了描述;但在条件选择语句的实现过程中,对重置信号 rst 采用逻辑高电平判定,对置位信号 set 采用逻辑低电平判定。这样就会造成 rst 信号的触发条件和判定条件相悖:对于 rst 信号触发事件为下降沿触发,当 rst 从高电平变为低电平时,always 块进行事件响应,但相对应的使能判定条件为高电平有效,就会造成 rst 信号判定失败。根据例 7.36 的逻辑,电路会继续执行 indata 对 outdata 的赋值操作。如果 rst 信号后续又变回高电平(大于 clk 的一个周期),那么在紧接着的下一轮的 clk 上升沿触发条件下,通过判定 rst 信号为逻辑高电平,才能执行模块的真正重置操作。因此对于例 7.36 中的重置信号 rst,需要仔细分析其信号的有效条件,才能设计出正确的控制信号逻辑。

7.2.5　典型时序电路设计实例

本小节给出一些典型时序电路的设计实例。

例 7.40：带异步高电平有效的置位/重置端的 D 触发器

```verilog
module dff( q, qb, data, clk, set, rst);   // 模块定义
input data, clk, set, rst;
output q, qb;
reg q, qb;
    always @(posedge clk or posedge set or posedge rst)
    begin
        if( rst )   //重置操作
            begin
                q <= 0;
                qb <= 1;
            end
        else if ( set )   //置位操作
            begin
                q <= 1;
                qb <= 0;
            end
        else
            begin
                q <= data;
                qb <= ~data;
            end
    end
endmodule
```

例 7.41：带置位和重置的锁存器

```verilog
module latch( q, data, clk, set, rst);   //模块定义
input data, clk, set, rst;
output q;
assign q = rst? 0 : (set ? 1 : (clk? data: q));
endmodule
```

例 7.42：带级联的 8 位计数器

```verilog
module counter( out, cout, data, load, cin, clk);   //模块定义
input clk, cin, load;   //cin 上一级进位输入,load 加载数据信号
input [7:0] data;
output cout;
output [7:0] out;
reg [7:0] out;
//计数功能块
    always@( posedge clk)
    begin
        if( load )   //加载初始数据
            out <= data;
        else
            out <= out + cin;   //计数器自加(前提是前一级已计满,有进位信号)
```

```
        end
        //进位信号生成,只有当out[7:0]所有位都为1,并且上一级进位cin也为1时,才能产生进位cout
        assign cout = (& out) & cin;
    endmodule
```

习　　题

1. 用 always 块语句如何编写纯组合逻辑电路？在哪些情况下会生成意想不到的锁存器？

2. 思考能否采用 $display 系统任务显示非阻塞赋值的变量值,简单归纳 $display 和 $strobe 各自的使用场合和规则。

3. 简述为什么不能在一个模块中的多个过程块里对同一变量进行多次赋值操作,如果设计逻辑需要多次赋值,如何在一个模块中进行逻辑实现。

4. 针对表 7.4 所列的门级结构设计的二选一多路选择器,设计其测试代码,并分析仿真结果。bufif1 和 bufif0 两个逻辑门的延迟参数一致。

表 7.4　题 4 的表

延　迟	最小值/ns	最大值/ns	典型值/ns	
上升延迟	2	4	3	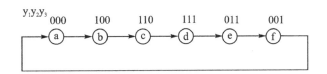
下降延迟	5	7	6	
关断延迟	4	6	5	

5. 设计一个 8 位的减法器,包含 3 个输入:被减数 A(8 位)、减数 B(8 位)、前一级借位符 C(1 位),2 个输出:差 X(8 位)、借位 Y(1 位),采用两种不同的设计方法进行实现,并给出仿真结果。

6. 设计一个 3 bit 约翰逊计数器,实现时钟个数的计数功能。约翰逊计数器基本工作方式:对于两个连续的状态,它们的状态码只有 1 bit 会发生变化,同时存在循环对称特征,其状态转移图如图 7.9 所示。

```
y₁y₂y₃
        000      100      110      111      011      001
       ( a )→( b )→( c )→( d )→( e )→( f )
```

图 7.9　题 6 的图

7. 设计一个计数器,可以对并行输入的 8 位数据字中的"1"的个数进行计数输出,给出相关测试代码,并对 8 位数据字值范围内的所有情况进行仿真验证。

8. 基于题 7 的设计比较,同样设计一个计数器,可以对并行输入的 8 位数据字中的"1"的个数进行计数输出,但需要在时钟节拍下完成计数,同时保证计数个数从 0 依次增长到最大值,当输入的 8 位数据字的采样周期中"1"的计数没能增长到最大值就更新到新的数据字(如

图 7.10 中第二个数据字 8'h4F),则计数器对更新后的数据字中"1"的个数重新进行计数,如图 7.10 所示。

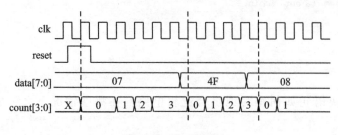

图 7.10　题 8 的图

9. 设计一个异步时序逻辑,输入为 A,输出为 B 和 C,输入信号与输出信号的时序如图 7.11 所示。设计该电路,并编写相关测试代码进行验证。

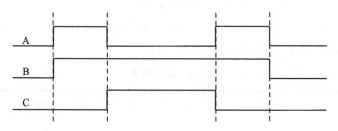

图 7.11　题 9 的图

第 **8** 章

有限状态机及设计

现代复杂数字逻辑系统一般是用于某应用领域而完成特定功能。例如,2K/3K 视频图像显示系统是针对不同显示屏分辨率而设计;微弱信号采集系统的应用对象可以是植入式脑机交互(IBCI)系统,信息安全系统的设计可以采用特定加解密算法(如 DES、AES 等),北斗/GPS/伽利略等导航系统中的多模式兼容,图像编解码系统基于某种编解码标准(MPEG、JPEG 或 H.264)。在这些复杂的数字电路系统中,系统结构不仅包含某一特定算法(或理论),而且每种系统为实现高性能、高可靠性等实时操作的功能,对系统结构的控制是必不可少的,也就是绝大部分复杂数字系统必须具备系统控制单元。尽管实际应用中基于微处理器和可编程器件的软件化设计被广为应用,但是,如果系统对消耗的资源和系统运行速度有较高要求,软件实现则不能胜任。如果这些复杂算法采用硬件完成其功能,则通常包含完成此算法的数据计算流和状态控制机两个部分。状态控制能够实现复杂的逻辑功能,并可以通过硬件逻辑单元物理实现。状态机按照设计结构的条件要求可以完成各种复杂的逻辑控制任务。

状态控制与数据路径问题是复杂数字系统实现的两大关键,复杂数字系统性能的优劣也在很大程度上受控于上述问题的解决。为更好设计、实现复杂系统,本书介绍基础核心问题——状态控制。本章重点讲述状态控制问题,即:基于高级硬件描述语言所构成的状态机及其实现和优化。讨论内容包括状态机基本概念、状态机分类、状态机结构、状态机编码和优化设计等。通过使用 Verilog 硬件描述语言来编写状态机结构,可以更好地实现所要求的复杂逻辑功能,且功能验证简单明确,这对于有限状态机的物理实现起到了极大的推动作用。数据路径的介绍请参考《FPGA/ASIC 高性能数字系统设计》。

8.1 状态机基础

8.1.1 基本概念

有限状态机(Finite State Machine)是表示实现有限个离散状态及其状态之间的转移等行为动作的数学模型,又称为有限状态自动机或简称状态机。状态机主要有状态和转移两方面功能。状态具体包含下列内容:

- 状态名称:将一个状态与其他状态区分开来的文本字符串;状态也可能是匿名的,这表示它没有名称。
- 进入/退出操作:在进入和退出状态时所执行的操作。
- 内部转移:在保持原状态的情况下进行的状态转移。
- 子状态:状态的嵌套结构,包括不相连的(依次处于活动状态的)或并行的(同时处于活动状态的)子状态。
- 延迟事件:未在该状态中处理但被延迟处理(即列队等待由另一个状态中的对象来处

理)的一系列事件。

转移是两个状态之间的关系,它表示当发生指定事件并且满足指定条件时,第一个状态中的对象将执行某些操作并进入第二个状态。当发生这种状态变更时,即"触发"了转移。在触发转移之前,可认为对象处于"源"状态;在触发转移之后,可认为对象处于"目标"状态。转移包含以下内容:

- 原始状态:状态机原始保持的状态,转移会对其产生影响。如果对象处于源状态,当对象收到转移的触发事件并且满足警戒条件(如果有)时,就可能会触发输出转移。
- 转移条件:使转移满足触发条件的事件。当处于源状态的对象收到该事件时(假设已满足其警戒条件),就可能会触发转移。
- 警戒条件:一种布尔表达式。在接收到事件触发器而触发转移时,将对该表达式求值,如果该表达式求值结果为"真",则说明转移符合触发条件;如果该表达式求值结果为"假",则不触发转移。如果没有其他转移可以由同一事件来触发,则该事件被丢弃。
- 转移操作:可执行的、不可分割的计算过程,该计算可能直接作用于拥有状态机的对象,也可能间接作用于该对象可见的其他对象。
- 目标状态:在完成转移后被激活的状态。

状态机由状态组成,各状态由转移连接在一起。状态是对象执行某项活动或等待某个事件时的条件。转移是两个状态之间的关系,它由某个事件触发,然后执行特定的操作或评估并导致特定的结束状态。图 8.1 描绘了状态机的转移图及其各种信号动作。状态主要包含状态名称、状态编码,状态变更(转移)主要有状态等待、状态转移和转移方向;其中状态转移又包含转移条件(触发事件)和输出信号(执行动作)。

通过图 8.2 描述两状态有限状态机,也可以通过状态转换表来描述。表 8.1 展示了最常见的状态转换表:当前状态(A/B)和转移条件(0 或 1)的组合指示出下一个状态。完整的动作信息可以只使用脚注来增加。包括完整动作信息的 FSM 定义可以使用状态表。

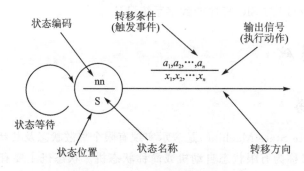

图 8.1　状态转移概念图

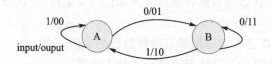

图 8.2　两状态的有限状态机

表 8.1　状态转换表

转移条件(输入) ＼ 当前状态/输出	状态 A	状态 B
1	A / 00	A /10
0	B / 01	B / 11

8.1.2　状态机分类

有限状态机(FSM)分为两类:摩尔型(Moore) 和米勒型(Mealy)。输出仅仅与当前状态有关的状态机被定义为摩尔型状态机,如图 8.3 所示。输出不仅与当前状态有关还与输入有关的状态机被定义为米勒型状态机,如图 8.4 所示。状态机的组成要素有输入(包括复位)、状态(包括当前状态的操作)、状态转移条件、状态的输出逻辑。

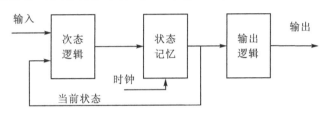

图 8.3　摩尔型状态机

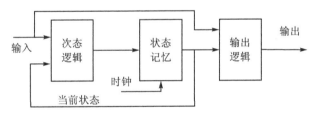

图 8.4　米勒型状态机

有限状态机包含以下三个状态:

① 次态逻辑:负责状态机逻辑状态转移,是组合电路。其输入包含当前状态和外部输入信号。

② 状态记忆:储存当前的逻辑状态,是寄存器时序逻辑。次态逻辑状态的输出是它的输入信号。

③ 输出逻辑:负责逻辑输出的电路部分,摩尔机仅仅与当前状态有关,米勒机与当前状态和输入信号都有关。

输出缓存器端对输出结果再做一次寄存,避免毛刺(glitch)产生,有利于时序收敛,也能保证输入延迟是一个可预测的量。

摩尔机通过组合逻辑链把当前状态编码转化为输出,且摩尔机的状态只在全局时钟信号改变时改变。当前状态存储在状态触发器中,而全局时钟信号连接到触发器的"时钟"输入上,设计时必须考虑状态机的时序问题,尽量避免亚稳态或冒险等现象的出现。当前状态一旦改变,这种改变通过组合逻辑链传播到逻辑输出。可以确保当变化沿着状态链传播时在输出上避免毛刺的出现,但是设计出的大多数系统都忽略在短暂的转移时间的毛刺。输出接着等待同样表现为不确定,直到摩尔机再次改变状态。摩尔有限状态机在时钟脉冲的有效边沿后的有限个门延迟后,输出达到稳定值。即使在一个时钟周期内输入信号发生变化,输出也会在一个完整的时钟周期内保持稳定值而不变。输入对输出的影响要到下一个时钟周期才能反映出来。摩尔有限状态机最重要的特点就是将输入与输出信号隔离。摩尔机的特点是输出稳定,输入信号不能传播到输出,能有效滤除冒险。状态控制设计中如无特殊功能要求,摩尔机是设计首选。

　　摩尔状态机状态转移的例子如图 8.5 所示,A、B、C 和 D 表示各逻辑状态,每个边都标记着状态输入或转移条件。

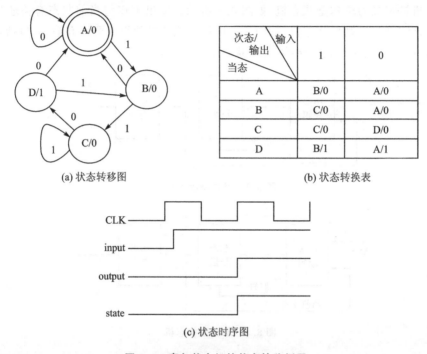

(a) 状态转移图　　　　　　　　　　(b) 状态转换表

(c) 状态时序图

图 8.5　摩尔状态机的状态转移例子

　　米勒机是基于它的当前状态和输入而生成输出的有限状态自动机(也称为有限状态变换器)。这意味着它的状态图将在每个转移边包括输入和输出二者。与输出只依赖于当前状态的摩尔有限状态机不同,它的输出与当前状态和输入都有关。但是对于每个米勒机都有一个等价的摩尔机,该等价的摩尔机的状态数量上限是所对应米勒机状态数量和输出数量的乘积加 1。由于米勒有限状态机的输出直接受输入信号的当前值影响,而输入信号可能在一个时钟周期内任意时刻变化,这使得米勒有限状态机对输入的响应发生在当前时钟周期,比摩尔状态机对输入信号的响应要早一个周期。因此,输入信号的噪声可能影响输出的信号,米勒机输出具有冒险现象且不能滤除。硬件逻辑实现米勒机时,不同输入信号有不同的传播延迟。对比图 8.5(c) 和 8.6(c) 的时序关系可以发现,米勒机比摩尔机的输出早一个时钟周期,这在考虑吞吐率技术指标时具有一定的优势。

米勒状态机状态转移的例子如图 8.6 所示，A、B 和 C 是状态。

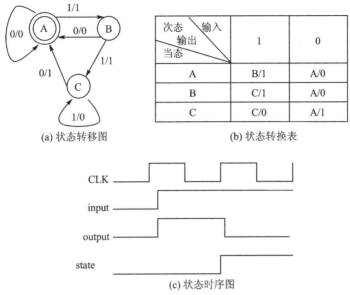

(a) 状态转移图　　　　　　　　　　(b) 状态转换表

(c) 状态时序图

图 8.6　米勒状态机的状态转移例子

基于上述米勒和摩尔两种状态机的设计思想，设计如图 8.7 所示的状态机。

组合逻辑单元连接输入信号并生成状态信号 S0 和 S1 以及输出信号 Q0 和 Q1。两个 D 类触发器实现了状态机的延迟功能，以便维持状态机的当前状态，直到时钟信号提供的同步状态信号到来才生成新的状态，得到状态输出和时序电路实现状态机的功能。为了清晰描述状态机的各个状态以及它们的相互关系，依据图 8.7 的状态转移图构建状态机结构图，如图 8.8 所示。由状态转移图可编写出状态转换表，见表 8.2。

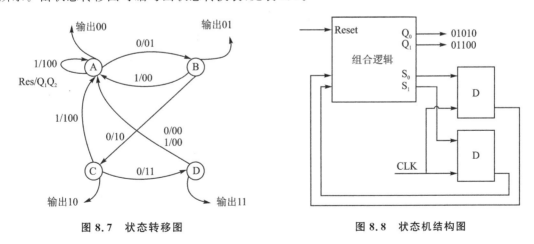

图 8.7　状态转移图　　　　　　　　　　　图 8.8　状态机结构图

基于状态转移图(见图 8.7)和状态转换表(见表 8.2)可以编写米勒状态机的 Verilog 源代码。

表 8.2　状态转换表

输　入 当前状态	Reset 0	Reset 1
a	b/01	a/00
b	c/10	a/00
c	d/11	a/00
d	a/00	a/00

例 8.1： 米勒机的源代码

```
module mealy(indata,outdata,clk,reset);
input indata,clk,reset;
output[1:0] outdata;
reg[1:0] outdata;
reg[1:0] pre_state,next_state;
parameter a = 2'b00,b = 2'b01,c = 2'b10,d = 2'b11;

always@(posedge clk or posedge reset)
  begin
    if(reset = = 1)
        pre_state< = a;
    else
        pre_state< = next_state;
  end

always@(pre_state or indata)
  begin
    case(pre_state)
      a:begin
          if(indata = = 1)
              next_state = a;
          else
              next_state = b;
        end
      b:begin
          if(indata = = 1)
              next_state = a;
          else
              next_state = c;
        end
      c:begin
          if(indata = = 1)
              next_state = a;
          else
              next_state = d;
        end
      d:begin
          next_state = a;
        end
      default:    next_state = a;
```

```
        endcase
    end

  always@(pre_state or indata)
    begin
      case(pre_state)
        a:begin
            if(indata = = 1)
                outdata< = 2'b00;
            else
                outdata< = 2'b01;
          end
        b:begin

            if(indata = = 1)
                outdata< = 2'b00;
            else
                outdata< = 2'b10;
          end
        c:begin
            if(indata = = 1)
                outdata< = 2'b00;
            else
                outdata< = 2'b11;
          end
        d:begin
            outdata< = 2'b00;
          end
      endcase
    end
endmodule
```

图 8.9 是上述米勒机的逻辑仿真结果,仿真结果表明输出依赖于输入和逻辑状态。其综合结果如图 8.10 所示。

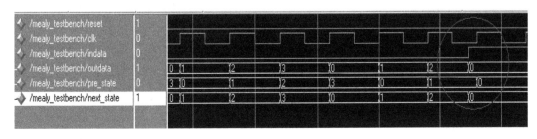

图 8.9　米勒机的逻辑仿真结果

例 8.2：摩尔机的源代码

```
module moore(indata,outdata,clk,reset);
input indata,clk,reset;
output[1:0] outdata;
reg[1:0] outdata;
```

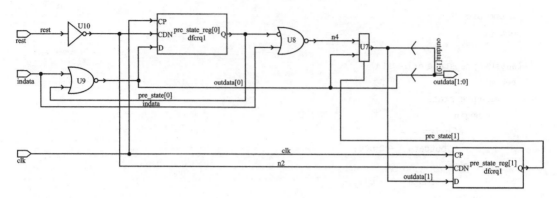

图 8.10   米勒机的综合结果

```
reg[1:0] pre_state,next_state;

parameter a = 2'b00,b = 2'b01,c = 2'b10,d = 2'b11;

always@(posedge clk or posedge reset)
  begin
    if(reset = = 1)
      pre_state< = a;
    else
      pre_state< = next_state;
  end

always@(pre_state or indata)
  begin
    case(pre_state)
      a:begin
          if(indata = = 1)
              next_state = a;
          else
              next_state = b;
      end
      b:begin
          if(indata = = 1)
              next_state = a;
          else
              next_state = c;
      end
      c:begin
          if(indata = = 1)
              next_state = a;
          else
              next_state = d;
      end
      d:begin
          next_state = a;
      end
      default:  next_state = a;
    endcase
```

```
    end

  always@(pre_state)
    begin
      case(pre_state)
        a:    outdata < = 2'b00;
        b:    outdata < = 2'b01;
        c:    outdata < = 2'b10;
        d:    outdata < = 2'b11;
      endcase
  end

  endmodule
```

摩尔机的逻辑仿真结果如图 8.11 所示,摩尔机的综合结果如图 8.12 所示。

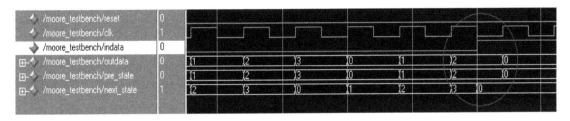

图 8.11　摩尔机的逻辑仿真结果

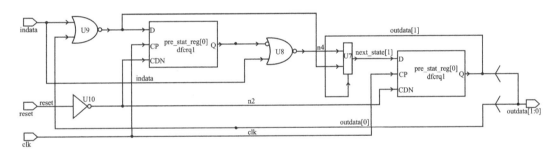

图 8.12　摩尔机的综合结果

　　对比两种状态机,在逻辑输出部分米勒机需要输入作为敏感信号,观察其仿真结果可以发现,米勒机的仿真结果与输入信号有关;而摩尔机不需要输入作为敏感信号,其结果与输入无关,参考仿真结果图 8.9 和图 8.11。两个综合的结果也证明其电路结构与预期结果吻合,参考逻辑综合图 8.10 和图 8.12。当米勒状态机增加额外的状态时可以转化成摩尔机,其优势是降低逻辑的复杂度,避免输出信号可能产生的毛刺等。由于输出信号仅仅与当前状态有关而与输入无关,实现时可能会带来额外状态的消耗。如果状态机的逻辑过于复杂,它可能是太烦琐而不能硬性转化成摩尔机设计。

8.2　状态机设计

8.2.1　状态机描述方法

　　现在数字逻辑电路已经采用硬件描述语言(HDL)来完成各种电路逻辑功能,状态机的设计也不例外。有限状态机在处理复杂数字系统逻辑时克服了纯硬件数字电路顺序方式控制不灵活的缺点,实现了硬件数字电路处理复杂系统逻辑功能。

采用硬件描述语言完成状态机的设计,其状态机描述时关键是状态机的结构表示。基于 Verilog HDL 语言的具体描述方法有多种形式,最常见的有如下三种描述形式。

1. 一段式(one-always)

在使用 Verilog HDL 语言时,整个状态机编码在一个过程块(always)里完成,在该过程块中描述次态逻辑(状态转移)、状态记忆和状态逻辑输出三部分结构。采用一个过程块的编程方法可以通过寄存器完成逻辑输出而不易产生毛刺。然而,一段式编程的缺点是:全体语句集中在一起不易理解其状态机的物理结构,不利于修改和完善,代码冗长不易于维护;状态记忆和逻辑输出都由寄存器实现,因此消耗面积资源较大,不能实现异步米勒状态机;case 语句中对输出向量的赋值应是下一个状态输出而易出错;由于使用非阻塞赋值描述逻辑输出,需要提前一个时钟判断输出。

例 8.3 对图 8.13 所示状态机采用一段式方法实现。

例 8.3：一段式状态机代码描述

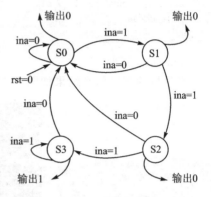

图 8.13　状态转移图

```
module fsm(clk, rst, ina,out);
input clk,rst, ina;
output out;
reg out;
parameter s0 = 3'b00,s1 = 3'b01,s2 = 3'b10,s3 = 3'b11;
reg[0:1] state;

always @(posedge clk or negedge rst)
    if(! rst)
    begin
        state< = s0;
        out = 0;
        end
    else
    begin
    case(state)
        s0:begin
            state< = (ina)? s1;s0;out = 0;
        end
        s1:begin
            state< = (ina)? s2;s0;out = 0;
        end
        s2:begin
            state< = (ina)? s3;s0;out = 0;
        end
        s3:begin
            state< = (ina)? s3;s0;out = 1;
        end
    endcase
    end
endmodule
```

图 8.14 是一段式逻辑综合结果,有关逻辑综合内容请阅读第 9 章。

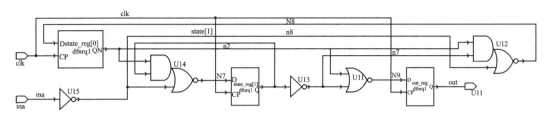

图 8.14　一段式逻辑综合 RTL 级电路结构

2. 二段式(two-always)

第二种状态机的编码方法是用两个 always 过程块来描述状态机,其中一个过程块采用时序逻辑描述状态转移;另一个模块采用组合逻辑完成状态转移及输出;两个过程块描述方法与其他方法相比具有面积和时序的优势,但由于输出是当前状态的组合函数,存在一些问题:

① 组合逻辑输出会产生输出毛刺(glitch),如果输出作为一种控制或使能信号,输出毛刺会带来致命的错误。

② 由于状态机的输出向量必须由状态向量译码,增加了状态向量到输出的延迟。

③ 由于组合逻辑输出占用了部分时钟周期,即增加了它驱动下一个模块的输入延迟,因此不利于系统的综合优化。

下面采用二段式形式实现图 8.13 的功能。如果采用两个 always 块来描述,程序的模块声明、端口定义和信号类型部分不变,只是改动逻辑功能描述部分,改动部分的程序如下。

例 8.4:二段式状态机代码描述

```
module fsm_2(clk,rst,ina,out);
input clk,rst,ina;
output out;
reg out;
parameter s0 = 2'b00,s1 = 2'b01,s2 = 2'b10,s3 = 2'b11;
reg[1:0] state,next_state;

always @(posedge clk or negedge rst)          //次态逻辑,时序电路
  if (! rst)
     state<= s0;
   else
     state<= next_state;

always @(state or ina)                        //状态转移和逻辑输出,组合电路
    begin
    next_state<= s0;
    case(state)
     s0:begin
         if (ina == 1)
             next_state <= s1;
         else
             next_state <= s0;
```

```
                out = 0;
              end
          s1:begin
            if (ina = = 1)
                  next_state < = s2;
              else
                  next_state < = s0;
            out = 0;
          end
          s2:begin
            if (ina = = 1)
                  next_state < = s3;
              else
                  next_state < = s0;
            out = 0;

          end
          s3:begin
            if (ina = = 1)
                  next_state < = s3;
              else
                  next_state < = s0;
            out = 1;
          end
      endcase
endmodule
```

　　二段式逻辑综合的结果如图 8.15 所示,结构比一段式有所改进,但输出由组合逻辑门完成,存在输出可能含有毛刺等问题。

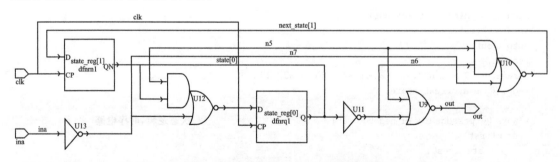

图 8.15　二段式逻辑综合 RTL 级电路结构

　　二段式通过两个 always 块描述次态逻辑、状态记忆和逻辑输出三部分。除例 8.4 二段式的编码方式外,二段式编码还可以采用"次态逻辑+状态记忆"放在一个过程块,而逻辑输出放在另一个过程块的方法。

　　例 8.5: 次态逻辑+状态记忆

```
always@(posedge clk or negedge rst_n)
  if (~rst_n)
      curr_state < = IDLE;
  else  begin
      case (curr_state)
```

```
        IDLE     : if (w_i) curr_state <= S0;
                   else     curr_state <= IDLE;
        S0       : if (w_i) curr_state <= S1;
                   else     curr_state <= IDLE;
        S1       : if (w_i) curr_state <= S1;
                   else     curr_state <= IDLE;
        default :           curr_state <= IDLE;
        endcase
end

always@( * )
case (curr_state)
    IDLE     : z_o = 1'b0;
    S0       : z_o = 1'b0;
    S1       : z_o = 1'b1;
    default : z_o = 1'b0;
endcase
```

二段式的第三种编码方法是"状态记忆＋逻辑输出"放在一个过程块,次态逻辑转移独立放在另一个过程块中。尽管这种方法可以实现状态机的功能,但由于其编码的顺序与电路的结构顺序不符,容易导致逻辑功能的混乱。因此,在实际设计中不建议使用!

例 8.6: 状态记忆＋逻辑输出

```
// state reg + output logic
always@(posedge clk or negedge rst_n)
    if (~rst_n){curr_state, z_o} <= {IDLE, 1'b0};
    else begin
        curr_state <= next_state;
        case (next_state)
            IDLE     : z_o <= 1'b0;
            S0       : z_o <= 1'b0;
            S1       : z_o <= 1'b1;
            default : z_o <= 1'b0;
        endcase
    end

// next state logic
always@( * )
case (curr_state)
    IDLE     : if (w_i) next_state = S0;
    else     next_state = IDLE;
    S0       : if (w_i) next_state = S1;
    else     next_state = IDLE;
    S1       : if (w_i) next_state = S1;
    else     next_state = IDLE;
    default :           next_state = IDLE;
endcase
```

3. 三段式(three-always)

为了改进两个过程块描述的问题,使用时序逻辑来描述输出向量。三个过程块描述方法可以消除前面出现的一些问题。其中,一个过程块采用同步时序描述状态转移;一个过程块采用组合逻辑判断状态转移条件,描述状态转移规律;第三个过程块描述状态的输出(既可以使用组合电路输出,也可以使用时序电路输出)。此方法与一段式比较,具有可读性强、面积较小的特点。与二段式比较，面积稍大但无毛刺，有利于综合。例 8.7 采用三段式形式实现图 8.13 的功能。

例 8.7：三段式状态机代码描述

```verilog
module fsm_3(clk,rst,ina,out);
inputclk,rst,ina;
output out;
reg out;
parameter s0 = 2'b00,s1 = 2'b01,s2 = 2'b10,s3 = 2'b11;

reg[1:0] state,next_state;

    always @(posedge clk or negedge rst)      //状态记忆
      if(! rst)
          state< = s0;
        else
          state< = next_state;

    always @(state or ina)                    //状态转移
        begin
        next_state = s0;
        case(state)
            s0:begin

                if (ina = = 1)
                next_state = s1;
                else
                next_state = s0;
            end
            s1:begin
                if (ina = = 1)
                next_state = s2;
                else
                next_state = s0;
            end
            s2:begin
                if (ina = = 1)
                next_state = s3;
                else
                next_state = s0;
            end
            s3:begin
                if (ina = = 1)
                next_state = s3;
                else
                next_state = s0;
            end
        default :
            next_state = s0;

        endcase
        end
```

```
always @(posedge clk or negedge rst)   //逻辑输出
        if (! rst)
            out < = 0;
        else
        begin
            out < = 0;
        case(state)
            s0: out < = 0;
            s1: out < = 0;
            s2: out < = 0;
            s3: out < = 1;
        endcase // case(state)
        end // else: ! if(! rst)
```

endmodule

图 8.16 是三段式结构的仿真结果,其逻辑综合 RTL 级电路结构如图 8.17 所示。由二段式三种描述方法的综合结果可知,二段式与三段式的综合后逻辑结构不相同,前者输出是组合逻辑电路,后者输出则是时序逻辑输出,两者逻辑电路的使用量相当。一段式综合的电路结果,比后两种方法复杂且状态机逻辑结构较难理解,消耗的逻辑资源更多。

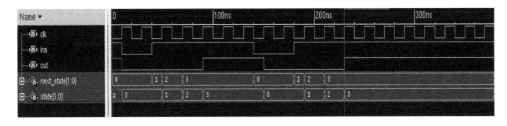

图 8.16　三段式结构的仿真结果

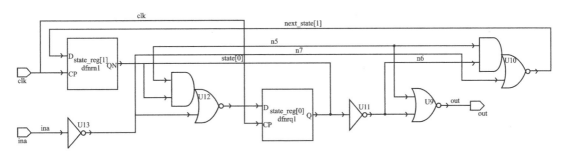

图 8.17　三段式逻辑综合 RTL 级电路结构

再举一个位识别器实例来说明状态机分段编写的方法。状态转移图如图 8.18 所示,当输入为 1100 时,结果为 1,否则为 0。

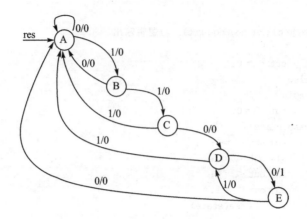

图 8.18   位识别器状态转移图

例 8.8： 位识别器

位识别器可采用以下三种方法实现。

方法 1： 一段式结构描述法。

```
module fsm1(out_com, input, clk,rst);
input   clk;
input   rst;
input   input;
output  out_com;

parameter  a = 3'b000,
           b = 3'b001,
           c = 3'b010,
           d = 3'b011,
           e = 3'b100;

reg [2:0] state;
reg  out_com;


always@(posedge clk, negedge rst)
  if(! rst) begin
    state <= a;
    out_com <= 1'b0;
  end
  else begin
    out_com <= 1'b0;

    case(state)
      a : if(input) state <= b;
          else state <= a;
      b : if (input) state <= c;
          else state <= a;
      c : if(input) state <= a;
          else state <= d;
      d : if(input) state <= a;
          else state <= e;
```

```
        e : begin
            out_com <= 1'b1;

            if(input) state <= d;
            else state <= a;
          end
        default : state <= a;
        endcase
    end
endmodule
```

上述一段式编码完全依照逻辑关系实现的代码描述,因此看不出有限状态机的系统结构,电路综合依赖于综合器来合成电路架构。这种方法的缺点是:

① 程序冗长。将状态译码逻辑与输出逻辑全部混在一起,日后较难维护,好的 Verilog HDL 应该是每个 always 模块都很精简以便于理解和更新。

② 无法反映出电路架构。Verilog HDL 是个硬件描述语言,而不是单纯的高级程序语言,一段好的 HDL 代码要能充分地反映出电路架构,除了增加程序的可读性外,也能帮助综合工具综合以便综合结果更优化。

由于综合工具在综合设计时很难有效平衡电路设计中的速度、功耗、面积、时滞及时序等多重因素,因此,完全依赖于综合工具进行电路综合很难得到高效的电路结构。

方法 2:二段式结构描述法。分开编写组合电路与时序电路,将组合电路放在一个过程块中,时序电路放在另一个过程块中。

```
module fsm2(
  input  clk,
  input  rst,
  input  input,
  output out_com
);

parameter  a = 3'b000,
           b = 3'b001,
           c = 3'b010,
           d = 3'b011,
           e = 3'b100;

reg [2:0] state, next_state;
reg       out_com;


// sequential circuit
always@(posedge clk, negedge rst) begin
  if(! rst) begin
    state <= a;
    out_com <= 1'b0;
  end
  else
    state <= next_state;

end
```

```
// combinational circuit

always@( * ) begin
    out_com = 1'b0;

case (state)
        a : if (input) state <= b;
            else state <= a;
        b : if (input) state <= c;
            else state <= a;
        c : if (input) state <= a;
            else state <= d;
        d : if (input) state <= a;
            else state <= e;
        e : begin
            out_com <= 1'b1;

            if (input) state <= d;
            else state <= a;
          end
        default : state <= a;
        endcase
end

endmodule
```

在上述代码中,state 是时序电路所用的寄存器,next_state 是组合电路所用的寄存器。在时序电路中做到精简易懂,不附带任何逻辑。将状态译码逻辑(次态逻辑)与输出逻辑这两个组合电路写在一个过程块内。比起一段式写法,二段式写法已经将时序电路与组合电路分开,并且具有较好的可读性,更有利于综合工具的综合与优化,也接近 FSM 系统逻辑架构。不过由于仍将状态记忆逻辑与输出逻辑写在一起,逻辑输出的 case 判断需要次态信号作敏感信号,较易出错;同时,若采用较复杂的算法,组合逻辑的过程块部分仍会很庞大。

方法 3:三段式结构描述法。将组合电路的状态译码逻辑与输出逻辑也分成两个 always 块,再加上状态寄存的时序电路 always 块,一共有三个 always 块,也就是所说的三段式结构。

```
module fsm_3(
    input   clk,
    input   rst_n,
    input   input,
    output out_com
);

parameter  a = 3'b000,
           b = 3'b001,
           c = 3'b010,
           d = 3'b011,
           e = 3'b100;

reg [2:0]  state, next_state;
reg        out_com;
```

```verilog
// sequential circuit 状态寄存
always@(posedge clk, negedge rst) begin
  if(! rst) begin
    state <= a;
    out_com <= 1'b0;
  end
  else begin
    state <= next_state;
  end
end
```

```verilog
// combinational circuit for state logic 状态转移/条件判断
always@(*) begin
  next_state = a;

  case (state)
      a : if (input) state <= b;
          else state <= a;
      b : if (input) state <= c;
          else state <= a;
      c : if (input) state <= a;
          else state <= d;
      d : if (input) state <= a;
          else state <= e;
      e : begin
          out_com <= 1'b1;
          if (input) state <= d;
          else state <= a;
          end
      default : state <= a;
      endcase
end
```

```verilog
//时序逻辑序列状态输出
always@(posedge clk or state)
begin
  if(state == e)
    out_com <= 1'b1;
  else
    out_com <= 1'b0;
end

endmodule
```

对于输出逻辑部分的组合电路,由于从状态译码逻辑部分独立出来,也相当精简。比起二段式结构法,三段式写法将状态译码逻辑与输出逻辑再分开,这种写法更贴近原来的 FSM 系统架构图,更适合实现复杂的算法。关于两过程块结构和三过程块结构的优劣,下面将进一步讨论。

状态机采用 Verilog HDL 语言编码,建议使用三段式完成。

三段式建模描述 FSM 的逻辑输出时,只需指定 case 敏感表为次态寄存器,然后直接在每个次态的 case 分支中描述该状态的输出即可,不用考虑状态转移条件。如果三段式描述方法中使用时序逻辑电路输出,会使 FSM 做到同步寄存器输出,消除组合逻辑输出不稳定及毛刺的隐患,而且更利于时序路径分组。一般来说,在 FPGA/CPLD 等可编程逻辑器件上综合与布局布线,效果更佳。通过下面的例子进一步说明。

例 8.9:状态机编码说明

```
//第一个过程块,同步时序 always 模块,格式化描述次态逻辑到当前状态寄存器
always @(posedge clk or negedge rst_n)        //异步复位
if(! rst_n)
    current_state <= IDLE;

else
    current_state <= next_state;        //注意,使用的是非阻塞赋值
//第二个过程块,组合逻辑 always 模块,描述状态转移条件判断
always @(current_state)                 //电平触发
begin
    next_state = x;                     //要初始化,使系统复位后能进入正确的状态
    case(current_state)
    S1: if(...)
        next_state = S2;                //阻塞赋值
        else
        next_state = Sn;
     ⋮
    endcase
end
//第三个过程块,同步时序 always 模块,格式化描述逻辑寄存器输出
always @(posedge clk or negedge rst_n)
 ⋮ //初始化
case(next_state)                        //注意,这里是对次态译码
S1:
    out1 <= 1'b1;                       //注意是非阻塞逻辑完成寄存器输出
S2:
    out2 <= 1'b1;
default:...                             //default 的作用是免除综合工具综合出锁存器
endcase
end
```

FSM 将时序部分(状态转移部分)和组合部分(判断状态转移条件和产生输出)分开,写为两个 always 块结构,即为二段式有限状态机。将组合部分中的判断状态转移条件和产生输入再分开写,则为三段式有限状态机。

二段式在组合逻辑特别复杂时适用,但要注意需在后面加一个触发器以消除组合逻辑对输出产生的毛刺。三段式由于第三个 always 块会生成触发器而没有上述问题。三种状态机性能比较见表 8.3。

表 8.3　三种状态机性能比较

性　　能	一段式	二段式	三段式
结构化设计	否	是	是
代码编写/理解	不宜,理解难	宜	宜
输出信号	寄存器输出	组合逻辑输出	寄存器输出

续表 8.3

性　能	一段式	二段式	三段式
毛刺有无	不产生毛刺	产生毛刺	不产生毛刺
面积消耗	大	最小	小
运行速度	最慢	最快	较快
时序约束	不利	有利	有利
可靠性、可维护性	低	较高	最高
后端物理设计	不利	有利	有利

8.2.2　状态机状态编码

状态机所包含的 N 种状态通常需要用某种编码方式来表示,即状态编码,状态编码又称状态分配。通常有多种编码方法,编码方案选择得当,设计的电路可以简单;反之,电路会占用过多的逻辑资源或降低速度。设计时,须综合考虑电路复杂度和电路性能这两个因素。下面主要介绍状态机编码中常用的顺序二进制编码、格雷编码和独热编码。

顺序二进制编码和格雷编码都是压缩状态编码。二进制编码是最紧密的编码,优点在于它使用状态向量的位数最少。例如,对于 6 个状态,只需要 3 位二进制数来进行编码,因此只需要 3 个触发器来实现,节约了逻辑资源。在实际应用中,往往需要较多组合逻辑对状态向量进行解码以产生输出,因此实际节约资源的效果并不明显。二进制编码的优点是使用的状态向量最少,但从一个状态转换到相邻状态时,可能有多个比特位发生变化,瞬变次数多,易产生毛刺。格雷编码在相邻状态的转换中,每次只有 1 个比特位发生变化,虽减少了产生毛刺和一些暂态的可能,但不适用于有很多状态跳转的情况。

例 8.10:含有 8 个状态和 12 种跳转的米勒状态机如图 8.19 所示。基于所给的状态结构图采用顺序的自然二进制编码(binary)。

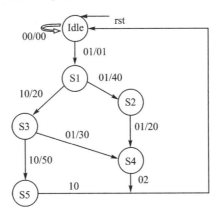

图 8.19　状态转移图

```
module fsm_3b (clk, rst, in, out) ;

input clk, rst ;
input [7:0] in ;
output [7:0] out ;

reg [7:0] out, next_out ;
parameter [2:0] // 状态编码
    idle  = 3'd0 ,
    s1    = 3'd1 ,
    s2    = 3'd2 ,
    s3    = 3'd3 ,
    s4    = 3'd4 ,
    s5    = 3'd5 ;

    // 第一个 always 块建立状态寄存
always @ (posedge clk or negedge rst)
begin
if(! rst)
    state <= #1 idle ;
else
    state <= #1 next_state ;

end
always @ (in or state) begin

    //第二个 always 块实现转移

    case(state)   // synopsys parallel_case full_case

    start:
        if(in = = 8'h00) begin
            next_state = s1 ;
            next_out = 8'h01 ;
            end
        else begin
            next_state = idle ;
            next_out = 8'h00 ;
            end

    s1:
        case(in)   // synopsys parallel_case full_case
            8'h01:
                begin
                next_state = s2 ;
                next_out = 8'h40 ;
                end
            8'h10:
                begin
                next_state = s3 ;
                next_out = 8'h20 ;
                end
```

```
        endcase
    s2:
        begin
                next_state = s4 ;
                next_out = 8'h20 ;
        end
    s3:
        if(in = = 8'h01) begin
                next_state = s4;
                next_out = 8'h30;
        end
        else
            begin
                next_state = s5 ;
                next_out = 8'h50 ;
            end

    s4:
        begin
                next_state = idle ;
                next_out = 8'h02 ;
        end
    s5:
        begin
                next_state = idle ;
                next_out = 8'h10 ;
        end
    endcase
    end


    // 逻辑输出块
always @(posedge clk or negedge rst)
        begin
        if(! rst)   out < = #1 8'b0 ;
        else        out < = #1 next_out ;
        end

endmodule
```

独热编码是指对任意给定的状态,状态向量中仅有一位为"1"而其余位都为"0"。因此,在物理实现时,N 状态的状态机需要 N 个触发器。独热编码状态机的速度仅与到某特定状态的转移数量有关,而与状态数量无关,速度很快。当使用顺序二进制状态编码时,由于状态机的状态增加会导致其速度明显下降。但对于采用独热编码状态机,虽然增加了触发器的使用量,但由于状态译码简单,所以节省和简化了组合逻辑电路。FPGA 器件由于寄存器数量多而逻辑门资源紧张,所以采用独热编码,这样可以有效提高 FPGA 资源的利用率和电路的速度。独热码还具有设计简单、修改灵活、易于调试、易于综合、易于寻找关键路径、易于进行静态时序分析等优点。

在讲解独热编码设计之前,读者首先了解逻辑综合(请结合 9.2 节知识阅读)的概念。逻辑综合中"full_case"状态表示所有可能的二进制顺序值都是被处理的。当综合工具检测到硬件描述语言是 full_case 指令时,它将对没有指定的 case 选项采用输出无关方法(don't care)

来进行优化。如果设计中不包含 full_case 指令,那么综合优化时将产生不必要的锁存器。包含 full_case 指令才能使综合后仿真与综合前仿真一致,但锁存器不是希望得到的综合结果。"parallel_case"可以实现 case 表达式仅仅与一项 case 相匹配。当综合工具检测到 parallel_case 指令时,它将优化仅有一项 case 选项的逻辑结构,防止综合工具优化出不必要的逻辑而导致面积冗余。因此,通过使用此指令可以实现电路的高速性、低面积消耗及消除不必要的锁存器等优点。

对于设计的独热状态机编码,需要的不仅仅是界定为 00001、00010、00100、01000 和 10000 的状态,更需要考虑由编码综合后得到的实际逻辑状态和物理连接。下面通过例子来说明其关系。

```verilog
case(state)
    4'b0001: begin
        if (in_a) state = 4'b0010 ;
        out_1 = 1 ;
        out_2 = in_a;
    end
    4'b0010: begin
        if (in_b) state = 4'b0100 ;
        else state = 4'b0001 ;
        out_1 = 0 ;
        out_2 = 0 ;
        out_3 = 0 ;
    end
    4'b0100: begin
        state = 4'b1000 ;
        out_3 =1;
    end
    4'b1000: begin
        if (in_c) state = 4'b0001 ;
        out_3 = 0 ;
    end
endcase
```

上述状态机的描述没有使用 full_case parallel_case 方法实现独热编码设计。由于没有默认分支,综合时可能出现不必要的电路结构,从而失去使用独热编码的初衷。也就是说,不能达到在有效利用组合时序资源的情况下,充分提高系统的时钟频率。为此,编码描述使用 full_case parallel_case 方法,如下:

```verilog
case (1'b1) // synthesis full_case parallel_case
    state[0]: begin ... end
    state[1]: begin ... end
    state[2]: begin ... end
    state[3]: begin ... end
endcase
```

下面使用独热编码方式重新编写图 8.19 所示状态机。

```verilog
module fsm_1_hot(clk, rst, in, out) ;

input clk, rst ;
input [7:0] in ;
output [7:0] out ;

parameter [5:0]
    idle  = 000001 ,
    s1 = 000010 ,
    s2 = 000100,
    s3 = 001000,
    s4 = 010000,
    s5 = 100000;

// synopsys state_vector state
reg [2:0] state, next_state ;
reg [7:0] out, next_out ;

always @(in or state) begin
    // default values

    next_state <= 8'h00;
    next_out <= 8'h0x ;
    case(1'b1)          // synopsys parallel_case full_case

    state[idle]:
        if(in == 8'h00) begin
            next_state[s1] <= 1 ;
            next_out <= 8'h01 ;
            end
        else begin
            next_state [idle] <= 1;
            next_out <= 8'h00 ;
            end
    state[s1]:
        case(in) // synopsys parallel_case full_case
            8'h01:
                begin

                next_state [s2]<= 1 ;
                next_out <= 8'h40 ;
                end
            8'h10:
                begin
                next_state [s3]<= 1 ;
                next_out <= 8'h20 ;
                end

        endcase
        ...
```

总结独热编码的优势如下：

① 独热编码的状态机具有高速的特点。状态机的速度与其状态的数量无关,仅仅取决于状态跳转的数量。

② 独热编码方法无须考虑最优状态编码,当修改状态机时,添加的状态编码和原始的编码都具有同等的功能。

③ 关键路径很容易被发现,有利于进行准确的静态时序分析。

④ 任何状态都可以直接进行添加/删除等修改而不会影响状态机的其余部分。

⑤ 具有设计描述简单易懂和维护便利的特点,更有利于使用 FPGA 器件完成综合和实现。

独热编码状态机存在缺点,即当任意状态发生跳转时,与之相关的一位也必发生跳变。由于状态机的输出是由状态寄存器组合生成的,同时变化的状态位越多,产生的毛刺就越多。如果该输出不经同步就直接连接到寄存器的时钟、复位或锁存器的使能等控制端口,将很容易导致数据的错误。通常解决方法是加一级寄存器来同步状态机的输出,该方案可能会产生一个周期的延迟,而且如果该输出稳定前所需的时间过长还是会违背寄存器的建立时间。其次,对于有异步输入的系统,在时钟沿到来时有多个状态位发生变化,即有多个寄存器可能受异步输入的影响,使亚稳态发生的概率有所增加。虽然这并不是独热码的问题,根本的解决方案还是避免异步输入。独热编码另一个问题是有很多无效状态,应该确保状态机一旦进入无效状态时,可以立即跳转到确定的已知状态以避免出现死锁现象。

为了解决上面的问题,格雷编码的状态机提供了一种解决途径。格雷码状态机在发生状态跳转时,状态向量只有 1 位发生变化。理论上说,格雷状态机在状态跳转时不会有任何毛刺,但是实际综合后的状态机是否还有此优点还需要进一步验证。格雷编码状态机设计中最大的问题是,当状态机复杂状态跳转的分支很多时,需要合理地分配状态编码并保证每个状态跳转与状态编码唯一对应。

状态机编码对电路性能的影响见表 8.4。

表 8.4　编码性能比较

编码方法	面　积	速　度	状态数量
顺序自然二进制编码	较好	较差	lb(state N)
独热编码(one-hot)	较差	较好	States Number
格雷编码	较好	较差	lb(state N)

总而言之,在设计 FSM 时如规模较小可以考虑使用顺序二进制编码或格雷编码。对于较复杂的设计,由于现在集成制造技术进步,芯片面积或逻辑资源的问题已经成为次要问题,可以使用独热编码以提高速度。但要达到最佳性能,需要根据不同的设计需求,基于所需求芯片的性能、速度、面积和功耗等多个方面进行综合的评价和分析,从而最终选择最合适的编码。特殊情况下,需要研究和探讨更高级的编码算法来满足系统设计的特殊要求。有不少学者对状态编码展开了深入的研究工作,并对于给定状态机的编码优化提出了多种算法。关于更详细的状态编码算法的研究已经超出本书的范围,感兴趣的读者可以参考有关资料进一步研究。

8.2.3　状态机优化设计

状态机在复杂的系统中担任系统的控制与协调任务,因此,状态机对系统的性能起着重要的作用,为提高系统的性能,优化状态机变得异常的迫切。对于复杂算法的状态控制,状态机的复杂度很可能难以有效控制。状态机的设计必须折中考虑系统性能需求、所设计 FSM 逻辑复杂性及所实现器件时序约束。对于多达几十个状态的复杂机,从多层次的逻辑到全体的输出及当前状态矢量,再到全体输出和次状态矢量,这些复杂的过程非常可能导致时序的问题,从而不得不牺牲系统速度以满足时序。对状态机的正确分割与设置是成功开发系统的主要因素。如果底层的 FSM 结构不合理,即使是最好的优化方案也可能导致这个系统设计的失败。因此,较为推荐的方法是,对于复杂而庞大的系统,通常使用多个小的状态机而不是使用一个复杂的状态机,这样有利于减小复杂的逻辑状态处理以及输出矢量。也就是说,当采用分立的 FSM,较长的时序路径会被分割成较短的时序路径。

采用多个较为短小的状态机完成复杂系统控制不仅仅可以改善时序问题,更可以降低设计的难度和提高其可维护性。短小状态机编码可以分配给各自不同的开发人员以实现并行化的高速处理。采用这种分割设计的方法,由于每一阶段都进行测试和分析,所以大大减少了工作量。通常情况是由于内部之间的连带问题大幅减少,使复杂庞大的系统设计问题的错误数量往往多于分解设计的和。

状态机内部的优化处理也是提高其性能的重要一环。由已知条件(需求)完成状态图的转化过程基本实现了状态机的代码编写的前提,但状态转换表更能帮助设计者完成其状态的优化,从而得到更高效的状态机。下面通过一设计实例来说明。

例 8.11:控制逻辑的状态转换(如图 8.20 所示)

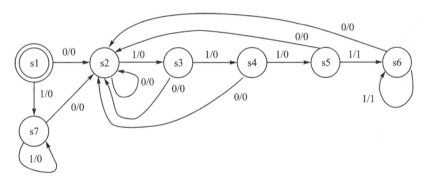

图 8.20 状态转移图

通过状态转移图 8.20 可以得到其状态转换表,如表 8.5 所列。

表 8.5 原始状态转换表

输 入 状 态	0	1
s1	s2/0	s7/0
s2	s2/0	s3/0
s3	s2/0	s4/0
s4	s2/0	s5/0
s5	**s2/0**	**s6/1**
s6	**s2/0**	**s6/1**
s7	s2/0	s7/0

由于状态数决定状态机的寄存器数量,也就是决定状态机面积资源的消耗,因此,面积的

最小化同样是设计者的工作目标。考察上述的状态转换表可以发现，状态 5 与状态 6 等价，而状态 1 与状态 7 也等价，所谓"等价"是指它们在相同的输入下有相同的输出，并且转换到相同的次态。合并等价的状态可以大大提高性能且减小面积消耗。修改后的状态转换表如表 8.6 所列。

表 8.6 修改后的状态转换表

输入 / 状态	0	1
s1	s2/0	s1/0
s2	s2/0	s3/0
s3	s2/0	s4/0
s4	s2/0	s5/0
s5	s2/0	s5/1

将各个状态用二进制码表示，如表 8.7 所列。

表 8.7 各状态用二进制码表示

输入 / 状态		0	1
s1	000	1/0	000/0
s2	001	1/0	011/0
s3	011	1/0	010/0
s4	010	1/0	110/0
s5	110	1/0	110/1
	111	x/x	x/x
	101	x/x	x/x
	100	x/x	x/x

通过上述的格雷状态编码可知，对于 5 个状态的状态机而言，3 位的编码方法将剩余 3 种编码，如果在设计中未加任何处理，在状态转换中可能会误入非理想状态而导致状态机系统的崩溃或出现错误的结果。因此，必须设置默认分支以保证状态正常转换。状态机的设计流程如图 8.21 所示。

8.2.4 状态机容错和设计准则

一个完备的状态机（健壮性强）应该具备初始化状态和默认状态。当芯片加电或者复位后，状态机应该能够自动将所有判断条件复位，并进入初始化状态。需要说明的一点是，大多数 FPGA 有整体设置/复位信号，当 FPGA 加电后，整体设置/复位信号拉高，对所有的寄存器，RAM 等单元复位/置位，这时配置给 FPGA 的逻辑并没有生效，所以不能保证正确进入初始化状态。所以使用设置/复位企图进入 FPGA 的初始化状态，常常会产生种种麻烦。一般的方法是采用异步复位信号，当然也可以使用同步复位，但是要注意同步复位的逻辑设计。解决这个问题的另一种方法是将默认的初始状态的编码设为全零，这样当复位信号复位后，状态

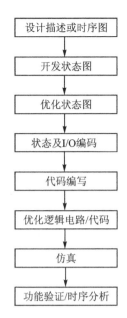

图 8.21　状态机设计流程图

机自动进入初始状态。

　　另一方面,状态机也应该有一个默认(default)状态,当转移条件不满足,或者状态发生了突变时,要能保证逻辑不会陷入"死循环"。这是对状态机健壮性的一个重要要求,也就是常说的要具备"自恢复"功能。对应于编码就是对 case、if…else 语句要特别注意,要写完备的条件判断语句。Verilog HDL 中,使用 case 语句的时候要用 default 建立默认状态,与使用 if…else 语句的注意事项相似。

　　在状态机设计中,不可避免地会出现大量剩余状态。若不对剩余状态进行合理的处理,状态机可能进入不可预测的状态,后果是对外界出现短暂失控或者始终无法摆脱剩余状态而失去正常功能。因此,对剩余状态的处理,即容错技术的应用是必须慎重考虑的问题。但是,剩余状态的处理要不同程度地耗用逻辑资源,因此设计者在选用状态机结构、状态编码方式、容错技术及系统的工作速度与资源利用率方面需要做权衡比较,以适应自己的设计要求。

　　剩余状态的转移去向大致有如下几种:

　　① 转入空闲状态,等待下一个工作任务的到来;

　　② 转入指定的状态,去执行特定任务;

　　③ 转入预定义的专门处理错误的状态,如预警状态。

　　对于前两种编码方式可以将多余状态做出定义,在以后的语句中加以处理。处理的方法有两种:

　　① 在语句中对每一个非法状态都做出明确的状态转换指示;

　　② 利用 others 语句对未提到的状态做统一处理。

　　对于独热编码方式,其剩余状态数将随有效状态数的增加呈指数式剧增,这时就不能采用上述的处理方法。鉴于独热编码方式的特点,任何多于 1 个寄存器为"1"的状态均为非法状态。因此,可编写一个检错程序,判断是否在同一时刻有多个寄存器为"1",若有,则转入相应的处理程序。

在本节中,主要介绍了状态机的概念、描述方法、编码风格及优化处理等几个方面。为了利于读者进一步掌握,对状态机的编码设计流程总结如下:

① 定义状态变量 S;

② 定义输出与下一个状态寄存器;

③ 建立状态转换图;

④ 状态最小化;

⑤ 选择状态编码分配;

⑥ 设计下一状态寄存器和输出。

状态机设计时需要考虑的设计准则如下:

① 状态机的安全性是指 FSM 不会进入死循环,特别是不会进入非预知的状态;而且即使由于某些干扰或辐射使 FSM 进入非设计状态,也能很快地恢复到正常的状态循环中来。这里面有两层含义:其一,要求该 FSM 的综合实现结果无毛刺等异常扰动;其二,要求 FSM 要完备,即使受到异常扰动进入非设计状态,也能很快恢复到正常状态。

② 编码原则,顺序二进制编码和格雷编码适用于触发器资源较少、组合电路资源丰富的情况(如 CPLD)。对于 FPGA,适用于独热编码,这样不但充分利用了 FPGA 丰富的触发器资源,而且减少了组合逻辑资源消耗。对于 ASIC 设计而言,前两种代码编写更有利于面积资源的优化利用。

③ FSM 的初始化问题:置位/复位信号(Set/Reset)只是在初始阶段清零所有的寄存器和片内存储器,并不保证 FSM 能进入初始化状态。设计时采用初始状态编码为全零及异步复位等设置。

④ FSM 中的 case 最好加上 default,否则,可能会使状态机进入死循环。默认态可以设为初始态。另外 if … else 的判断条件必须包含 else 分支,以保证包含完全。

⑤ 对于多段 always 描述法,组合逻辑 always 块内赋值一般用阻塞赋值,当使用三段式过程块时,尽管输出是组合逻辑,但切勿使用非阻塞式赋值法。当 always 块完成状态寄存的时序逻辑电路建模时,用非阻塞式赋值。

⑥ 状态赋值使用代表状态名的参数(parameter),最好不使用宏定义(define)。宏定义产生全局定义,参数则仅仅定义一个模块内的局部变量,不易产生冲突。

⑦ 状态机的设计要满足设计的面积和速度的要求。状态机的设计要清晰易懂、易维护。使用 HDL 语言描述状态机是状态机设计的基础,对于行为级描述需要通过综合转换为寄存器级硬件单元描述以实现其物理功能。必须遵循可综合的设计原则。

⑧ 状态机应该设置异步或同步复位端,以便在系统初始化阶段,状态机的电路复位到有效状态。建议使用异步复位以简化硬件开销。

⑨ 用 Verilog HDL 描述的异步状态机是不能综合的,应该避免用综合器来设计。如果必须设计异步状态机,建议用电路图输入的方法。为保证系统的可综合、可配置,硬件描述语言必须使用可物理综合的编写风格。

⑩ 敏感信号列表要包含所有赋值表达式右端参与赋值的信号;否则在综合时,因为存在没有列出的信号,将会隐含地产生一个透明锁存器。

习　　题

1. 状态和转移是状态机的两个重要概念,请描述状态和转移分别包含哪些内容? 其相互关系是什么?

2. 有限状态机分为哪几类? 通过状态机状态转移图和转移表说明它们的工作原理。

3. 有限状态机包含几个状态? 试描述。

4. 状态机的描述方法有哪几种? 比较其优缺点。

5. 状态机的编码风格有哪几种? 比较其优缺点。

6. 设计一台自动售货机的控制系统,其状态转换表如表 8.8 所列。售货机可接受三种面值的货币,包含壹角、伍角、壹元。当接受的货币超过 5 元时,机器售出商品并找零。

表 8.8　题 6 的表

状　态 送入的货币	壹　角	伍　角	壹　元
A:00	01/000	10/000	00/110
B:01	10/000	11/000	00/101
C:10	11/000	00/100	00/111
D:11	00/100	00/110	01/111

7. 试根据图 8.18 状态转移图编写优化前后的状态机,并用 FPGA 实现,比较两种方式下面积、功耗、速度等参数。

8. 试说明系统设计中控制单元与数据路径的关系。

9. 什么是时间的调度与分配? 它们的相互关系是什么?

10. 试基于十进位 up-down 二进制顺序计数器,用 Verilog HDL 进行设计,并综合它,验证功能仿真与综合后仿真的异同。

第 9 章

时序、综合及验证

Verilog HDL 和 VHDL 等高级硬件描述语言是让设计师基于人的思维来描述所设计的硬件逻辑电路,但实际的电路结构是由基础逻辑与门、或门、非门或寄存器块等单元通过互连线构造的。这里需要一种方法将高级逻辑语言映射成基础逻辑门电路结构,即逻辑综合,它是数字逻辑电路设计的关键环节之一。本章内容不完全属于 Verilog HDL 语法范畴,它涉及半导体器件物理属性和基础逻辑单元电路性能。不同仿真工具对同一代码的仿真验证结果也有差异。本章根据实际需求有针对性地讨论逻辑综合的相关内容,时序与延迟、逻辑综合以及系统的验证方法。

9.1　时序与延迟

Verilog 硬件描述语言与通用的高级程序语言存在几点本质区别,其中最重要的一点是 Verilog HDL 语言中涵盖了时序和延迟的问题,即,该语言真实反映了硬件电路的物理延迟,电信号在物理介质中传递客观存在的时序关系和信号延迟问题。在复杂的逻辑电路系统中,当电路系统的时钟频率增加时,完成电路的逻辑功能固然重要,而更重要的是保证系统的时序正确。

9.1.1　时序概念

时序逻辑电路通常以电路的时钟信号为参考完成逻辑功能,由此,时序逻辑分为时钟同步逻辑电路和时钟异步逻辑电路。时序电路的基本单元主要是锁存器(Latch)、触发器(Flip-Flop)或寄存器(Register)等。下面回顾锁存器、触发器等基本概念和特性。锁存器(如图 9.1 所示)是寄存器的一种,它是一个电平敏感器件,即在时钟信号为高电平的时间内电路激活,输入信号传送到输出端,这时锁存器处于跟随状态。当时钟信号为低电平时,输入数据在时钟的下降沿前被采样且在整个低电平相位期内都保持稳定,称其为保持状态。输入信号必须在时钟下降沿附近的一段短时间内稳定以满足建立和保持时间的要求。如果锁存器的保持状态在时钟的高电平相位区间,一般称其为负锁存器。

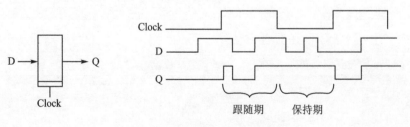

图 9.1　锁存器及其时序信号

锁存器是电平敏感器件而不是边沿敏感器件。因为当时钟信号为高电平时,锁存器都处于跟随态,这样的工作状态使锁存器不适合应用于计数器和某些数据存储器中,同时,当电路中出现毛刺等非预期状态时,电路的输出将会被改变。因此,边沿敏感的触发器(Flip-Flop)是安全的存储器件,如图9.2所示。触发器的工作是在时钟信号跳变的瞬间,触发器对输入信号采样并存储数据D值,输出端将一直传送同一数据(状态保持)直到下一个时钟周期跳变沿到来。输出的数据并不仅仅随输入信号的变化而跳变,还依赖时钟信号的边沿,即两种情况都满足时输出信号才随输入信号而变动。

由于触发器是边沿触发,即在时钟上升沿或下降沿的短暂时间内才对信号进行采样并输送到输出端而完成信号状态的寄存。因此,触发器的时钟沿附近的瞬态时间参数对时序电路起着决定性作用。如图9.3所示为同步触发器与时序参数的关系。

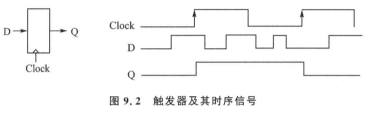

图9.2　触发器及其时序信号

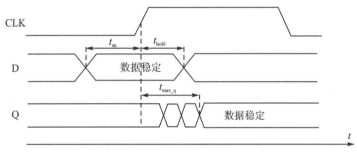

图9.3　同步触发器的建立时间、保持时间和传播时间

在时序电路中,需要定义三个基本的概念:建立时间、保持时间和最大传播延迟时间。触发器的建立时间(t_{su})是时钟翻转前输入数据的有效时间(正沿触发$0\rightarrow1$翻转),如果建立时间不够,数据将不能在这个时钟上升沿跳变时被送入触发器。保持时间(t_{hold})是在时钟上升边沿之后数据输入必须保持稳定不变的有效时间。如果建立和保持时间都满足要求,那么输入端D的信号在最坏条件下,相对时钟上升沿t_{max_q}时间后传播到输出端Q而输出信号,则t_{max_q}称为寄存器的最大传播延迟。

对于同步时序电路,基于时钟信号而完成的逻辑事件都同时执行,所有信号必须等到下一个时钟翻转才能执行下一次操作。因此,同步时序电路的时钟周期T必须满足电路所有路径中的最长延迟,并将该最长延迟对应的传播路径称为关键路径。则同步时序电路的时序逻辑所决定的最小时钟周期T为

$$T \geqslant t_{max\_q} + t_{su} \tag{9.1}$$

从式(9.1)不难看出,影响时序电路工作频率的是关键路径(非关键路径时钟周期一定小于关键路径的时钟周期)时钟周期的最小化。对于深亚微米工艺的电路系统,寄存器的传播延迟与建立时间在时钟周期中起重要作用,必须重点考虑。然而实际的时序电路中往往包含组合逻辑单元,这时对系统的最小时钟的影响还包含组合逻辑的门延时。

　　在单一组合逻辑电路中,系统的时钟是由组合电路中门级延迟的最大数值决定的,在实际电路中往往消耗很大的时钟资源。而在如图 9.4 所示的组合时序逻辑电路中,电路最小的时钟周期取决于最坏情况的传播延迟时间。可以归结为组合时序逻辑的电路参数如下:

- 寄存器的建立时间(t_{setup})和保持时间(t_{hold});
- 寄存器的最大传播延时(t_{max_q})和最小延时(t_{min_q});
- 组合逻辑部分的最大延迟(t_{max_c})和最小延时(t_{min_c})。

由图 9.4 可知,组合时序电路的最小时钟周期必须满足

$$T > t_{setup} + t_{max\_q} + t_{max\_c} \tag{9.2}$$

对于时序电路设计,保持时间(t_{hold})尽管并不决定系统的最小时钟周期,但它也是一个不可忽略的时序参数。寄存器的保持时间(t_{hold})必须小于组合时序电路的最小传播延时,即

$$t_{hold} < t_{min\_q} + t_{min\_c} \tag{9.3}$$

如关系式(9.3)所示,只有当两种最小传播延时之和大于寄存器的保持时间时才不会出现保持时间违约的危险。

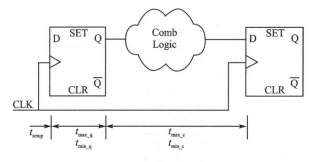

图 9.4　组合时序电路

　　在集成电路(ASIC/FPGA)中,尽管是同源时钟,由于时钟信号线存在延迟(如图 9.5 所示),不同的寄存器获得的时钟信号仍然存在一定的物理偏差。图 9.5 中的时钟 CLK1 和 CLK2 的时序图如图 9.6 所示。

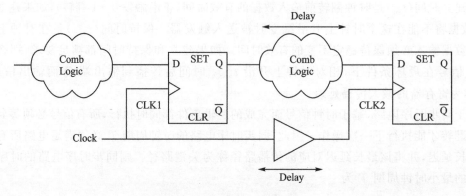

图 9.5　时钟偏差的电路图

　　时钟偏差不仅可以对时序电路的性能产生影响,更甚者可以破坏电路的功能。首先考虑偏差对电路性能的影响。图 9.6 的时钟偏差时序图显示,在正时钟偏差时,信号在一个时钟周期内要从 CLK1 的上升沿开始传播直到 CLK2 下降沿结束,也就是时钟周期增加了一个时钟

偏差值 δ。因此,考虑时钟偏差的影响,电路最小的时钟周期被修改如下:

$$T > t_{\text{setup}} + t_{\text{max\_q}} + t_{\text{max\_c}} - \delta \qquad (9.4)$$

上述时钟偏差公式表面看好像对提高系统的时钟频率有积极的作用,然而,负面影响是增加的偏差会使电路对竞争更加敏感,从而破坏整个系统的工作。如果图 9.6 中的 CLK2 存在时钟正偏差 δ,积极作用是通过公式(9.4)减小了系统的时钟周期 T,但维持系统稳定工作的参数保持时间(t_{hold})变为

$$t_{\text{hold}} < t_{\text{min\_q}} + t_{\text{min\_c}} - \delta$$

这将进一步挤占系统的保持时间而容易导致保持时间违约,也会导致系统输出结果出错,如图 9.7 所示。

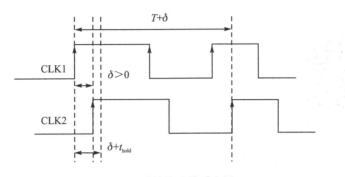

图 9.6　时钟偏差的时序图

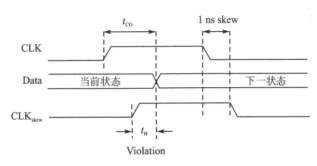

图 9.7　时钟偏差与保持时间的时序图

时钟偏差是由时钟路径的物理延迟、传播方向和不同时钟的负载值差异等造成的。时钟周期的偏差是相同的,时钟偏差并不造成时钟周期的变化,仅仅造成相位的偏移。

除时钟偏差的正偏差外,也会存在负偏差。负偏差就是时钟信号与数据信号方向相反,负偏差可以提高电路系统的抗竞争能力,从而避免系统的功能性错误,但电路性能的降低是必然的结果。在现在具有反馈结构的复杂数字电路系统中,由于电路同时具有正负两种时钟偏差,负偏差消除竞争与正偏差竞争敏感成为矛盾。因此,系统的时钟偏差应保持最小化以保证系统性能的稳定。时钟负偏差会加大触发器的保持时间,为此电路时序必须满足

$$t_{\text{hold}} + \delta < t_{\text{min\_q}} + t_{\text{min\_c}} \qquad (9.5)$$

由此可见,负偏差时钟提高了时序电路的抗竞争能力,但也降低了工作频率。时钟偏差是不可避免的,关键问题是一个系统对时钟偏差的容忍程度如何。通常,可允许的时钟偏差是由系统工作频率和工艺参数(如时钟缓冲器与寄存器的延时)来决定的。在用 Verilog HDL 描述硬件逻辑电路时,较复杂电路系统中必须在逻辑功能、综合后网标和布局布线后都需要考虑到电

路的延迟以满足时序约束,从而保证电路的时序正常。

9.1.2 　延迟模型

在 Verilog HDL 语法中规定了路径延迟模型和分布延迟模型。路径延迟模型指定延迟从某一输入端到某一输出端,其延迟指定到端-端而不考虑逻辑单元的内容。分布延迟模型考虑模块内的门级结构,将延迟分解到各个逻辑门的延迟模型。图 9.8 表示路径延迟和分布延迟结构。图 9.8(a)中指定路径 a—q、b—q、c—q 和 d—q 的延迟分布为 10、12、18 和 22 时间单位,内部结构按黑盒处理,不考虑其逻辑结构。图 9.8(b)把延迟分布到内部的逻辑门级,即按逻辑门延迟来建立延迟模型。

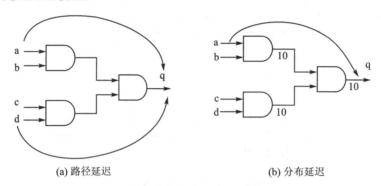

(a) 路径延迟　　　　　　　　　　　　(b) 分布延迟

图 9.8　路径延迟和分布延迟

在 Verilog - XL 仿真器中规定了五种延迟模型:单位延迟模型(unit delay mode)、零延迟模型(zero delay mode)、分布延迟模型(distributed delay mode)、路径延迟模型(path delay mode)和缺省延迟模型(default delay mode)。延迟模型通过命令选项和编译指令调节被指定的延迟信号。利用上述模型可以在一个仿真时间内忽视或取代信号延迟值,延迟模型可以全局指定或模块内局部指定,可以使用可选的延迟模式加快仿真调试时间。

1. 单位延迟模型

采用单位延迟模型将忽略所有模块的路径延迟信息和时序检查,它能转换全部非零结构和连续赋值延时表达成为一个单位仿真时间的单位延迟。当指定为单位延迟模型时,仿真器中连续赋值语句的延迟定义不随仿真精度的变化而变化。单位延迟模型用关键字 \delay_mode_unit 定义。

2. 零延迟模型

零延迟模型与单位延迟模型具有相似性,用关键字 \delay_mode_zero 定义。

3. 分布延迟模型

分布延迟模型是将延迟值给予线网、单元和连续赋值。在 Verilog - XL 仿真器中分布延迟模型具有最高的约束等级,用关键字 \delay_mode_distributed 定义。

9.1.3 　延迟种类

鉴于电子器件的物理属性,开关级、门级和数据流建模都应当包含可选择的延迟时间。在连续赋值语句中,延迟用于表示操作数发生变化到被赋值变量变化的时间间隔。

1. 门延迟

实际的物理电路中,逻辑门电路通过连线连接成逻辑门网标,逻辑门与互连线在电路中都存在对电信号的延迟作用。因此,Verilog HDL 中逻辑门级和线网都提供了电路延迟的精确描述,门延迟指定信号从逻辑门输入到输出的传播延迟,门延迟有单值、双值和三值等表示法,包含其上升延迟、下降延迟、高阻延迟。

```
and #(延迟时间) u1 (out, in1, in2);
nor #(上升延迟, 下降延迟) u2 (out, in1, in2);
bufif #(上升延迟, 下降延迟, 高阻延迟) u3(out, in1, in2);
```

例 9.1:门延迟表示

```
and #(10) u1 (out, in1, in2);
nor #(10, 12) u2 (out, in1, in2);
bufif #(10, 12, 11) u3(out, in1, in2);
```

在逻辑门"and"的关键字与实例化名之间加"♯(10)"表示延迟 10 个时间单位。该方法属于集总式延迟表述,即逻辑门的所有延迟集总到输出端。在逻辑门"nor"的关键字与实例化名之间加延迟"♯(10, 12)",表示上升沿延迟 10 个时间单位,下降沿延迟 12 个时间单位。在逻辑门"bufif"的关键字与实例化名之间加"♯(10, 12, 11)",则表示上升延迟、下降延迟、高阻延迟。

"min:typ:max"(最小值:标准值:最大值)延迟也是逻辑电路中延迟的一种。该延迟的三个延迟值用冒号分隔表示,如下:

```
and #(最小值:标准值:最大值) a(out, in1,in2);
```

下面给出混合延迟的实例。

例 9.2:混合延迟

```
module iobuf(io1, io2, dir);
⋮
bufif0 #(5:7:9, 8:10:12, 15:18:21) (io1, io2, dir);
bufif1 #(6:8:10, 5:7:9, 13:17:19) (io2, io1, dir);
⋮
endmodule
```

其中,"5:7:9"数字分别表示 min:typ:max 的延迟值,而用逗号隔开的三组数字分别表示上升延迟值、下降延迟值和高阻延迟值。

2. 线网延迟

线网延迟与门延迟具有一定的相似性。当赋值语句的右边值维持 0 或变成 0 时,一般定义为下降延迟;当赋值语句的右边值维持 1 或变成 1 时,一般定义为上升延迟;当赋值语句的右边值维持 z 或变成 z 时,一般定义为高阻延迟;当赋值语句的右边值维持 x 或变成 x 时,一般定义为最小延迟值。

连续赋值延迟适用于下列情况,左边被赋值的矢量线网或其包含延迟的矢量线网以及延迟线网,控制未展开的矢量线网的连续赋值。

- 如果右边 LSB 维持 1 或变成 1 时,上升延迟被使用;
- 如果右边 LSB 维持 0 或变成 0 时,下降延迟被使用;
- 如果右边 LSB 维持 z 或变成 z 时,高阻延迟被使用;
- 如果右边 LSB 维持 x 或变成 x 时,最小延迟被使用。

```
wire [3:0] #(5,20) a;
wire scalared [3:0] #(5,20) b;
```

线网信号 a 是矢量信号的延迟表示，信号 b 则是标量线网的延迟定义。

例 9.3：矢量网络延迟

```
module top;
reg [3:0] a;
wire [3:0] #(5,20) b;
    assign b = a;
    initial
    begin
    a = 'b0000;
    #100 a = 'b1101;
    #100 a = 'b0111;
    #100 a = 'b1110;
    end
initial
begin
    $ monitor( $ time, , "a = % b, b = % b",a, b);
    #1000 $ finish;
end
endmodule


The results of the preceding simulation follow：
0    a = 0000, b = xxxx
20   a = 0000, b = 0000
100 a = 1101, b = 0000
105 a = 1101, b = 1101
200 a = 0111, b = 1101
205 a = 0111, b = 0111
300 a = 1110, b = 0111
320 a = 1110, b = 1110
```

例 9.4：标量网络延迟

```
module top;
reg [3:0] a;
wire scalared [3:0] #(5,20) b;
    assign b = a;
    initial
    begin
      a = 'b0000;
      #100 a = 'b1101;
      #100 a = 'b0111;
      #100 a = 'b1110;
    end
initial
    begin
        $ monitor( $ time, , "a = % b, b = % b",a, b);
        #1000 $ finish;
    end
endmodule


The results of the preceding simulation follow:
```

```
0 a = 0000, b = xxxx
20 a = 0000, b = 0000
100 a = 1101, b = 0000
105 a = 1101, b = 1101
200 a = 0111, b = 1101
205 a = 0111, b = 1111
220 a = 0111, b = 0111
300 a = 1110, b = 0111
305 a = 1110, b = 1111
320 a = 1110, b = 1110
```

观察两组仿真结果,第二种标量线网由于仅仅定义 bit[1] 上升沿延迟,而在时刻 205 与矢量线网不同。在标量线网中,时刻 305 展示了 bit[3] 的上升延迟,直到 320 时刻,其延迟通过 bit[0] 的下降延迟控制。表 9.1 所列为线网传播延迟规则。

表 9.1　线网传播延迟规则

初始值	终止值	两延迟	三延迟
0	1	d1	d1
0	x	min(d1,d2)	min(d1,d2,d3)
0	z	min(d1,d2)	d3
1	0	d2	d2
1	x	min(d1,d2)	min(d1,d2,d3)
1	z	min(d1,d2)	d3
x	0	d2	d2
x	1	d1	d1
x	z	min(d1,d2)	d3
z	0	d2	d2
z	1	d1	d1
z	x	min(d1,d2)	min(d1,d2,d3)

9.1.4　路径延迟建模

在 Verilog HDL 语法中,路径延迟赋值通常采用 specify 块来定义,其关键字是 specify…endspecify,该语句构成了延迟赋值的指定块。specify 指定块操作如下:

- 指定 specify 块内所有路径引脚到引脚的时序延迟;
- 对上述模块内路径进行连续赋值延迟约定;
- 执行事件的时序检查保证其满足对应器件的时序约束;
- 实现脉冲滤波限制。

specify 块的语法约定:

```
<specify_block>
    ::= specify
    <specify_item> *
```

```
endspecify

    <specify_item>
    :: = <specparam_declaration>
    || = <path_declaration>
    || = <level_sensitive_path_declaration>
    || = <edge_sensitive_path_declaration>
    || = <system_timing_check>
```

　　specify 块中所有路径延时都能精确说明,且时序与功能分开说明。specify 块语句包含两种路径连接方式,即并行连接(操作符为"=>")和全连接(操作符为" * >")。并行连接完成源信号位一一对应到目标信号位的连接,如图 9.9(a)所示;全连接完成源信号位分别到所有目标信号位的连接,如图 9.9(b)所示。specify 块是模块中独立部分,不可在任何其他过程块(always 和 initial)中出现。

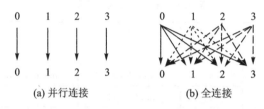

(a) 并行连接　　　　　　　(b) 全连接

图 9.9　specify 块连接示意图

例 9.5: 并行连接

```
module bit2bit (out, a, b, c);
output out;
input a, b, c;
wire x, y;
    specify
        (a => out) = 5;          //a - out 延迟 5 单位
        (b => out) = 8;          //b - out 延迟 8 单位
        (c => out) = 10;         //c - out 延迟 10 单位
    endspecify

    nand u1(x, a, b);
    nor  u2(y, b, c);
    and  u3(out, x, y);
endmodule
```

　　并行连接方法使用时的注意事项:当模块内两个相同矢量的信号描述 bit-to-bit 的连接形式时,必须使用并行连接方式。也就是并行连接的源矢量与目标矢量的位宽必须相同,否则将是非法连接。

例 9.6: 全连接

```
module full (out, a, b, c);
output out;
input a, b, c;
wire x, y;
    specify
        (a,b * > out) = 5;
```

```
        (c * > out) = 10;
    endspecify

    nand u1(x, a, b);
    nor  u2(y, b, c);
    and  u3(out, x, y);
endmodule
```

延迟路径中,源信号在使用边沿过渡状态描述模块内路径时,称为边沿敏感路径。边缘敏感路径构建用于模型的输入输出延迟时间,仅在源信号发生指定边缘时才会产生。

在 specify 块中声明特殊参数来定义路径的延迟参数,关键字为 specparam。specify 块内不能用普通参数声明延迟。下面对比参数 specparam 和 parameter:

- specparam 必须在 specify 块内声明,而后者必须在块外声明;
- specparam 不能用 defparam 覆盖值,而后者可以使用;
- specparam 节省内存,后者消耗内存。

下列给出带 specparam 参数的 specify 块的声明语句:

```
specify
        specparam trise_clk = 15, tfall_clk = 20;
        specparam tst = 7;          //two specparam_declarations
        (clk = > q) = (trise_clk, tfall_clk); //path_assignment
endspecify
```

数据源表达式是一个任意表达式,它描述了路径目标数据流的走向。该任意数据路径描述不影响数据或事件通过模型的实际传播;而数据路径源事件要传播到目标则取决于模块的内部逻辑。极性算子(+/-)描述表示的是数据路径反相或同相的关系。

```
( posedge clock = > ( out + : in ) ) = (10, 8);   //an edge sensitive path declaration with a
                                                  //positive polarity operator
( negedge clock[0] = > ( out - : in ) ) = (10, 8); //an edge sensitive path declaration
                                                  //with a negative polarity operator
( clock = > ( out : in ) ) = (10, 8);  // an edge sensitive path declaration with no edge identifier
```

状态依赖路径(state-dependent paths),即当模块内 specify 块内的条件为真时,它能赋值一个延迟给模块内路径以影响其传播延迟。下面是状态依赖路径的实例代码。

例 9.7: 状态依赖路径

```
module xorgate (a, b, out);
input a, b;
output out;
xor x1 (out, a, b);
    specify
    specparam noninvrise = 1, noninvfall = 2
    specparam invertrise = 3, invertfall = 4;
    if (a) (b = > out) = (invertrise, invertfall);
    if (b) (a = > out) = (invertrise, invertfall);
    if (~a)(b = > out) = (noninvrise, noninvfall);
    if (~b)(a = > out) = (noninvrise, noninvfall);
    endspecify
endmodule
```

在例 9.7 中,当 specify 块内的前两个 if 条件为真时,(invertrise, invertfall)对上升和下

降延迟赋值给并行连接路径。当 specify 块内的后两个 if 条件为真时,(noninvrise, noninvfall)对
上升和下降延迟赋值给并行连接路径。

状态依赖路径中所有输入状态都应该说明,没有说明的路径使用分布延时。如果也没有
声明分布延时,那么使用零延时。如果路径延时和分布延时同时声明,则选择最大的延时作为
路径延时。当使用 ifnone 语句时,在其他所有条件都不满足的情况下,说明一个缺省的状态
依赖路径延时。

考虑每条物理连接线(即信号路径)都具有一定的阻抗和容抗,电荷积累或消散都存在渐
变的过程,所以信号变化的物理特性是具有惯性的。为了更准确地描述这种物理现象,使用惯
性延时可以抑制持续信号比传播延时短的输入信号的变化。

9.1.5 时序检查

数字系统中,对于追求高速计算的微处理器(CPU)或图形加速器(GPU)等芯片,时序的
精确检测变得尤为重要,因此,时序验证在逻辑电路中不可缺少。Verilog HDL 语言中提供了
系统任务用来进行时序违约检测。系统任务主要有:

```
$ setup ( data_event , reference_event , timing_check_limit [ , [ notify_reg ] ] ) ;
$ hold ( reference_event , data_event , timing_check_limit [ , [ notify_reg ] ] ) ;
$ setuphold ( reference_event , data_event , timing_check_limit , timing_check_limit
[ , [ notify_reg ] [ , [ stamptime_condition ] [ , [ checktime_condition ]
[ , [ delayed_reference ] [ , [ delayed_data ] ] ] ] ] ) ;
$ recovery ( reference_event , data_event , timing_check_limit [ , [ notify_reg ] ] ) ;
$ removal ( reference_event , data_event , timing_check_limit [ , [ notify_reg ] ] ) ;
$ recrem ( reference_event , data_event , timing_check_limit , timing_check_limit
[ , [ notify_reg ] [ , [ stamptime_condition ] [ , [ checktime_condition ]
[ , [ delayed_reference ] [ , [ delayed_data ] ] ] ] ] ) ;
$ skew ( reference_event , data_event , timing_check_limit [ , [ notify_reg ] ] ) ;
$ timeskew ( reference_event , data_event , timing_check_limit
[ , [ notify_reg ] [ , [ event_based_flag ] [ , [ remain_active_flag ] ] ] ] ) ;
$ fullskew ( reference_event , data_event , timing_check_limit , timing_check_limit
[ , [ notify_reg ] [ , [ event_based_flag ] [ , [ remain_active_flag ] ] ] ] ) ;
$ period ( controlled_reference_event , timing_check_limit [ , [ notify_reg ] ] ) ;
$ width ( controlled_reference_event , timing_check_limit ,
threshold [ , [ notify_reg ] ] ) ;
$ nochange ( reference_event , data_event , start_edge_offset ,
end_edge_offset[ , [ notify_reg ] ] ) ;
```

例 9.8:给出 D 触发器时序检查的代码

```
module DFF2(clk, d, q, qb);
input clk, d;
output q,qb;
  ⋮
specify
specparam tSetup = 60:70:75, tHold = 45:50:55;
specparam tWpos = 180:600:1050,tWneg = 150:500:880;
     $ setup(d,edge[01,x1]clk,tSetup);      // edge
     $ hold(edge[01,x1]clk,d,tHold);        // control
     $ width(edge[01,x1]clk,tWpos);         // specifiers:
     $ width(edge[10,x0]clk,tWneg);         // edge[...,...]
endspecify
endmodule
```

当时钟信号 clk 的瞬态为 0→1 或 x→1 时,系统任务 \$setup 和 \$hold 进行时序检查;而当时钟瞬态为 0→1 或 x→1 时,系统任务 \$width 进行时序检查;当时钟瞬态为 1→0 或 x→0 时,系统任务 \$width 进行第二次时序检查。

上述系统任务中,\$setup、\$hold 和 \$width 在 9.1.1 小节"时序概念"中已经讲述,实际的时序检测中也是检查最多的系统任务。对于初学者来说,时序检查是比较困难的工作,如果需要请参考 IEEE Verilog HDL 手册。

9.1.6　延迟反标

用 Verilog 设计数字逻辑系统,前端的逻辑仿真通常仅仅包含逻辑功能仿真,即电路的逻辑功能的验证。在实际的物理电路中,包含器件和互连线的逻辑系统中都包含阻抗和容抗,即形成电气信号的延迟。信号的延迟通常在逻辑综合后进行时序验证和功能仿真两部分,时序延迟在仿真器中会被忽略,在综合后仿真阶段通常使用延迟反标(Standard Delay Format, SDF)文件。时序反标文件包含下列信息:

● 模块内端口间、器件、逻辑门和互连线间的延迟时间;
● 时序检查;
● 时序约束;
● 环境温度、工艺技术和自定义原语等。

延迟反标文件基于不同厂家的工艺参数,通过逻辑综合环节生成 SDF 文件,通过测试分支的命令插入到测试环境中,完成仿真延迟反标验证工作。在 Xilinx 公司的 FPGA/CPLD 设计中使用"∗.sdf"作为时序标注文件的扩展名,而在 Altera 公司的 FPGA 设计中使用"∗.sdo"作为时序标注文件的扩展名。在 Synopsys 公司的 ICC 逻辑综合软件设计 ASIC 时,使用"∗.sdf"作为时序标注文件的扩展名。

基于 FPGA/ASIC 包含延迟反标注的仿真验证流程如图 9.10 所示。

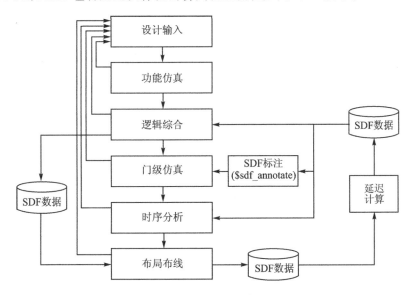

图 9.10　含延迟反标的仿真验证流程

系统任务关键字 \$sdf_annotate 表示延时反标,延迟反标的语法如下:

```
$ sdf_annotate( <"sdf_file">, <module_instance>?,
<"config_file">?, <"log_file">?, <"mtm_spec">?,
<"scale_factors">?, <"scale_type">? );
```

延迟反标文件的解释如下：

sdf_file：SDF 文件的绝对或相对路径。

module_instance：标注范围。缺省为调用 $ sdf_annotate 所在的范围。

config_file：配置文件的绝对或相对路径。缺省使用预设的设置。

log_file：日志文件名，缺省为 sdf.log，可以用"+sdf_verbose"选项生成一个日志文件。

mtm_spec：选择标注的时序值，可以是{MINIMUM，TYPICAL，MAXIMUM，TOOL_CONTROL}之一。缺省为 TOOL_CONTROL（命令行选项）。这个参数覆盖配置文件中 MTM 关键字。

scale_factors："min:typ:max"格式的比例因子，缺省为 1.0:1.0:1.0。这个参数覆盖配置文件中 SCALE_FACTORS 关键字。

scale_type：选择比例因子，可以是{FROM_MINIMUM，FROM_TYPICAL，FROM_MAXIMUM，FROM_MTM}之一，缺省为 FROM_MTM。这个参数覆盖配置文件中 SCALE_TYPE 关键字。

例 9.9：两组时序反标的测试分支代码

```
`timescale 1ns/1ns
module lower (out,in);
input in;
output out;
wire delay_con;
    buf u1 (delay_con,in);
    buf u2 (out, delay_con);
endmodule

module test ( );
reg t;
lower array1 (f,t);

initial
    begin
    $ sdf_annotate ("top.sdf");
    end
initial
    fork
        #00 t = 0;
        #20 t = 1;
        #60 t = 0;
        #100 $ stop;
    join
endmodule
```

例 9.10：多种模块不同时序反标注代码

```
module top;
  ⋮
cpu m1(i1,i2,i3,o1,o2,o3);
fpu m2(i4,o1,o3,i2,o4,o5,o6);
```

```
dma m3(o1,o4,i5,i6,i2);
    // perform annotation
initial
    begin
    $ sdf_annotate("cpu.sdf",m1,,"cpu.log");
    $ sdf_annotate("fpu.sdf",m2,,"fpu.log");
    $ sdf_annotate("dma.sdf",m3,,"dma.log");
    end
// stimulus and response - checking
⋮
endmodule
```

9.2　逻辑综合

9.2.1　概　念

硬件描述语言是可以实现电子系统硬件行为描述、结构描述、数据流描述或门级描述的一种高级语言。利用这种语言,数字电路系统的设计可以从顶层到底层(从抽象到具体)逐层细化分解设计,从而用一系列分层次的模块来表示极其复杂的数字逻辑。

逻辑电路:逻辑电路是以二进制为原理对离散信号进行传递和处理,实现数字信号逻辑运算和操作的电路。

寄存器传输级(Register Transport Level ,简称 RTL 级):它是介于行为级和门级之间的硬件逻辑级,是一种可构成门级逻辑网表的描述级。

网表(Netlist):由基础的逻辑门和它们的互连线描述数字电路逻辑门的连接情况。

标准单元库:它是由组合逻辑、时序逻辑、功能单元和特殊类型单元组成的库文件,通常可分为电路逻辑库、符号库、版图库等,由不同的芯片制造厂商所提供。

逻辑综合:基于所采用的标准单元库基础上,根据设计师的设计约束把高级逻辑描述转换、优化成逻辑门级网表的过程。

9.2.2　逻辑综合过程

下面介绍数字电路设计流程中逻辑综合部分,如图 9.11 所示。该设计流程是把高层次 Verilog HDL 代码通过 EDA 综合工具(如 FPGA 使用的 ISE、Syplify、Quartus II;ASIC 使用 ICC 等),在采用的代工厂的标准工艺库的支持下,结合设计者的设计约束转换成 RTL 级、门级以及优化后门级网表的过程。

逻辑综合主要步骤包括转换、优化、映射。

- 转换是指将高层源码设计转换为 RTL 级或门级逻辑结构;
- 优化则是结合实际标准单元库和设计约束对上述逻辑结构进行优化设计而最终得到的门级网表;
- 映射是用标准单元库代替优化后的门级网表。

综合过程必须选择预计流片工厂的逻辑单元库作为逻辑电路的物理单元。单元库也可以从第三方单元库供货商处获取。一般而言,单元库包含的逻辑信息有以下几项:

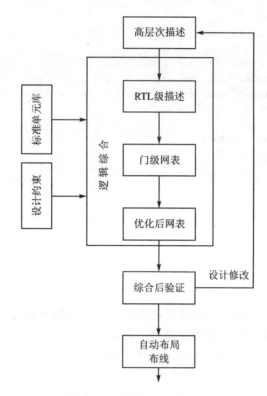

图 9.11　逻辑综合设计流程

① Cell Schematic 用于电路综合,以便产生逻辑电路的网表(Netlist)。

② Timing Model 描述各逻辑门精确时序模型,设计时提取逻辑门内寄生电阻及电容进行仿真,从而建立各逻辑门的实际延迟参数。其中包含门延迟、输入/输出延迟和连线延迟等。此数据用于综合后功能仿真以验证电路动态时序。

③ Routing Model 描述各逻辑门在进行连线时的限制作为布线时参考。

综合工具在完成从代码到网表的转化过程中,其中心工作就是获得最优化的逻辑网表。根据设定的综合约束,综合器最终得到最为接近的结果。一般的约束设计有面积、功耗和速度,这三项约束条件是互相制约的关系,设计时应折中考虑以获得最优结果。

经综合仿真器综合后得到的门级逻辑网表还要再进行第二次逻辑功能仿真,此仿真要附加时间延迟的反标文件到测试平台,以检验电路的逻辑功能和时序约束两个方面。在综合后仿真时,一般只考虑门延迟参数,而连线延迟不考虑(由于无法预计实际连线的长度以及使用的金属层)。时序变异是综合后经常出现的错误,其中包含建立时间和保持时间的问题,还有脉冲干扰等现象。逻辑综合从高层次描述到标准库的门级网表的过程如图 9.12 所示,这里使用的综合工具是 Design Compiler,现在的工具名称是 ICC。

芯片设计在逻辑综合或物理综合过程中,设计约束是基于设计目标和标准库而设定的约束条件,其设计约束包括设计环境约束、时序约束和芯片面积约束。

设计环境约束是指用来描述芯片在工作时的温度、电压、驱动、负载等外部条件的一系列属性。基本的环境设置内容包括工作条件、负载模型、系统接口驱动或扇出能力等设置。这些属性约束在电路综合时是必需的,如果用户没有进行显示的说明,则 DC 或 ICC 在综合的时候

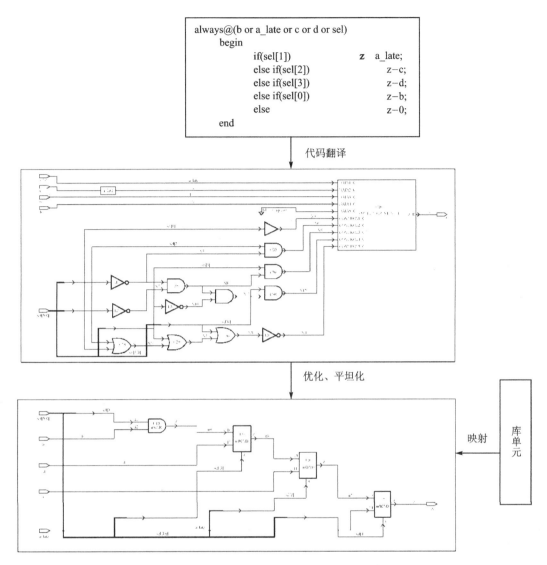

图 9.12　逻辑综合过程示意图(基于 DC 综合的结果)

会采用默认值。设计环境约束常用到的命令如下:

```
set_max_transition <value> <object list>
set_max_capacitance <value> <object list>
set_max_fanout <value> <object list>
```

时序约束的内容包括定义时钟、定义时钟网络的时序约束,时序路径时间约束,以及非同步设计的时序约束等。时序约束是设计者在了解设计目标并充分掌握集成电路设计中时序部分知识而完成的,其中重点包括时钟、延迟、抖动、偏差等基础知识。Synopsys 公司支持几种延迟模型:一是 CMOS 通用的延迟模型,二是 CMOS 分段的线性延迟模型,三是非线性的查表延迟模型。深亚微米的设计,前两种模型并不常用,非线性的延迟模型以输入的迁越时间和输出电容负载为参变量计算延迟的时间值,其结果以表格的形式列出供 EDA 工具查找。

时序设计约束命令:

```
    set_input_delay delay_value [ - clock clock_name] [ - clock_fall] [ - level_sensitive] [ - rise]
[ - fall] [ - max] [ - min] [ - add_delay] port_pin_list;
    set_output_delay delay_value [ - clock clock_name] [ - clock_fall] [ - level_sensitive] [ - rise]
[ - fall] [ - min] [ - max] [ - add_delay] [ - group_path group_name] port_pin_list;
    set_max_delay/set_min_delay delay_value [ - rise | - fall] [ - from from_list ] [ - through
through_list ] [ - to to_list ];
```

面积约束和时序约束是矛盾且需要折中的,EDA 综合工具(如 DC/ICC)默认为时间约束比面积约束拥有更高的优先级。DC/ICC 优化时默认不进行面积优化,如果关注于芯片的面积,可以使用 set_max_area 命令设定面积的约束,使得综合完成时序约束之后继续进行面积优化。

在设定综合约束之后,一般并不马上进行综合优化。因为对于一个较大的设计项目来说,综合一次时间很长。因此,综合前确认综合约束命令是否正确添加到设计中是很有必要的,可以减少由于综合约束不正确重新综合优化的风险,减少综合反复的时间。检查综合约束设置的命令有,report_design,report_timimg,report_area,report_clock [- skew],report_constraints,report_port - drive,report_compile_options,report_power 等。

下面总结逻辑综合在数字系统设计时涉及的设计挑战。

① 系统时序的最优化,挑战稳定的工作前提下最高的时钟频率,包含时钟、单元/连线延迟、关键路径等。

② 芯片系统的面积最小化,挑战逻辑门组成以及互连线结构。

③ 芯片功耗的最小化,考虑低功耗设计单元库,涉及时序与面积的折中挑战。

④ 芯片的噪声/电磁干扰抑制,时钟串扰、电源线的地弹以及模块间的干扰越来越成为纳米芯片设计的棘手问题。

⑤ 可测试性、可靠性,芯片的验证与测试是保障其逻辑功能在可预测的条件下稳定正常工作的基础。

⑥ 顶层系统与制造成本,无论采用 FPGA 还是 ASIC 的设计实现方法,都是成熟的商业产品必须面对的最终问题。

9.2.3　代码可综合设计

在 Verilog 语言中,由于引入了高级语言的行为级描述以简化/优化复杂逻辑的描述过程,因此带来了所采用的描述代码不可以转换/映射成标准单元库对应的门级电路结构,从而导致所设计源代码不可综合的问题。不可综合在测试分支中是允许存在的,但在被设计的电路中存在不可综合就意味着所设计的电路不能实现物理电路,即没有实际意义!

造成不可综合的 Verilog HDL 代码归纳起来有几种方面原因:关键字的不可综合、操作符的不可综合和不可综合的代码设计结构等。

Verilog HDL 语言中,关键字是预先定义的用于表达语言结构的非转义标识符。关键字中相当一部分是不可综合的,在测试分支时经常使用但又**不可综合**的关键字整理如下:

- initial;
- repeat;
- forever;
- while;

- for 的无限循环结构；
- event；
- real；
- time；
- fork…join；
- wait；
- disable；
- primitives；
- assign/deassign；
- force 和 release；
- trior/triand/trireg 等；
- nmos/pmos/cmos/tran 等；
- 开关级描述关键字。

上述关键字中，使用方法不同也可能带来可综合性的不同，如：assign/deassign 支持对 wire 数据类型的综合，但不支持对 reg 数据类型的综合；primitives 支持门级原语的综合，不支持非门级原语的综合。

例 9.11：不可综合 assign/deassign

```
module DEF(d,clr,clk,q);
input d,clr,clk;
output q;
reg q;
always@ (negedge clk)
  q = d;
always @ (clr)
begin
  if(! clr)
      assign q = 0;
  else
      deassign q;
  end
endmodule
```

综合结果：

Error:/home/LHG/zhangzy/verilog_test/assign.v:11: Procedural - continuous assignments are not supported by synthesis. (VER-966)
Error:/home/LHG/zhangzy/verilog_test/assign.v:13: The 'deassign' construct is not supported by synthesis. (VER-969)

Verilog HDL 语言中同样存在不可综合的操作符，其中包含：
- 等价操作符中的 case 等（===）、case 不等（! ==）；
- 指数符（**）、除法（/）、取模（%）。

不可综合的 Verilog 语法结构归纳如下：
- 用户自定义 UDP 原语；
- 事件敏感列表对同一个变量同时有 posedge 和 negedge；
- 同一个 reg 变量被多个过程块驱动。

例 9.12： 上升/下降沿同时敏感

```
module DEF(d,clk,q,rstn);
input d,clk,rstn;
output q;
reg q;
always@ (posedge clk or negedge clk)
q< = d;
endmodule
```

综合结果：

```
Error： /home/LHG/zhangzy/verilog_test/pos.v:5：Events that depend on two edges of the same var-
iable are not supported by synthesis. (ELAB－93)
```

```
module 2d_def(d1,d2,clk1,clk2,q,rstn);
input d1,d2,clk1,clk2,rstn;
output q;
reg q;
always @ (posedge clk1)
q< = d1;

always @ (posedge clk2)
q< = d2;
endmodule
```

综合结果：

```
Error： /home/LHG/zhangzy/verilog_test/pos.v:5：Net 'q' or a directly connected net is driven by
more than one source, and not all drivers are three－state. (ELAB－366)
```

　　逻辑综合问题不仅涉及 Verilog HDL 语法的定义，而且更体现设计者本人对数字电路掌握的程度，特别是关于逻辑综合的优化，更是展现设计者对数字电路和硬件语言两方面的驾驭能力。这是真正的设计多重艺术性。综合优化问题需要设计者在很好把握设计理念的同时，结合工艺库情况，合理、正确地设计出设计约束文件，由此在综合工具中完成综合优化问题。该方面详细内容可参考《FPGA/ASIC 高性能数字系统设计》，该教材系统讲解了语法/电路结合的优化设计和综合约束的使用方法。

9.3 验证方法

9.3.1 验　证

　　验证是对所设计电路的所有可能性的遍历测试。系统的工程验证必须从更高的层级上去衡量设计的准确性与完备性。随着芯片的集成度越来越高，设计的复杂性更是呈几何级数递增。在这种情况下，验证的工作量也随之变得更加复杂和繁重。因此，行业中验证工作变得不可缺少。验证的目的是为了检验设计的正确性与完备性，一般从项目的开始，验证工作就已经随着设计工作的开展而同步开始。对于设计者来说，首先需要的是设计的标准及相关的设计文档。设计者只有对将要设计的对象有了明确的了解和定义，才能通过可综合的 RTL 语言完成相应的设计工作。与此同时，验证工程师也必须根据设计文档及相应的资料，对将要验证的设计有充分的认识和了解,才能拟定对应的验证计划及验证内容,并根据相应的验证内容,利用更高级的语言去搭建相应的验证平台,完善验证环境,准备相应的验证测试内容,以此来检查设计是否满足要求。

验证方法基于先进的验证方法学和技术。设计验证方法包括:系统级验证环境、RTL 功能验证环境、模拟和混合信号验证环境。这些环境既相对独立又紧密相联,构成了完整的设计验证平台。设计验证方法主要有:

- 系统级软硬件联合验证技术;
- 本征的测试向量自动生成和自检测技术;
- 基于断言和复合形式验证的功能验证技术;
- 基于形式验证技术的等效性验证。

从验证的复杂性和目标性来区分,验证可以分为 IP level(局部单元)和 Top level(全体系统)两种层级。无论对上述哪种层次进行测试验证,测试平台的搭建都必须根据设计的特定属性进行定制化的设计,这样才能合理而有效地利用验证平台的资源,对设计进行充分的验证测试。图 9.13 展示了测试平台的简单示意图。

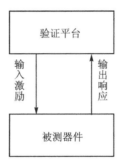

图 9.13　测试平台示意图

IP level 的设计验证,主要是针对特定的 IP 模块进行测试验证。这一层级的测试验证,主要是制定相应的验证计划,去验证 IP 模块功能的正确性。

如果对一个 FIFO 模块进行测试验证,则可以简单列出几个测试功能点:

① FIFO 的读功能是否正确;

② FIFO 的写功能是否正确;

③ 当 FIFO 中的数据已经被完全读空以后,FIFO 对读空机制的处理是否正确;

④ 当 FIFO 中的数据已经被完全写满以后,FIFO 对写满机制的处理是否正确。

以上几点便是一个基本的 FIFO 所需要的基本测试功能点。随着 IP 的日趋复杂,IP level 的验证也需要越来越多的时间和人力去完善。

Top level 的设计验证,更多是侧重于与其他 IP 的互连测试,保证所设计的 IP 在系统中能正常运行工作。一个复杂的 SoC 系统,往往是由多个不同的 IP 模块互连而成。IP level 的验证工作的完成,并不意味着本系统就肯定能正常地工作。IP 间的错误通信,也可能导致系统的出错崩溃。因此,Top level 的验证工作,便是在 IP level 的基础上,对一个系统进行更高层级的验证测试。

譬如,在一个精简指令集的 RISC SoC 中,往往会由 CPU、AXI bus、APB bus、uart、PMU 等各种 IP 构建而成。如何验证测试该 SoC 系统是否能正常工作,便属于 Top level 层级的验证工作了。

系统级验证环境在系统层次上对设计进行性能的分析和优化,包括系统性能分析、系统体系架构分析等。系统级验证使用包括无时间信息的模型、含时间信息的模型和事务级(Transaction Level)模型、RTL 模型等迅速创建系统虚拟原型对 IP 进行各个层次的验证。

随着设计抽象层次的不断提高,对验证工作也提出了更高的挑战性。此外,当遍历了所有可能的测试功能点以后,我们还需要对设计进行更复杂的错误处理验证。检验设计在输入发生错误的时候,是否能有正确的处理机制来处理相应的错误,避免输出不可靠数据,导致下一级系统的输入错误,进而将错误扩散到整个系统中。

完善的验证平台,应该满足以下几个方面:

① 产生相关的激励作为输入数据。

② 通过 Interface 等接口,将激励灌注到设计中,实现对设计的验证测试。

③ 捕获设计的输出数据及相关的中间数据并存储起来,以备后续分析。

④ 对捕获数据进行验证测试,检验设计的正确性,并根据测试的情况反馈,从而不断完善测试计划。

9.3.2 测试验证种类

1. 定向测试

定向测试,顾名思义,就是根据验证的计划,建立特定的测试环境及相应的测试数据,对设计进行特定的仿真测试,以检验该功能测试点是否已经被覆盖。在这个过程中,验证工程师需要根据设计文档及验证计划,制定产生一系列已知的测试数据。当该测试结果完成,我们就可以认为该功能点已经被完全测试覆盖,可以进行下一个功能点的测试验证。

然而,随着设计的复杂度越来越大,定向测试所需要考虑的情况越来越复杂。在项目有限的时间进程中,验证工程师很难将所有的测试情况都考虑到,尤其是一些比较特殊的边界情况。因此,这种验证方法随着业界技术的发展,也越来越无法满足大规模集成电路芯片产业的需求。

2. 受约束的随机测试

受约束的随机测试,简称 CRT(Constrained Random Testing)。随着设计变得越来越复杂,验证工程师在一个有限的项目时间进程中,产生足够多而且足够完善的定向测试数据集将变得越来越困难。因此,正确的解决方法,就是采用受约束的随机测试方法。在有限约束的条件下,尽可能多地自动产生各种测试数据集,来对设计进行大批量的随机测试。

使用受约束的随机测试方法对设计进行测试验证,需要对将要进行随机测试的数据集制定有效的约束条件,以保证随机化的测试数据是符合设计要求的。如果约束条件制定错误,那么随之产生的随机化测试数据,将无法保证测试的合理性,也就无法对设计做出有效的测试验证。

与定向测试方法相比,受约束的随机测试方法明显更为复杂却更高效。验证工程师只需要对设计的测试范围有足够的了解,并设计相应的随机约束条件,利用计算机进行测试数据随机化产生即可达到覆盖大部分功能测试点的要求。因此,受约束的随机测试方法,有效减轻了验证工程师的工作量。

　　然而,一个完整的验证测试,是由定向测试与受约束的随机测试共同完成的。对于一个设计来说,大部分的功能测试点,都可以通过受约束的随机测试方法,产生相应的随机数据进行测试验证,完成其测试需求。可是,对于某些特殊的边界情况,如果我们还是采用受约束的随机测试方法,随机产生相应的测试数据,我们有可能得不到期望的边界测试数据。因此,对于某些特殊的边界测试情况,验证工程师仍然需要根据其特殊情况特殊处理,编写少量的边界测试数据,对设计进行边界情况验证,然后将随机测试的结果与定向测试的结果归纳,从而得到其测试报告,并根据测试报告不断完善测试计划。

　　因此,验证的过程,其实是一个不断迭代完善的过程,在测试的过程中,我们需要不断根据测试报告的结果,改善测试环境,增加测试条件及测试数据,通过不断反复修改迭代,最终完成验证工作,如图 9.14 所示。

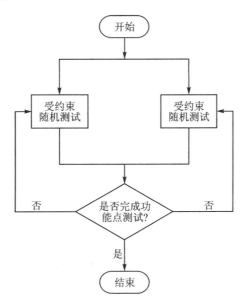

图 9.14　受约束测试验证流程

3. 覆盖率测试

　　前面简单介绍了受约束的随机测试方法与定向测试方法的异同。首先,需要知道覆盖率,就是根据验证报告,有效地判断当前所处的验证完成了多少工作量,还有哪些功能测试点没有被覆盖。

　　对所要验证的对象建立相应的覆盖率测量使用机制,步骤如下:

　　① 根据验证报告,确定需要建立覆盖率采集的特定信号。针对不同的功能测试点,采集的信号数据各不相同。但是,这些被采集的信号都能有效证明该功能点已经被完全测试覆盖。

　　② 在验证平台中,加入覆盖率的相关代码,收集相关信号的覆盖率的仓位。在这个过程中,需要利用 Interface 等接口方式,建立覆盖率仓位,采集相关信号的数据情况,得到其覆盖数据。

　　③ 统一合并数据覆盖率,得到最终的数据覆盖率结果。由于不同的测试情况,只代表了其数据的其中某种可能情况。因此,我们必须把在不同的测试环境中得到的覆盖率情况收集

起来,最后才能得到目前为止的覆盖率情况。然后,根据其覆盖率,对验证的结果进行分析,找出其中没被覆盖的仓位,并根据其仓位情况,完善随机测试的约束,或者对特定的边界情况进行定向测试,以达到覆盖率的目标。

因此,这种测试方法,也被成为覆盖率驱动的验证。

覆盖率是验证工程师对验证计划完成进度的一个重要参考指标。随着验证工作的深入开展,各种功能点逐渐被覆盖测试,我们便逐渐得到对设计对象的验证测试情况。仿真工具会在仿真的过程中收集相关信息,然后将所有的仿真信息综合起来,最后得到需要的验证报告。这是一个反复迭代的过程,并一直持续到达到既定的覆盖率目标,其过程如图 9.15 所示。

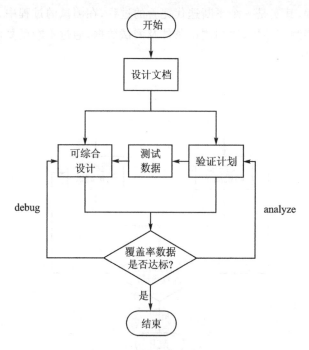

图 9.15　覆盖率验证流程

(1) 代码覆盖率

代码覆盖率是最简单的覆盖率测试。代码覆盖率衡量的指标是设计中的代码是否已经被完全覆盖,有哪些代码在所有的测试情况中没有被执行过,有哪些寄存器变量的状态没有被访问过,有哪些代码路径没有被测试过。

代码覆盖率的具体数据,可以通过相关仿真软件的代码覆盖率工具实现,不需要在验证平台中额外添加相关的测试代码。代码覆盖率是验证过程中首先要达到的重要指标。如果代码覆盖率不达标,就需要深入设计对象,研究没有被执行过的代码是否为冗余代码,或者我们的测试数据生成是否还不完善。

然而,100%的代码覆盖率并不意味着设计已经完全没有问题了。如果设计对象的功能缺失,也可能导致没有相关用于执行的代码,从而导致设计的错误。

(2) 功能覆盖率

验证工程师的主要工作就是为了保证设计的有效性和完整性,保证设计在面对各种实际情况的环境中能够正常使用。因此,当验证工程师对设计进行验证测试的时候,就是在检验其设计的功能覆盖率。譬如在 FIFO 的例子中,当需要对一个 FIFO IP 进行验证测试的时候,该验证计划中不仅要对正常的数据读/写操作机制进行随机验证,更需要对一些可能的边界情况进行测试,例如读空和写满的机制处理。只有完成了所有的可能情况的验证测试,才能达到100％的功能覆盖率。与代码覆盖率相比,功能覆盖率更重要。因为代码覆盖率不能发现的错误,验证工程师可以通过功能覆盖率发现。

（3）断言覆盖率

断言,是指对某个数据传输协议、某种算法,或者某种时序关系中的信号状态进行验证。譬如,在设计 AXI 总线的时候,可以编写针对 AXI 传输协议的信号的时序关系断言验证。只有当时序关系中的信号满足断言条件时,数据才能继续仿真执行;否则,相关断言模块将会对其中错误的时序关系信号发出报警信息,并且终止仿真。

在验证计划中,断言经常用于各种错误时序关系查找。除此之外,验证工程师也可以根据验证计划的需要,建立相关的断言数据采集仓,收集相关的断言信息,建立相关信号的断言覆盖率。在实际的工程应用环境中,一般使用 SVA(System Verilog Assertion)断言语言来实现相关的断言代码编写。

（4）覆盖率测试的完备性

理解代码覆盖率、功能覆盖率、断言覆盖率以后,不同的覆盖率类型之间是什么关系？我们应该如何处理这些关系？下面对这个问题进行简单的归纳回答。

① 代码覆盖率很低,功能覆盖率很低。

这种情况说明验证计划还存在很大的漏洞,验证计划还需要不断地完善。这时候,往往是项目验证计划的初期,需要大量阅读设计文档,增强对设计功能的理解,并提取相关的测试功能点,完善验证计划。如果是在验证计划行将结束的时候,针对设计的代码覆盖率和功能覆盖率仍然处于比较低的水平,那就说明验证计划出了重要纰漏。这时需要重新审核验证计划,以及判断它是否能够正确反映设计的功能及要求。

② 代码覆盖率很高,功能覆盖率很低。

这种情况说明现有的测试已经对设计代码有了一个比较好的遍历情况,但是提取的测试功能点还没有被完全覆盖;编写的随机测试数据只是产生了非常有限的几种情况,并没有对设计中的重要功能点进行测试验证。

③ 代码覆盖率很低,功能覆盖率很高。

在验证计划无误的前提下,功能覆盖率很高,说明验证计划不够完善,提取的验证功能点不充分,设计中仍然有大量的代码没有被实际验证执行过。这个时候,需要根据代码覆盖率的情况,研究到底还有哪些功能代码没有被执行,为什么没有被执行,找出原因并编写相关的测试情况。

④ 代码覆盖率很高,功能覆盖率很高。

当代码覆盖率及功能覆盖率都达到了比较高的水平的时候,说明验证计划已经比较充分。但是,这并不能说明验证计划已经完美了。验证工程师需要在项目允许的时间内,不断地寻找其边界情况,确认是否已经充分测试了所有情况。除此之外,验证工程师还可以通过故意制造执行相关错误情况,以判断设计在输入错误的环境下,是否能够做出预期的正常响应。

9.3.3 测试验证平台实例

验证平台的搭建,不仅要根据设计的功能做出相应的设计规划,还需要考虑针对不同层级的验证需求,以及对后续项目研发的可继承性。在这个验证架构中,测试平台产生相关的随机测试数据,并通过相关的接口灌注到设计中,然后捕获设计的输出响应,并进行数据检查。除此之外,验证平台与设计的最大不同之处,在于验证平台可以是不可综合的代码实现,而设计必须是可综合的代码实现。因此,从层级上来说,验证平台的代码具有更高维度的自由。我们可以在更高的层级上,编写出更为高效、简洁的验证模块,对设计进行强有力的验证测试。

对于设计,目前来说,我们暂时还是通过综合工具将功能描述转化为实际的可综合代码。然而,验证平台却没有这样的限制。一个完整的验证平台,只需要完成对设计的验证测试就可以了。因此,对验证平台的搭建,可以从更高层级去思考,用软件的思想去实现,而并不要求必须是可综合代码。在实际的验证工作中,几乎所有的验证平台组件,都是不可综合的代码。

因此,验证平台具有更大的灵活性。对于初学者来说,分层的测试平台,不直接针对设计功能点进行相关测试任务编写,而是把代码从不同的应用层级区分开,编写不同应用层级的验证组件,这样会使你的验证平台变得非常复杂并难以理解。但是,这一重要理念,将在后边的工作中,将验证工程师从繁重的验证计划中解放出来,使其把精力放在如何更好地编写相关验证情况中去。

因此,一个比较完整的验证平台框架如图 9.16 所示,其结构包括以下几个方面。

① 信号层(signal level),作为整个验证架构的最底层,主要包括验证对象及各种 Interface 连接信号。由于被验证对象属于可综合对象,因此,输入数据主要是通过各种 Interface 灌注到设计中的,输出数据也主要是通过各种 Interface 输出到验证平台,以供验证平台的相关组件进行数据比对,完成验证任务。

图 9.16 是一个简单的测试验证,采用了 SystemVerilog 语言,与 Verilog HDL 语言有一定区别。下面的内容建议具有掌握 SystemVerilog 语言者阅读。该设计的主要功能是实现输入有效信号的延迟输出。

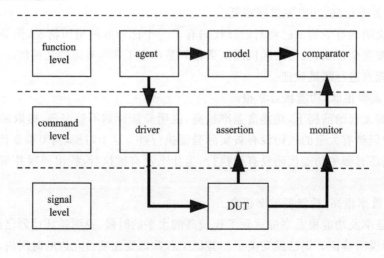

图 9.16 测试验证架构图

例 9.13：验证示例

```
module dut (clk,
            rxd,
            rx_dv,
            txd,
            tx_en);
    input clk;
    input [7:0] rxd;
    input   rx_dv;
    output [7:0] txd;
    output tx_en;

    reg [7:0] txd;
    reg tx_en;

    always @(posedge clk) begin
      txd <= rxd;
      tx_en <= rx_dv;
    end

endmodule
```

其中，验证对象通过 Interface 与验证平台进行数据的输入/输出操作。由于逻辑设计的设计规模越来越大，所以单个功能模块之间需要大量的信号端口进行数据通信。为了简化设计工作，SystemVerilog 使用 Interface 接口来实现模块之间的通信。Interface 可以看做一个端口的实例化。Interface 包含了 connection、synchronization 等功能，其主要目的是用于连接设计 module 与 testbench。

```
interface my_if(input logic rxc, input logic txc);
logic [7:0] rxd;
logic rx_dv;
logic [7:0] txd;
logic tx_en;

  // from model to dut
  clocking drv_cb @(posedge rxc);
    output #1 rxd, rx_dv;
  endclocking

  clocking mon_cb @(posedge txc);
    input #1 txd, tx_en;
  endclocking // tx_cb

endinterface // my_if
```

② 命令层(command level)，主要是将上一层的协议数据信息转化为带有具体的时序信息的时序信号的中间层。在这一层级中，driver 将得到的数据包按照一定的协议顺序，转化为 Interface 接口上的时序信号，传输到下一层作为输入数据。与此同时，monitor 将验证对象的输出数据进行捕获，并将相关的时序数据打包成数据包，以供给上一层的验证组件进行数据的比对分析，验证设计的正确性。本实例中的所有代码都建立在 SystemVerilog 语言的基础上，是以 UVM 方法学为主导构建的一个验证平台。

driver 的代码如下：

```
`include "uvm_macros.svh"
import uvm_pkg::*;
import pkg::*;
class my_driver extends uvm_driver #(my_transaction);
virtual my_if vif;
  uvm_analysis_port #(my_transaction) ap;

  `uvm_component_utils(my_driver)

  extern function new (string name, uvm_component parent);
  extern virtual function void build_phase(uvm_phase phase);
  extern virtual task main_phase(uvm_phase phase);
  extern task drive_one_pkt(my_transaction req);
  extern task drive_one_byte(bit [7:0] data);
endclass

function my_driver::new (string name, uvm_component parent);
  super.new(name, parent);
endfunction

function void my_driver::build_phase(uvm_phase phase);
  ⋮
endfunction

task my_driver::main_phase(uvm_phase phase);
  ⋮
endtask

task my_driver::drive_one_pkt(my_transaction req);
  ⋮
endtask

task my_driver::drive_one_byte(bit [7:0] data);
  ⋮
endtask
```

monitor 的代码如下：

```
`include "uvm_macros.svh"
import uvm_pkg::*;
import pkg::*;
class my_monitor extends uvm_monitor;
virtual my_if vif;
  uvm_analysis_port #(my_transaction) ap;
extern function new (string name, uvm_component parent);
extern virtual function void build_phase(uvm_phase phase);
extern virtual task main_phase(uvm_phase phase);
extern task receive_one_pkt(ref my_transaction get_pkt);
extern task get_one_byte(ref logic valid, ref logic [7:0] data);

  `uvm_component_utils(my_monitor)
```

```
endclass
    ⋮
```

数据包的具体信息以 object 的形式存在。在这个实例中,数据包简单命名为 my_transaction。其中,我们对数据包的 size 做了条件约束,数据包的长度范围是 50～100。在这个范围内,数据包的长度是随机的。这就是我们一直强调的受约束的随机测试方法(constrained random test)。具体的代码实现如下:

```
`include "uvm_macros.svh"
import uvm_pkg:: * ;
import pkg:: * ;
class my_transaction extends uvm_sequence_item ;
rand bit [47:0] dmac;
rand bit [47:0] smac;
rand bit [15:0] ether_type;
rand byte pload[] ;
   // size should be configurable
rand bit [31:0] crc;

constraint cons_pload_size {
    pload.size > = 50;
    pload.size < = 100;
}

extern function new (string name = "my_transaction");
  `uvm_object_utils_begin(my_transaction)
  `uvm_field_int(dmac, UVM_ALL_ON)
  `uvm_field_int(smac, UVM_ALL_ON)
  `uvm_field_int(ether_type, UVM_ALL_ON)
  `uvm_field_array_int(pload, UVM_ALL_ON)
  `uvm_field_int(crc, UVM_ALL_ON)
  `uvm_object_utils_end
endclass // my_transaction
```

此外,断言模块也在命令层中,通过直接监视 Interface 或者内部信号的变化,判断数据的传输是否满足协议。如果不满足,将输出相应的错误报告。

③ 功能层(function level),作为整个验证架构的上层建筑。其处理的对象已经不是具体的信号数据,而是根据某种约定协议打包好的数据包。这一层主要由 agent、model、comparator 组件组成。agent 主要负责接收来自最顶层的测试环境信息,并发送到功能层的 driver 组件,driver 组件根据接收到的验证场景信息,驱动输入数据到验证对象中去。model 组件作为一个 golden 模型,根据 agent 发送的测试环境信息,产生验证对象的预测输出数据包,并发送到 comparator 组件中。此时,接收到来自 model 及验证对象的数据包的 comparator 组件,将对接收到的数据包进行比较验证,完成验证任务。

agent 的代码设计如下:

```
`include "uvm_macros.svh"
import uvm_pkg:: * ;
import pkg:: * ;

class my_agent extends uvm_agent;
```

```
my_sequencer sqr;
my_driver drv;
my_monitor mon;

extern function new(string name, uvm_component parent);
extern virtual function void build_phase(uvm_phase phase);
extern virtual function void connect_phase(uvm_phase phase);

  uvm_analysis_port #(my_transaction) ap;

  `uvm_component_utils_begin(my_agent)
    `uvm_field_object( sqr, UVM_ALL_ON)
    `uvm_field_object( drv, UVM_ALL_ON)
    `uvm_field_object( mon, UVM_ALL_ON)
  `uvm_component_utils_end

endclass // my_agent
```

整个验证平台的环境的上层结构代码如下：

```
`include "uvm_macros.svh"
import uvm_pkg::*;
import pkg::*;
class my_env extends uvm_env;
  my_agent i_agt;
  my_agent o_agt;
my_model mdl;
my_scoreboard scb;

  uvm_tlm_analysis_fifo #(my_transaction) agt_scb_fifo;
  uvm_tlm_analysis_fifo #(my_transaction) agt_mdl_fifo;
  uvm_tlm_analysis_fifo #(my_transaction) mdl_scb_fifo;

extern function new(string name, uvm_component parent);
extern virtual function void build_phase(uvm_phase phase);
extern virtual function void connect_phase(uvm_phase phase);
extern task main_phase(uvm_phase phase);
  `uvm_component_utils(my_env)
endclass
```

值得注意的是，由于 model 模型不需要可综合代码实现，因此，model 的编写可以通过更
高级的语言来完成，譬如 C/C++等面向对象的编程语言。

model 的不可综合模型代码如下：

```
`include "uvm_macros.svh"
import uvm_pkg::*;
import pkg::*;
class my_model extends uvm_component;

  uvm_blocking_get_port #(my_transaction) port;
  uvm_analysis_port #(my_transaction) ap;
extern function new(string name, uvm_component parent);
extern function void build_phase(uvm_phase phase);
```

```
extern virtual task main_phase(uvm_phase phase);

    `uvm_component_utils(my_model)
endclass // my_model
```

场景层的概念,相对来说比较抽象。场景可以理解为针对设计的某种具体工作应用。譬如,当需要对一个 FIFO 做验证测试的时候,需要哪些场景?同时读/写不同地址的数据,或者同时读/写同一地址数据,或者是读空数据,或者是写满数据,都是其中一种需要被验证的场景。因此,场景层,就类似于一个剧本,我们要验证在不同的剧本下,当前代码是否满足我们的设计功能需求。

这个验证平台的结构,如 Top 层,代码如下:

```
`include "package.sv"
`include "dut.sv"
`include "interface.sv"
import pkg::*;
module top();
`include "case0.sv"
reg clk;
my_if my_my_if(clk, clk);
dut my_dut (.clk(clk),
            .rxd(my_my_if.rxd),
            .rx_dv(my_my_if.rx_dv),
            .txd(my_my_if.txd),
            .tx_en(my_my_if.tx_en)
            );
initial begin
clk = 0;
forever begin
    #10; clk = ~clk;
end
end
initial begin
  uvm_config_db#(virtual my_if)::set(null, "uvm_test_top.env.i_agt.drv", "my_if", my_my_if);
  uvm_config_db#(virtual my_if)::set(null, "uvm_test_top.env.o_agt.mon", "my_if", my_my_if);
  run_test();
end
endmodule
```

对于不同的场景,我们需要设置不同的 case 进行数据的测试验证,如下所示:

```
`include "uvm_macros.svh"
import uvm_pkg::*;
import pkg::*;
class my_case0 extends my_test;
    extern function new(string name = "my_case0", uvm_component parent = null);
    extern virtual function void build_phase(uvm_phase phase);
    extern virtual task run_phase(uvm_phase phase);
    `uvm_component_utils(my_case0)
endclass

function my_case0::new(string name = "my_case0", uvm_component parent = null);
super.new(name,parent);
```

```
endfunction // new

function void my_case0::build_phase(uvm_phase phase);
    super.build_phase(phase);

    uvm_config_db#(uvm_object_wrapper)::set(this, "env.i_agt.sqr.main_phase", "default_se-
quence", my_sequence::type_id::get());
endfunction
```

生成的验证仿真报告如图 9.17 所示。该仿真平台用的是 Mentor Graphics Corporation
的 Modeltech 10.0b 软件平台。本实例的验证对象通过 Interface 与验证平台进行数据的输
入/输出操作。验证目的是测试该验证对象是否能实现正常的数据收发功能。从仿真报告中
可以看到,两次发送的数据包,其数据(pload)有效长度分别为 61 和 71,满足了 transaction 当
中对于 pload 设置的条件(pload.size >= 50 && pload.size <= 100)。这就是我们一直强
调的受约束的随机测试方法的体现。

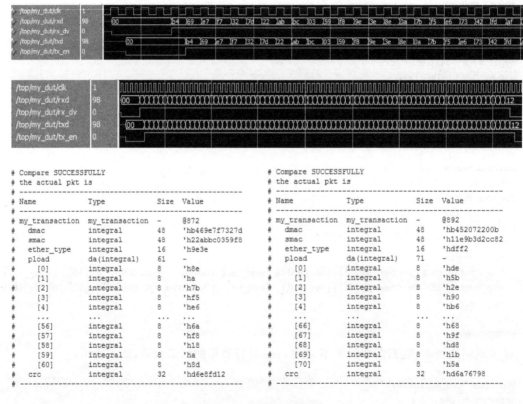

图 9.17　验证仿真结果

为了提高工作效率,在实际的工作中,我们经常通过调用各种自动化脚本,实现仿真的自
动化,以避免错误及减少人工操作所需要的时间。其自动化运行脚本如下:

```
vlog - work work - sv - nocovercells - L mtiAvm - L mtiOvm - L mtiUvm - L mtiUPF D:/modeltech_10.
0b/project/test9/ * .sv
vsim - novopt work.top + UVM_TESTNAME = my_case0
```

```
add wave sim:/top/my_dut/ *
radix hex
run - all
```

值得注意的是,功能覆盖率,作为一个衡量验证计划完成进度的重要指标,对验证计划的推进与改善有着重要的影响。在当前验证平台下,验证工程师通过不同的场景测试,收集验证对象的功能覆盖率数据,分析当前的验证计划中,还有哪些功能测试点没有被覆盖,然后利用受约束的随机测试方法及定向测试方法,不断增加相应的验证场景,完成验证计划。

一个验证平台,除了需要考虑各种验证组件设计外,还需要考虑如何最大化地实现代码重用。因为随着业界产品设计的发展,市场对产品的更新迭代要求越来越快,设计的规模越来越大,需要完成的验证计划也变得越来越复杂。在这种情况下,如果我们的产品在每个版本迭代的过程中,都需要重新搭建平台,那将花费巨大的人力物力,并且有可能因此而错过最佳的市场把握机会。由此可见,在搭建验证平台之初,验证工程师就需要考虑,如何最大化地实现验证平台的可重用性,也就是所谓的代码重用。这样,当我们需要对产品添加新的功能设计的时候,只需要在原有的验证计划中,删除或增加相应的测试功能点,并对已有的验证平台及验证组件做出适当的改动,即可实现对设计的快速验证测试。

此外,实现代码重用的验证平台,对不同层级的设计也有着重要的影响。在一个项目中,验证工程师往往需要在 IP 层,对各种 IP 模块进行充分的功能测试,然后在 Top 层对整个芯片的功能及互连进行充分的测试。在这个过程中,对 IP 层级的 IP 模块测试工作,与对 Top 层级的芯片功能测试工作,有着很多重复的地方。如果针对 IP 层级的 IP 模块验证组件,能够被重用于 Top 层级的验证测试,那也能极大地缩短项目进程,快速地完成验证计划。

简单来说,仿真验证的过程可以分为三个阶段。

(1) 验证环境的建立阶段

在环境的建立阶段,验证平台按照一定顺序,逐步完成各个验证组件的配置,并按照指定的连接关系,完成不同验证组件之间,以及验证组件与设计对象之间的连接。其中,验证组件可以用各种高级语言进行描述,可以采用不可综合的代码实现。而设计对象必须是可综合的代码实现。因此,验证工程师才能在更高层级去描述并设计相应的验证环境及验证情况。现在业界常用的验证语言是 SystemVerilog 语言。

(2) 验证平台的运行阶段

当验证平台中的各个组件完成实例化,并且验证组件之间,以及验证组件与设计对象之间建立正确的连接关系以后,以及验证平台就可以正常启动,按照验证计划,模拟各种条件下的验证环境,对设计对象进行验证测试。一般来说,运行阶段可以划分为三个阶段。

① Reset 阶段。当验证平台建立好以后,首先对整个验证平台及验证对象进行 reset 处理,消除各种不确定状态的信号状况。

② 配置阶段。根据测试的功能点,对相关寄存器等进行配置,模拟对应的验证情况,建立针对于该功能测试点的验证环境。

③ 测试阶段。当相关寄存器配置完毕以后,验证平台开始产生用于驱动设计的数据包,并将数据包按照一定的协议,转换为带有时序关系的信号,输入到设计对象中。与此同时,验证平台也开始从设计对象的输出端采集相关验证数据,进行数据的校验比对,验证设计的正确性。

（3）输出验证报告阶段

测试阶段完成以后，验证平台得到了所有的验证信息。在此基础上，验证平台可以对整个验证过程中的资源消耗、错误信息进行整理归纳，输出验证报告。通过验证报告，可以了解到被测试的功能点是否正确。如果发生错误，则报出来的错误显示发生在哪个模块、哪个时刻等各种详细信息。

随着芯片复杂度的增加，验证工作也变得越来越复杂。设计上的一个纰漏，很有可能导致整个芯片工作异常。验证工程师对设计的成败肩负着重大的责任。从设计文档到最后的芯片投入生产，是一个极其漫长而细腻的过程。每个环节都紧密相扣，互相影响。因此，只有在项目初期，根据设计文档，采用先进的验证方法学，根据设计的功能要求量身定制搭建验证平台，并采用受约束的随机测试与定向测试相结合的方法，才能在有限的项目时间内，高效地完成验证计划，输出能够在各种允许条件下正常工作的芯片设计。

习　　题

1. 时序控制包含几种方法？边沿敏感与电平敏感有何区别？

2. 试根据所给的源代码给出下列时序控制的时序图。

```verilog
module test;
reg clk, waito, edgeo;

initial begin
        clk = 0;edgeo = 0;waito = 0;
        end

always #20 clk = ~clk;
always @(clk) #5 edgeo = ~edgeo;
always wait(clk) #2 waito = ~waito;

endmodule
```

3. 试说明下列两种代码是否存在竞争现象，还有其他解决方法吗？

```verilog
module race(clk, q0);
input clk, q0;
reg q1, q2;

always @( posedge clk) q1 = #1 q0;
always @( posedge clk) q2 = #1 q1;

endmodule

module no_race_1(clk, q0, q2);
input clk, q0;
output q2; reg q1, q2;

always @( posedge clk)
begin q2 = q1; q1 = q0; end

endmodule
```

4. 请用最高速约束和最小面积约束综合下列代码,试发现其中的差异。

```
module mux8_to_1(inbus, select, outenable, outbit);
input [7:0] inbus;
input [2:0] select;
input outenable;
output outbit; reg outbit;

always @(outenable or select or inbus)

begin
if (outenable = = 1)
    outbit = inbus[select];
    else outbit = 1'bz;
end

endmodule
```

5. 试比较下面两种代码仿真结果是否相同,综合后电路结构是否相同。

```
module adder(a, b, c);
input a, b;
output c;
reg c;

always @(a or b)
begin c = a + b; d = a & b; e = c + d; end
// c, d: LHS before RHS
endmodule
```

```
module adder(a, b, c);
input a, b;
output c;
reg c;

always @(a or b)
begin e = c + d; c = a + b; d = a & b; end
// c, d: RHS before LHS
endmodule
```

6. 考虑下面两种代码编写方式,试说明各自的缺点,并分析第二种代码在面积上是否有优势。

```
module add_a (sel, a, b, c, d, y);
input a, b, c, d, sel;
output y;
reg y;

always @(sel or a or b or c or d)
begin
if (sel = = 0) y <= a + b;
else y <= c + d; end

endmodule
```

```
module add_b (sel, a, b, c, d, y);
input a, b, c, d, sel;
output y;
reg t1, t2, y;

always @ (sel or a or b or c or d) begin
if (sel = = 0)
    begin t1 = a; t2 = b; end // Temporary
else
    begin t1 = c; t2 = d; end // variables.
y = t1 + t2; end

endmodule
```

7. 试说明下列代码编写的目的,并解释为何符号乘法需要扩展符号被乘数?

```
module multiply_signed (a, b, z);
input [1:0] a, b;
output [3:0] z;
    // 00 - > 00_00   01 - > 00_01   10 - > 11_10   11 - > 11_11
assign z = { { 2{a[1]} }, a} * { { 2{b[1]} }, b};

endmodule
```

8. 下面是两种描述数据路径的代码,请指出其差异。

```
module dp_sub_b (a, b, carryin, z) ;
input [3:0] a, b, carryin ;
output [3:0] z; reg [3:0] z;

always @ (a or b or carryin) begin
case (carryin)
1'b1 : z < = a - b - 1'b1;
default : z < = a - b - 1'b0;
endcase
end
endmodule

module dp_sub_a(a,b,outbus,carryin);
input [3:0] a, b ;
input carryin ;
output outbus ;
reg [3:0] outbus ;

always @ (a or b or carryin)
outbus < = a - b - carryin ;

endmodule
```

9. 请根据验证章节范例中的 design 功能,仿真 case0 的测试,提取更多的测试点以编写更完整健壮的测试范例。

10. 在验证章节中,我们以 SystemVerilog 作为验证语言,搭建了基于 UVM 方法学的验证测试平台。与过去的传统测试验证平台相比,其主要的优势在哪里? 请阅读相关资料并自行提炼。

第 10 章

仿真实验

Verilog HDL 语言通过结构化和层次化的建模方法设计逻辑电路或数字系统,其中对电路系统的仿真验证是数字系统设计的必要环节。结合多年的本科生教学实验情况和学生实际需求,本章有针对性地安排了下列实验教学内容:

- 仿真器的使用方法;
- 基础模块设计;
- 复杂逻辑模块的设计。

通过上述三方面的内容,可以较好地针对本教材前 9 章讲述的内容予以验证和实验,在掌握 Verilog 硬件描述语言的基础上,进一步掌握数字电路/系统的设计方法,从而为未来的学习和工作奠定基础。

10.1 硬件描述语言仿真器

自 1984 年 Moorby 设计出第一款 Verilog‐XL 仿真器以来,仿真器已经被三大 EDA 工具设计公司设计出至少四种仿真软件。主要的仿真器有:Cadence 公司的 Verilog‐XL 和 NC‐Verilog,Synopses 公司的 VCS 以及本章重点介绍的 Mentor 公司的 ModelSim。前两家公司的仿真器更偏向于面向 ASIC 的仿真验证,而 ModelSim 则更偏向于 FPGA 的仿真验证,并能较好地与 ISE 等工具集成。近年来,以半导体器件/有机器件等仿真验证起家的 SILVACO 公司也推出了 Verilog 仿真器 SILOS‐X,但与上述三个老牌的 EDA 厂家相比,其用户群还有待培养。

10.1.1 ModelSim 仿真

仿真软件在安装正版软件之后还需要安装使用许可证(即 License),之后就可以正常使用。

1. 创建新工程

双击桌面上 ModelSim SE 的快捷图标,启动 ModelSim SE 仿真开发环境,或者从 Windows 操作系统中选择"开始"→"所有程序"→ModelSim SE→ModelSim 命令,启动 ModelSim 仿真软件,启动界面如图 10.1 所示。

新建仿真工程 adder:在 Project Name 文本框中输入工程名称 adder,在 Project Location 下拉列表框中选择默认路径,如图 10.2 所示,选择完成后单击 OK 按钮,进入添加仿真文件页面,如图 10.3 所示。

在图 10.3 中选择 Create New File 或 Add Existing File。如果选择 Create New File(文件新建),如图 10.4 所示,则输入文件名称,选择文件类型 Verilog。如果选择 Add Existing

File(添加文件),则单击 ![]-按钮,选择需要添加的文件集,然后单击 Copy to project directory
单选按钮,将所需要添加的已有文件复制到仿真工程 adder 的文件夹下。被添加的代码需要
进行 File→Save 保存文件。如果将设计模块与测试模块分成两个文件,则文件名可以分别是
adder. v 和 adder_tb. v。当然也可以把这两个文件放在一个文件内执行,在源代码文件中输
入程序,之后保存。

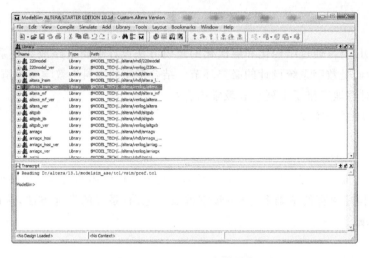

图 10.1　ModelSim 启动界面

图 10.2　工程创建

图 10.3　文件创建

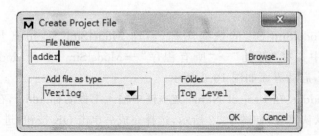

图 10.4　创建或添加新文件

2. 文件编译

如图 10.5 所示,单击工具栏中命令按钮 ,编译所有 .v 文件,或者在 WorkSpace 窗口的 adder.v 文件上右击,在弹出的快捷菜单中选择 Compile→Compile All 命令(如图 10.6 所示),这时在脚本窗口中出现两行绿色字体"Compile of adder.v was successful"和"Compile of adder_tb.v was successful"(如图 10.7 所示),说明文件编译成功。在该文件的 status(状态栏)下方有绿色的对号,表示编译成功,如图 10.7 所示。

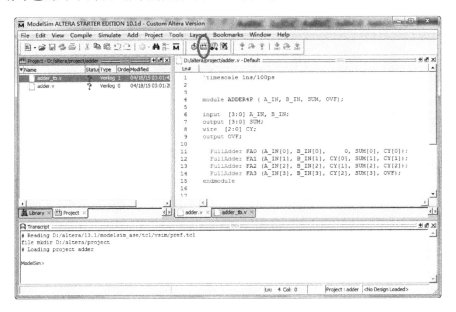

图 10.5　从工具栏选择编译

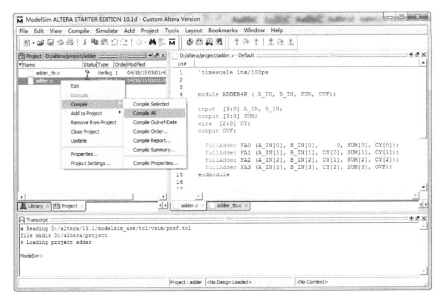

图 10.6　从菜单中选择编译

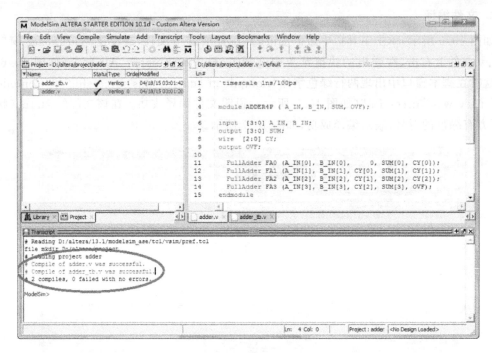

图 10.7   编译成功

3. 仿真运行及波形建立

单击工具栏中的仿真按钮开始仿真,如图 10.8 所示。选择要仿真的文件,并单击 OK 按钮,如图 10.9 所示。

在主菜单栏 Project 中,选择 Adder4Bit_TEST 文件右击,弹出快捷菜单,选择 Add Wave 命令,添加输入/输出端口信号,如图 10.10 所示。然后,弹出波形观测窗口,单击 按钮(如图 10.11 所示),开始仿真,得到仿真的端口输入/输出波形,如图 10.12 所示。可以设定仿真长度,也可单击 Run–All 键开始进行仿真,单击 Break 键结束仿真,观察波形。调节放大与缩小按钮仔细观察图形。仿真数据中可观测信号的延迟时间,并分析逻辑功能是否符合要求。

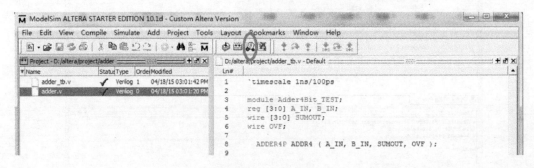

图 10.8   开始仿真

图 10.9 选择要仿真的文件

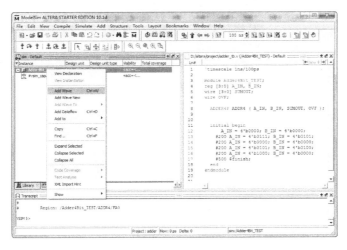

图 10.10 添加输入/输出端口信号

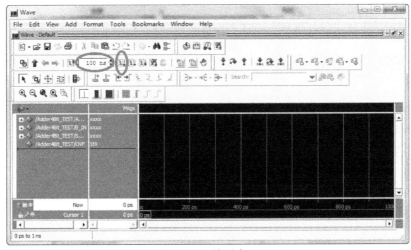

图 10.11 波形窗口

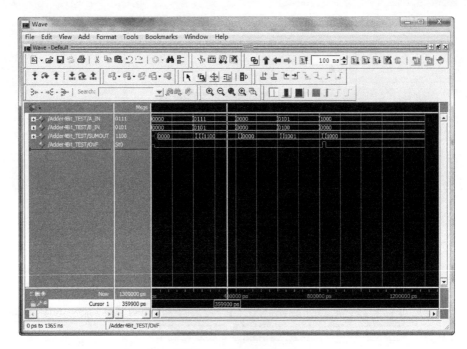

图 10.12   仿真波形输出

例 10.1：实验仿真代码

```
`timescale 1ns/100ps


module adder_4b( a_in, b_in, sum, ovf);

input [3:0] a_in, b_in;
output [3:0] sum;
wire [2:0] cy;
output ovf;

    fulladder fa0 (a_in[0], b_in[0],     0, sum[0], cy[0]);
    fulladder fa1 (a_in[1], b_in[1], cy[0], sum[1], cy[1]);
    fulladder fa2 (a_in[2], b_in[2], cy[1], sum[2], cy[2]);
    fulladder fa3 (a_in[3], b_in[3], cy[2], sum[3], ovf);
endmodule


module fulladder (a, b, cy_in, sum, cy_out);
input a, b, cy_in;
output sum, cy_out;

    assign #15  sum   = a ^ b ^ cy_in;
    assign #15  cy_out = (a & b) | (a & cy_in) | (b & cy_in);
endmodule
```

```
module adder4bit_test;
reg [3:0] a_in, b_in;
wire [3:0] sumout;
wire ovf;

    adder_4b U ( a_in, b_in, sumout, ovf );


    initial
    begin
        a_in = 4'b0000; b_in = 4'b0000;
        #200 a_in = 4'b0111; b_in = 4'b0101;
        #200 a_in = 4'b0000; b_in = 4'b0000;
        #200 a_in = 4'b0101; b_in = 4'b0100;
        #200 a_in = 4'b1000; b_in = 4'b0000;
        #500 $ finish;
    end
endmodule
```

10.1.2　逻辑综合后仿真

双击 ModelSim SE 6.0 的快捷图标,启动 ModelSim SE 仿真开发环境,或者从操作系统中选择"开始"→"所有程序"→ModelSim SE→ModelSim 命令,启动 ModelSim,如图 10.13 所示。

新建后仿真工程 adder,在 Project Name 文本框中输入工程名称 adder,在 Project Location 下拉列表框中选择默认路径(如图 10.14 所示),完成后单击 OK 按钮,进入添加仿真文件页面,如图 10.15 所示。

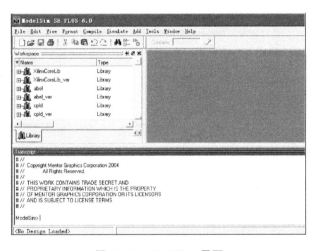

图 10.13　ModelSim 界面

在图 10.15 中选择 Add Existing File,进入文件添加页面(如图 10.16 所示),选择 Copy to project directory 单选按钮,将所需要添加的存在文件复制到仿真工程 adder 的文件夹下。单击 Browse 按钮,选择需要添加的文件集。后端仿真需要三个.v 文件。这三个文件分别是 test_adder.v、adder_ timsim.v、glbl.v,其中,glbl.v 文件在 Xilinx 安装盘的 Xilinx\verilog\src 文件夹里。然后,打开 adder_timsim.v 文件,把 sdf 文件的相对路径 netgen/par/adder_timesim. sdf 改为绝对路径 D: \ program \ XILINX10. 1 \ ISE \ study \ adder \ netgen \ par，如图 10.17 所示。单击▦按钮，编译所有.v 文件，编译全部成功以后，如图 10.18 所示。

图 10.14 工程创建

图 10.15 文件创建

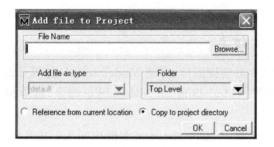

图 10.16 添加新文件

图 10.17 仿真界面

在 Project 栏里右击，在弹出的快捷菜单中选择 Add to Project→Simulation Configuration 命令（如图 10.19 所示），显示如图 10.20 所示对话框。在弹出的对话框中，选择 SDF 选项卡（如图 10.21 所示），单击 Add 按钮可以把 ISE 生成的 SDF 文件添加进去，如图 10.22 所示,在 Apply to Region 文本框中,输入仿真器件路径/testbench/dut,单击 OK 按钮完成。本示例中,该 SDF 文件为 D:/program/XILINX10.1/ISE/study/ adder/netgen/par/adder_timesim.sdf,读者可以参考该文件路径根据自己的工程路径寻找所需要的 SDF 文件。

图 10.18　编译成功

图 10.19　仿真编译

图 10.20　仿真构造 1

图 10.21　仿真构造 2

返回到图 10.20 中,打开 Design 选项卡,单击打开仿真工作库 work,显示子选项,选择仿真文件 test_adder 和 glbl,如图 10.23 所示,单击 OK 按钮完成。此时,在 Project 栏中生成了仿真文件 Simulation 1,如图 10.24 所示。

图 10.22　SDF 文件

图 10.23　仿真调试

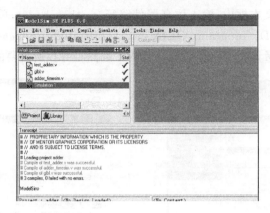

图 10.24 仿真窗口

双击 Project 栏中的 Simulation1 开始综合后仿真,如图 10.25 所示。

在 Project 栏中,选择 test_adder 文件右击,弹出快捷菜单,选择 Add→Add to Wave 命令,添加输入/输出端口信号,如图 10.26 所示。然后,弹出波形观测窗口,单击 ▤ 按钮,开始仿真,得到后端仿真的端口输入/输出波形,如图 10.27 所示。综合后仿真数据中可观测信号的延迟时间,并分析时序是否符合要求。

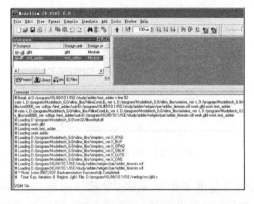

图 10.25 后端仿真

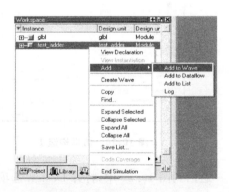

图 10.26 添加输入/输出端口信号

图 10.27 后仿真波形

10.2　Verilog 基础模块设计

10.2.1　组合逻辑建模

实验目的：

① 学习组合逻辑的 Verilog HDL 语法基础，包括门级逻辑建模、连续赋值逻辑建模以及行为描述的组合逻辑建模方法和思想；

② 掌握各种逻辑门的语法表述，连续赋值语句的语法结构和行为描述时组合逻辑的语法规则，同时掌握门级建模的时序控制及语法约定等。

③ 加深了解不同建模方法所描述的组合逻辑的语法特点、结构特点和资源消耗等问题。

设计案例 1：多路选择器——门级逻辑建模

多路选择器根据控制信号从两个或者多个输入源中选择一路输出，实现多路信号的选择功能，同时还可以用来实现布尔函数。通过几种基本类型的逻辑门可以实现多路选择器，典型的四选一多路选择器逻辑结构图如图 10.28 所示。

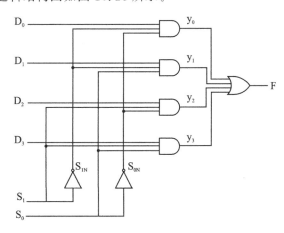

图 10.28　四选一多路选择器逻辑结构图

例 10.2：四选一多路选择器

```
`timescale 1ns/1ns

//四选一多路器模块
module mux4_1 (f, s0, s1, d0, d1, d2, d3);
//定义输入输出端口
input s0, s1;
input d0, d1, d2, d3;
output f;
    //内部线网声明
    wire s0n, s1n;
    wire y0, y1, y2, y3;

    //门级实例调用
    not (s1n, s1);
```

```
    not (s0n, s0);

    and (y0, d0, s1n, s0n);
    and (y1, d1, s1n, s0);
    and (y2, d2, s1, s0n);
    and (y3, d3, s1, s0);
    or (f, y0, y1, y2, y3);

endmodule
```

//**测试模块**
```
`timescale 1ns/1ns
`include "mux4_1.v"

module mux4_1_test;
```
//**声明测试变量**
```
reg din0, din1, din2, din3;
reg sin0, sin1;
```
//**声明输出**
```
wire fout;

    //产生激励信号
    initial
    begin
        //设置多路信号
        din0 = 1;
        din1 = 0;
        din2 = 1;
        din3 = 0;

        //多路选择测试
        #20 sin0 = 0; sin1 = 0;
        #20 sin0 = 1; sin1 = 0;
        #20 sin0 = 0; sin1 = 1;
        #20 sin0 = 1; sin1 = 1;
        #20 $stop;
    end

    //调用四选一多路器
    mux4_1 mymux(fout, sin0, sin1, din0, din1, din2, din3);

endmodule
```

运行程序,仿真结果如图 10.29 所示。

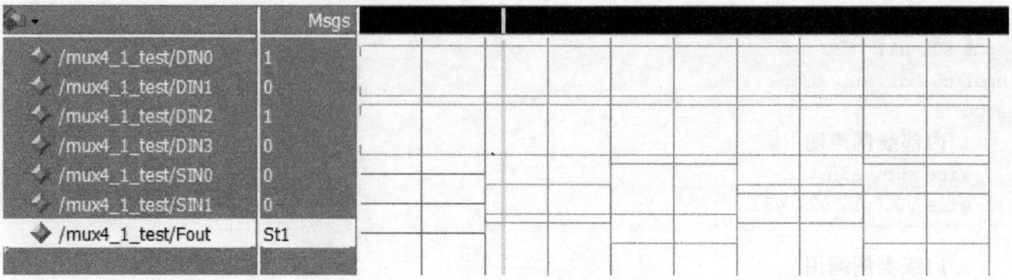

图 10.29　例 10.2 仿真结果

实验要求:

① 掌握简单门级逻辑建模方法,掌握简单测试模块编写方法。

② 理解仿真过程中四选一多路器随着选择信号的变化而输出不同信号的过程。

例 10.3: 多路选择器——门级延迟

```
`timescale 1ns/1ns

//四选一多路器模块
module mux4_2 (f, s0, s1, d0, d1, d2, d3);
//定义输入输出端口
input s0, s1;
input d0, d1, d2, d3;
output f;
//内部线网声明
wire s0n, s1n;
wire y0, y1, y2, y3;

    //门级实例调用
    not #(4) n1(s1n, s1);
    not #(6) n2(s0n, s0);

    and #(5) a1(y0, d0, s1n, s0n);
    and #(5) a2(y1, d1, s1n, s0);
    and #(5) a3(y2, d2, s1, s0n);
    and #(5) a4(y3, d3, s1, s0);

    or #(3) o1(f, y0, y1, y2, y3);

endmodule
```

运行程序,仿真结果如图 10.30 所示。

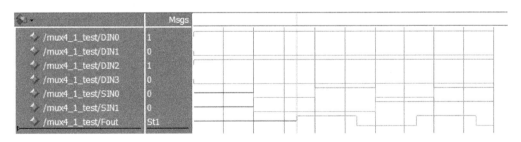

图 10.30　例 10.3 仿真结果

实验要求:

① 掌握简单门级逻辑建模方法,掌握简单测试模块编写方法。

② 观察仿真结果,回顾门级建模中的门延迟表示方法,对比无延迟情况下的仿真输出,理解不同门级延迟参数对仿真结果的影响。

例 10.4: 多路选择器——连续赋值逻辑建模

```
`timescale 1ns/1ns

//四选一多路器模块
```

```
module mux4_3 (f, s0, s1, d0, d1, d2, d3);
//定义输入输出端口
input s0, s1;
input d0, d1, d2, d3;
output f;

    //依据逻辑方程描述输出
    assign f = (~s1 & ~s0 & d0) | (~s1 & s0 & d1) |
            (s1 & ~s0 & d2) | (s1 & s0 & d3);

endmodule
```

//或者采用条件操作语句描述的连续赋值操作
```
`timescale 1ns/1ns

//四选一多路器模块
module mux4_4 (f, s0, s1, d0, d1, d2, d3);
//定义输入输出端口
input s0, s1;
input d0, d1, d2, d3;
output f;

    //依据逻辑方程描述输出
    assign f = s1 ? (s0 ? d3 : d2) : (s0 ? d1 : d0);

endmodule
```

实验要求：

① 掌握连续赋值逻辑建模的方法，掌握简单测试模块编写方法。

② 对比门级逻辑建模方法，观察连续赋值逻辑建模和门级逻辑建模方法的异同，理解数据流建模方法在逻辑抽象中的优势。

例 10.5：多路选择器——行为描述建模

```
`timescale 1ns/1ns

//四选一多路器模块
modul emux4_5 (f, s0, s1, d0, d1, d2, d3);
//定义输入输出端口
input s0, s1;
input d0, d1, d2, d3;
output f;
//输出端口被声明为寄存器类型变量
reg f;

    //采用 always 块语句进行多路选择器的行为描述
    always @(s1 or s0 or d0 or d1 or d2 or d3)
    case ({s1, s0})
        2'd0 : f = d0;
        2'd1 : f = d1;
        2'd2 : f = d2;
        2'd3 : f = d3;
```

```
    endcase

endmodule
```

实验要求：

① 掌握组合逻辑电路的行为描述建模方法,掌握简单测试模块编写方法。

② 对比门级逻辑建模方法和连续赋值逻辑建模方法,观察行为描述建模方法和前两者之间的异同,理解行为描述建模方法在逻辑抽象过程中的优势。

③ 理解 always 块语句在电路综合时的行为,掌握利用 always 块语句进行组合逻辑设计的方法。

设计案例 2：简单组合逻辑设计实例

某保险库房的通道由两道门组成,如图 10.31 所示。其设计要求为当 A 门打开时,B 门一定是关闭的,反之亦然。每扇门均有开门请求的输入信号 key、表示门是否为锁定状态的输出信号 locked,以及来自另一扇门的锁定状态输入信号 next_door_locked。依据门的控制逻辑,设计控制模块 door_controller。

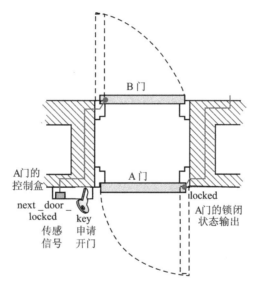

图 10.31　库房的 A 门和 B 门

例 10.6：控制器

```
module door_controller ( key, next_door_locked, locked );
input key, next_door_locked ;
output locked ;

    assign locked = ! ( key && next_door_locked );

endmodule
```

依据门的控制逻辑,编写测试模块(test bench),测试该保险库房通道的 A 门和 B 门开启闭合的关系,需要监测：① 只有一扇门开启(A 门或 B 门)的情况 one_door_unlocked；② 两扇门同时都开启(正常情况下不应出现)的情况 both_doors_unlocked。测试案例如图 10.32 所示。在案例一中,将依次打开 A 门、关闭 A 门、打开 B 门和关闭 B 门的过程；在案例二中,打开 A 门且尚未关闭之前,检测另外的人试图打开 B 门的情况。

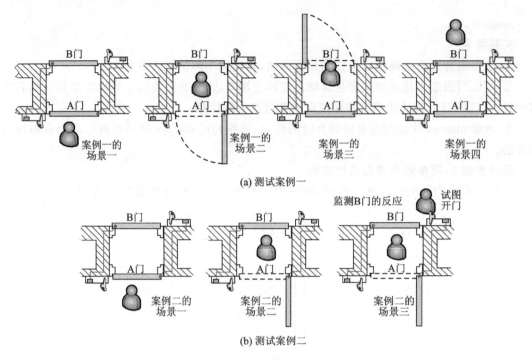

(a) 测试案例一

(b) 测试案例二

图 10.32 库房的 A 门和 B 门控制器的测试案例

编写相应的测试模块 tb_door_controllers 如下:

```
module tb_door_controllers ;
reg key_a, key_b ;
wire locked_a, locked_b ;
wire one_door_open, both_doors_open ;

    door_controller uut_a ( .key( key_a ),
                            .next_door_locked( locked_b ),
                            .locked( locked_a ) );
    door_controller uut_b ( key_b, locked_a, locked_b  );

    initial begin
        #10 key_a = 0 ; key_b = 0 ;
        #10 key_a = 1 ;
        #10 key_a = 0 ;
        #10 key_b = 1 ;
        #10 key_b = 0 ;
        #20 ;
        #10 key_a = 1 ;
        #5 key_b = 1 ;
        #5 key_a = 0 ;
        #10 key_a = 0 ;
        $ stop ;
```

```
    end

    assign one_door_open = locked_a ^ locked_b ;

    assign both_doors_open = ! locked_a && ! locked_b ;

endmodule
```

运行程序,仿真结果如图 10.33 所示。

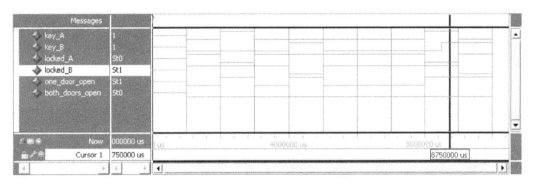

图 10.33　例 10.6 仿真结果

实验要求:

① 能够发现生活中数字逻辑实例,掌握简单数字逻辑实例的逻辑抽象能力。

② 观察仿真结果,理解测试案例设计完备性的重要性,掌握测试向量遍历方法。

10.2.2　时序逻辑建模

实验目的:

① 学习简单的时序逻辑电路的 Verilog HDL 实现方法,掌握条件语句、case 语句、循环语句等基本 Verilog HDL 语法结构的使用方法,进一步加深理解 always 块语句在时序控制电路中的设计方法,理解 Verilog 可综合设计的风格。

② 掌握基本时序逻辑电路的 Verilog HDL 例子,包括 RS 触发器、JK 触发器、D 触发器、寄存器、计数器等,加深了解 Verilog HDL 语法结构与综合结构的映射关系。

设计案例 1:JK 触发器

JK 触发器是时序数字电路触发器中的一种基本电路单元,具有置 0、置 1、保持和翻转功能。在各类触发器中,JK 触发器功能最为齐全,同时避免了 RS 触发器在 RS=1 时造成的不定状态,经过外置接口改造,可以很灵活地转换成其他类型的触发器。JK 触发器状态转换表如表 10.1 所列。

表 10.1　JK 触发器状态转换表

J	K	Q^{n+1}
0	0	Q^n
1	0	1
0	1	0
1	1	$\overline{Q^n}$

例 10.7:JK 触发器

```
`timescale 1ns/1ns

//JK 触发器模块
```

```verilog
module jk_m (j, k, clk, q, qb);
//定义输入/输出端口
input j, k, clk;
output q, qb;

    //采用 always 块语句描述 q 输出端行为,q 被声明为寄存器类型变量
    reg q;
    //连续赋值语句定义反向输出端
    assign qb = ~q;

    //always 块语句
    always @( posedge clk )
    case ({ j , k })
        2'd0 : q <= q;
        2'd1 : q <= 0;
        2'd2 : q <= 1;
        2'd3 : q <= ~q;
    endcase

endmodule

//测试模块
`timescale 1ns/1ns

module jk_m_test;
//声明测试变量
reg jin, kin, clkin;
//声明输出
wire qout, qbout;
    //产生激励信号
    initial
    begin
        //测试变量初始化
        jin = 0;
        kin = 0;
        clkin = 0;

        //设置JK信号
        #30 jin = 1; kin = 0;
        #100 jin = 1; kin = 1;
        #100 jin = 0; kin = 0;
        #100 jin = 0; kin = 1;
        #100 jin = 1; kin = 1;
        #100 $ stop;
    end

    //产生周期性的时钟
    always #50 clkin = ~clkin;
    //调用JK触发器模块
    jk_m myjk(jin, kin, clkin, qout, qbout);
endmodule
```

运行程序,仿真结果如图 10.34 所示。

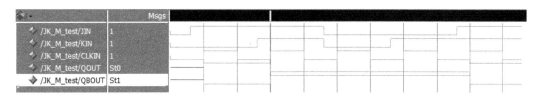

图 10.34　例 10.7 仿真结果

实验要求:

① 观察仿真波形,理解 JK 触发器的状态转移规则,掌握利用 always 块语句实现简单时序逻辑电路的设计方法。

② 观察仿真波形,掌握周期激励信号的产生方法。

设计案例 2:简单分频器

利用 20 MHz 的基准时钟,设计一个具有三个分频输出的分频器,输出分别为 10 MHz、1 MHz 和 500 kHz。

例 10.8:分频器

```
`timescale 1ns/1ns

//多分频输出模块
module fdivision (f20m, reset, f10m, f1m, f500k);
//定义输入/输出端口
input f20m, reset;
output f10m, f1m, f500k;

//定义寄存器变量
reg f10m, f1m, f500k;
//定义内部寄存器实现分频计数
reg [3:0] count1m;
reg [4:0] count500k;

    //采用 always 块语句实现第一个 10 MHz 分频输出
    always @( posedge f20m)
    begin
        if( ! reset )
            f10m < = 0;
        else
            f10m < = ~f10m;
    end

    //采用 always 块语句实现第二个 1 MHz 分频输出
    always @( posedge f20m)
    begin
        if( ! reset )
            begin
                f1m < = 0;
                count1m < = 0;
```

```
                end
            else
                begin
                    if( count1m >= 9)
                        begin
                            f1m <= ~ f1m;
                            count1m <= 0;
                        end
                    else
                        count1m <= count1m + 1;
                end
        end

    //采用 always 块语句实现第三个 500 kHz 分频输出
    always @( posedge f20m)
    begin
        if( ! reset )
            begin
                f500k <= 0;
                count500k <= 0;
            end
        else
            begin
                if( count500k >= 19)
                    begin
                        f500k <= ~ f500k;
                        count500k <= 0;
                    end
                else
                    count500k <= count500k + 1;
            end
    end

endmodule


//测试模块
`timescale 1ns/1ns

module fdivision_test;
//声明测试变量
reg f20min, reset;
//声明输出
wire f10mout, f1mout, f500kout;

    //产生激励信号
    initial
    begin
        //测试变量初始化
        f20min = 0;
        reset = 1;
```

```
                    //设置 reset 信号
                    #100 reset = 0;
                    #100 reset = 1;
                    #10000 $ stop;

              end

              //产生周期性的时钟
              always #25 f20min = ~f20min;

              //调用多分频输出模块
              fdivision myfd(f20min, reset, f10mout, f1mout, f500kout);

endmodule
```

运行程序,仿真结果如图 10.35 所示。

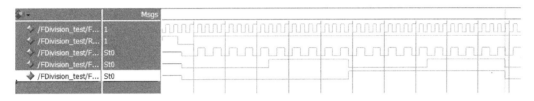

图 10.35　例 10.8 仿真结果

实验要求:

① 观察仿真波形,注意多个分频输出与分频基准信号之间的同步性,掌握采用计数器进行分频电路设计的基本规则。

② 考虑采用异步的方法实现多个分频输出,对分频基准信号进行二分频设计产生 f10m 输出,利用 f10m 信号进行 10 分频设计产生 f1m 信号,对 f1m 信号进行二分频设计产生 f500k 信号输出,观察功能仿真结果与同步分频设计之间的异同。进一步,对异步分频设计代码进行综合后时序仿真,观察时序仿真结果与同步分频设计之间的异同。

设计案例 3:数据交换器

设计一个具有加载功能的数据交换器,能够在时钟边沿控制条件下对两路输出信号进行数据交换。

例 10.9: 数据交换器

```
`timescale 1ns/1ns

//数据交换器模块
module data_swap (clk, reset, load1, load1data, load2, load2data, data1out, data2out);
//定义输入/输出端口
input clk, reset;
input load1, load2;
input [7:0] load1data, load2data;
output [7:0] data1out, data2out;

//定义寄存器变量
reg [7:0] data1out, data2out;

//采用 always 块语句实现数据交换
```

```
        always @( posedge clk)
        if( ! reset )
            begin
                data1out <= 0;
                data2out <= 0;
            end
        else
            begin
                if( load1 & load2 )
                    begin
                        data1out <= load1data;
                        data2out <= load2data;
                    end
                else if( load1 & ! load2 )
                    data1out <= load1data;
                else if( ! load1 & load2 )
                    data2out <= load2data;
                else
                    begin
                        data1out <= data2out;
                        data2out <= data1out;
                    end
            end

endmodule


//测试模块
`timescale 1ns/1ns

module data_swap_test;
//声明测试变量
reg clkin, reset;
reg load1, load2;
reg [7:0] load1data, load2data;

//声明输出
wire [7:0] data1out, data2out;

    //产生激励信号
    initial
    begin
        //测试变量初始化
        clkin = 0;
        reset = 1;
        load1 = 0;
        load2 = 0;
        load1data = 8'haa;
        load2data = 8'hbb;

        //设置 reset 信号
        #100 reset = 0;
        #100 reset = 1;
```

```
            //设置数据加载信号
            #200 load1    = 1;
            #100 load2    = 1;
            #200 load2    = 0;
            #200 load1    = 0;

            #1000 $ stop;
        end

    //产生周期性的时钟
    always #50 clkin = ~ clkin;

    //调用数据交换模块
    data_swap myswap(clkin, reset, load1, load1data, load2, load2data, data1out, data2out);

endmodule
```

运行程序,仿真结果如图 10.36 所示。

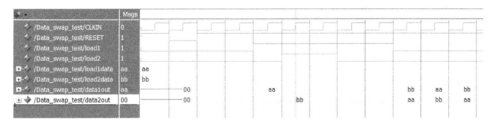

图 10.36　例 10.9 仿真结果 1

实验要求:

① 观察仿真波形,注意重置信号、数据加载信号与时钟信号之间的时序关系,观察两路输出信号之间的交换行为,掌握 always 块语句实现简单时序逻辑电路设计的方法。

② 作为对比,在 data_swap 模块中的 always 块语句里,将 if 语句换成如下代码,并编译仿真。观察图 10.36 和图 10.37 两个仿真结果的对比,加深对 if 语句执行过程的理解。

```
//采用 always 块语句实现数据交换
always @( posedge clk)
if( ! reset )
    begin
        data1out <= 0;
        data2out <= 0;
    end
else
    begin
        if( load1 )
            data1out <= load1data;
        else if( load2 )
            data2out <= load2data;
        else
            begin
                data1out <= data2out;
                data2out <= data1out;
```

```
            end
    end
```

if 语句变换后运行程序,仿真结果如图 10.37 所示。

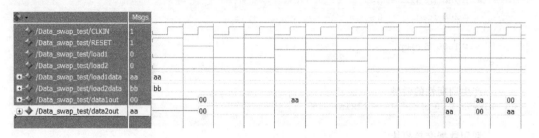

图 10.37   例 10.9 仿真结果 2

设计案例 4:积分器和微分器

积分器和微分器作为信号处理器的基本运算单元,是数字信号处理设计中的基本模块。数字积分器实现采样值的累加,数字微分器提供对信号中数值程度的度量。

例 10.10:积分器和微分器

```verilog
`timescale 1ns/1ns

//数字积分器模块
module integrator (clk, reset, hold, data_in, data_out);
//定义输入/输出端口
input clk, reset, hold;
input [7:0] data_in;
output [7:0] data_out;

//定义寄存器变量
reg [7:0] data_out;

    //采用 always 块语句实现积分运算
    always @( posedge clk)
    begin
        if( ! reset )
            data_out <= 0 ;
        else if( hold)
            data_out <= data_out;
        else
            data_out <= data_out + data_in;
    end

endmodule

//数字微分器模块
module differentiator (clk, reset, hold, data_in, data_out);
//定义输入/输出端口
input clk, reset, hold;
input [7:0] data_in;
output [7:0] data_out;

//定义内部寄存器变量
```

```
reg [7:0] buffer;

assign data_out = data_in - buffer;

    always @( posedge clk)
    begin
        if( ! reset )
            buffer <= 0 ;
        else if( hold)
            buffer <= buffer;
        else
            buffer <= data_in;
    end

endmodule
```

//测试模块
```
`timescale 1ns/1ns

module intdiff_test;
    //声明测试变量
    reg clkin, reset, hold;
    reg [7:0] int_data_in;

    //声明输出
    wire [7:0] int_data_out, dif_data_out;

    //产生激励信号
    initial
    begin
        //测试变量初始化
        clkin = 0;
        reset = 1;
        hold = 0;
        int_data_in = 0;

        //设置 reset 信号
        #100 reset = 0;
        #100 reset = 1;

        #2000 $ stop;
    end

    //产生周期性的时钟
    always #50 clkin = ~ clkin;

    //产生数据信号
    always #100 int_data_in = int_data_in + 1;

    //调用积分和微分模块
    integrator myint(clkin, reset, hold, int_data_in, int_data_out);
    differentiator mydif(clkin, reset, hold, int_data_out, dif_data_out);

endmodule
```

运行程序,仿真结果如图 10.38 所示。

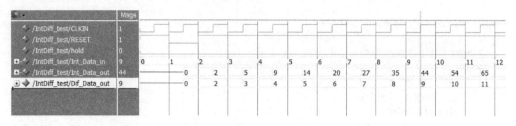

图 10.38　例 10.10 仿真结果

实验要求:

① 理解数字积分器和微分器的工作原理,掌握数字信号处理基本运算单元的 Verilog HDL 设计方法。

② 利用 always 块语句,进一步可以对 FIR 滤波器、IIR 滤波器进行设计和验证。

③ 加深测试模块中测试向量生成的理解,改变微分模块的输入数据,重新进行功能仿真实验,对比仿真结果,加深微分模块工作原理学习。

10.3　复杂逻辑设计

10.3.1　阻塞赋值和非阻塞赋值

实验目的:

① 学习阻塞赋值与非阻塞赋值的 Verilog HDL 语法基础,包括行为描述中对阻塞赋值/非阻塞赋值的语法理解、使用差异和逻辑电路的具体结构。掌握组合逻辑使用的赋值建模方法和时序逻辑的赋值建模方法。

② 掌握两种赋值语句的语法表述,同时掌握两种赋值语句的时序控制及语法约定等。

③ 加深了解不同赋值方法所描述的逻辑电路的语法特点、逻辑综合电路结构和逻辑资源消耗等问题。同时,了解仿真实验中检验非阻塞赋值带来的仿真速度降低以及内存占用过多问题。

阻塞赋值与非阻塞赋值差异可以简单归纳如下:

● 阻塞赋值按语句顺序串行执行;

● 非阻塞赋值基于时间并行执行;

● 非阻塞赋值可以避免竞争。

例 10.11:阻塞赋值

```
`timescale 1ns/1ns

module a2c (a, clk, c);
input a,clk;
output c;
wire b;
```

```
    always@(posedge clk)
    begin
        b = a;          //阻塞赋值
        c = b;          //阻塞赋值
    end
endmodule

module block_test;
reg a, clk;
wire b,c;
    a2c U(a,clk,c);

    initial begin
        clk = 0;
    end

    always #5 clk = ~clk;

    initial begin // blocking assignments
        a = #10 1; // time 10
        #20 a = 0;
        #15 a = 1;
        #30 a = 0;
        #50
    end

    initial begin
        $ monitor($ time,," a= %b b= %b c= %bclk= %b ", a, b, c, clk);
        #100 $finish;

    end

endmodule
```

实验要求：

① 观察仿真结果,基于综合工具观察逻辑结构并给予解释和说明。

② 理解仿真过程中,当 clk 上升沿到来时,把 a 的值赋给 b,再把 b 的值赋给 c,并显示 a、b 的值。当条件符合时,执行上述操作。在把 a 的值赋给 b 的过程中,观察其他语句是否都"被阻塞",观察理解语句执行过程的串行性和并行性。

例 10.12：非阻塞赋值

```
`timescale 1ns/1ns

module a2c (a, clk, c);
input a,clk;
output c;
wire b;

    always@(posedge clk)
    begin
        b <= a;          //非阻塞赋值
        c <= b;          //非阻塞赋值
```

```
        end
endmodule

module block_test;
reg a, clk;
wire b,c;
    a2c U(a,clk,c)
    initial begin
        clk = 0;
    end

    always #5 clk = ~clk;

    initial begin // blocking assignments
        a = #10 1; // time 10
        #20 a = 0;
        #15 a = 1;
        #30 a = 0;
        #50
    end

    initial begin
        $ monitor( $ time,," a =  % b b =  % b c =  % bclk =  % b ", a, b, c, clk);
        #100 $ finish;
    end

endmodule
```

实验要求:

① 观察仿真结果,基于综合工具观察逻辑结构并给予解释和说明。

② 通过仿真器理解在上升沿到来时,计算所有的 RHS(Right Hand Side)的值,此时,a 的值为 1,b 的值为 x,它们同步执行没有先后顺序;然后更新 LHS(Left Hand Side)的值,结束之后,b 的值变为 1,c 的值为前一时刻 b 的值,即 x。

10.3.2　任务与函数

1. 任　务

任务与函数提供了从多个位置调用同一段代码的描述方法,通过将较庞大的程序改写为分立短小的模块化代码,使程序更易编写,更易阅读,更易调试。任务的属性包括:

- 任务可以有 input、output、inout 参数;
- 传送到任务的参数与任务 I/O 说明顺序相同;
- 任务可调用任务和函数;
- 任务可包含延迟、事件和使用时序控制;
- 任务中只能使用行为级语句,但不能用 always 和 initial 块;
- 任务有自动任务,可使用关键字 disable 中断任务。

实验目的:

① 学习掌握 Verilog HDL 任务的语法规则,通过对 Verilog HDL 代码的编写,熟悉任务的属性特点,具体包含:任务的编写规则、输入/输出与数据的传递、任务时序控制等,并深刻理

解其内涵。

　　② 掌握任务功能描述与电路结构的对应关系,理解逻辑结构的可综合性。

　　例 10.13：任务

```
module adder(sum,cout,x,y,cin);
parameter n = 32;
input [n-1:0] x,y;
input cin;
output cout;
output [n-1:0] sum;
reg [n-1:0] sum;
reg cout;
reg [n:0] c;
integer k;

    always@(x or y or cin)
    begin
        c[0] = cin;

        for (k = 0;k<n;k = k + 1)
            addbit(sum[k],c[k+1],x[k],y[k],c[k]);
        cout  = c[n];

    end

    task addbit;
        output sum, cout;
        input x, y, cin;

        {cout,sum} = x + y + cin;
    endtask

endmodule

module adder_test;              //testbench
reg [31:0] x,y;
reg cin;
wire [31:0] sum;
wire cout;

    adder fulladd(sum,cout,x,y,cin);

    initial
    begin
        X = 32'h3; Y = 32'h4; cin = 1;
        #100 X = 32'h4;
        #100 Y = 32'h5;
        #100 cin = 0;
        #100 X = 32'h5; Y = 32'h6;
        #100 X = 32'hfffffff9; Y = 32'h7; cin = 1;
        #100 $finish;
    end

endmodule
```

运行程序，仿真结果如图 10.39 所示。

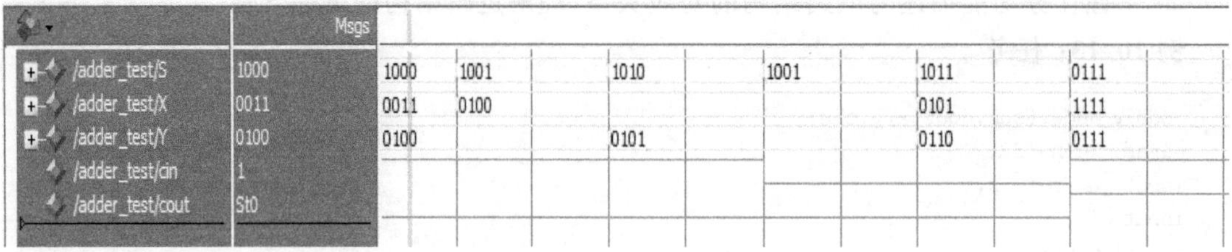

图 10.39　例 10.13 仿真结果

实验要求：

① 上述全加器代码通过任务语句完成设计，通过该实验学生应当掌握任务的语法规则和使用方法；

② 本书中还介绍了全加器的其他几种编码方法，如：逻辑门级编码结构和连续赋值语句的编码结构，要求学生比较上述三种编码方式的设计异同，并掌握门级结构、赋值语句和行为描述三种建模的设计方法。

2. 函　数

函数的语法规则和属性包括：

① 函数至少有一个输入变量，可以有多个输入；

② 函数内不能包含延迟、事件和时序控制；

③ 函数可调用函数，但不可调用任务；

④ 函数没有输出或双向端口，通过函数名返回一个值。

实验目的：

① 学习掌握 Verilog HDL 函数的语法规则，通过对 Verilog HDL 代码的编写，熟悉函数的属性和使用方法。函数的实验练习包含函数的编写规则、输入声明、数据的传递、赋值语句等，深刻理解其内涵。

② 掌握函数逻辑功能描述与电路结构的对应关系，理解逻辑结构的可综合性。

例 10.14：函数的奇偶校验代码

```
module parity_using_func (data_in , parity_out);
output   parity_out ;
input [7:0] data_in ;

reg parity_out ;

    always @ (data_in)
    begin
        parity_out = parity(data_in);
    end

    function parity;
        input [31:0] data;
        integer i;
        begin
            parity = 0;
```

```
            for (i = 0; i < 32; i = i + 1) begin
                parity = parity ^ data[i];
            end
        end
    endfunction

endmodule

module test;

wire parity_out;
reg [7:0] data_in;

    parity_using_func  parity_test(data_in,parity_out);
    initial
    begin
            data_in = 8'b00000000;
        #10 data_in = 8'b01001001;
        #10 data_in = 8'b10101100;
        #10 data_in = 8'b01010111;
        #10 data_in = 8'b01010110;
        #10 data_in = 8'b01001011;
        #10 data_in = 8'b00011111;
        #20  $ stop;

    end
endmodule
```

运行程序,仿真结果如图 10.40 所示。

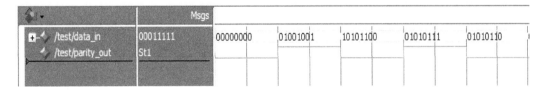

图 10.40　例 10.14 仿真结果

实验要求:

① 上述奇偶校验代码通过函数语句完成设计,通过该实验学生应当掌握函数的语法规则和使用方法;

② 奇偶校验设计还可使用其他几种编码方法,如:逻辑门级结构或连续赋值语句的编码结构,要求学生比较上述三种编码方式的设计异同,并掌握函数结构中不同设计方法的设计策略。

下面给出一个 8 bit 串行 CRC 的代码,其中生成多项式 $1 + x + x^2 + x^8$,请读者试着编写测试模块并进行仿真测试。

例 10.15:8 bit 串行 CRC

```
module  crc8_d4 (clock, data, sync_reset, hold, crc);

input       clock;
```

```
input  [data_width－1:0] data;
input sync_reset,hold;
output reg [poly_width－1:0] crc;
parameter          integerinitial_value =－1,
                   Polypoly_width = 8,
                   data_width = 4;

    always @(posedge clock) begin
         if (sync_reset)
             crc ＜ = initial_value;
         else if (hold)
             crc ＜ = crc;
         else crc＜ = nextcrc8_d4(data,crc);
         end
     // polynomial: (0 1 2 8)
     // data width: 4
     // convention: the first serial data bit is d[3]

    function [7:0] nextcrc8_d4;
    input [3:0] data;
    input [7:0] crc;

    reg [3:0] d;
    reg [7:0] c;
    reg [7:0] newcrc;

    begin
         d = data;
         c = crc;
         newcrc[0] = d[0]^c[4];
         newcrc[1] = d[1]^d[0]^c[4]^c[5];
         newcrc[2] = d[2]^d[1]^d[0]^c[4]^c[5]^c[6];
         newcrc[3] = d[3]^d[2]^d[1]^c[5]^c[6]^c[7];
         newcrc[4] = d[3]^d[2]^c[0]^c[6]^c[7];
         newcrc[5] = d[3]^c[1]^c[7];
         newcrc[6] = c[2];
         newcrc[7] = c[3];
         nextcrc8_d4 = newcrc;
    end
    endfunction

endmodule
```

10.3.3 有限状态机

实验目的：

① 学习掌握 Verilog HDL 中有限状态机的设计规则。代码编写注意事项：赋值语句使用、行为描述过程、时序逻辑/组合逻辑应用等。状态机需要掌握的内容：状态机分类、状态块设计、状态编码、状态优化以及状态机可读性/可维护性等。

② 掌握状态机逻辑功能描述与电路结构的对应关系，理解状态机逻辑结构的可综合性。

状态图 10.41 和转换表 10.2 是使用米勒机（Mealy）的编码方式进行设计的，其源代码如下。

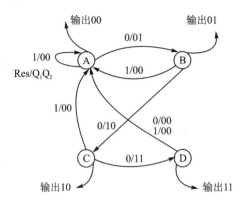

输出00　　　　　　　　　　　　输出01

　　　0/01

1/00
Res/Q_1Q_2

1/00

0/10　　0/00
　　　　1/00

0/11

输出10　　　　　　　　　输出11

图 10.41　米勒机状态图

表 10.2　米勒机状态转换表

输　入 当前状态	Reset 0	Reset 1
A	B/01	A/00
B	C/10	A/00
C	D/11	A/00
D	A/00	A/00

例 10.16：米勒机

```
module mealy(indata,outdata,clk,reset);
input indata,clk,reset;
output [1:0] outdata;
reg[1:0] outdata;
reg[1:0] pre_state,next_state;
parameter A = 2'b00,B = 2'b01,C = 2'b10,D = 2'b11;

    always@(posedge clk or posedge reset)
      begin
        if(reset = = 1)
            pre_state< = A;
        else
            pre_state< = next_state;
      end

    always@(pre_state or indata)
      begin
        case(pre_state)
          A:begin
              if(indata == 1)
                  next_state = A;
              else
                  next_state = B;
            end
          B:begin
              if(indata = = 1)
                  next_state = A;
              else
                  next_state = C;
            end
          C:begin
              if(indata = = 1)
                  next_state = A;
```

```
                else
                    next_state = D;
            end
        D:begin
            next_state = A;
        end
        default:    next_state = A;
    endcase
  end


always@(pre_state or indata)
  begin
    case(pre_state)
        A:begin
            if(indata == 1)
                outdata< = 2'b00;
            else
                outdata< = 2'b01;
        end
        B:begin

            if(indata == 1)
                outdata< = 2'b00;
            else
                outdata< = 2'b10;
        end
        C:begin
            if(indata == 1)
                outdata< = 2'b00;
            else
                outdata< = 2'b11;
        end
        D:begin
            outdata< = 2'b00;
        end
    endcase
  end
endmodule
```

图 10.42 是上述米勒机的逻辑仿真结果,仿真结果表明输出依赖于输入和逻辑状态。

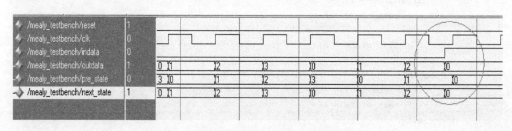

图 10.42　米勒机的逻辑仿真结果

实验要求:

①本实验有限状态机设计要求采用米勒机类型,通过该实验,学生应当掌握状态机的设计方法,观察输入信号对输出逻辑的影响。

② 设计过程需要考虑：如何从状态转移图转换为状态转换表；如何选择使用哪种类型状态机；基于状态机三段式编程特性和实际设计需求，如何选择几段式编程方法。

③ 学生需掌握状态机结构与二、三段式编程的对应关系，从而理解次态逻辑过程块内使用阻塞赋值、状态过程块内使用非阻塞赋值等设计原则。

下面给出摩尔机的源代码和仿真结果。

例 10.17：摩尔机

```verilog
module moore(indata,outdata,clk,reset);
input indata,clk,reset;
output[1:0] outdata;
reg[1:0] outdata;
reg[1:0] pre_state,next_state;
parameter A = 2'b00,B = 2'b01,C = 2'b10,D = 2'b11;

    always@(posedge clk or posedge reset)
      begin
        if(reset = = 1)
          pre_state< = A;
        else
          pre_state< = next_state;
      end

    always@(pre_state or indata)
      begin
        case(pre_state)
          A:begin
              if(indata = = 1)
                  next_state = A;
              else
                  next_state = B;
            end
          B:begin
              if(indata = = 1)
                  next_state = A;
              else
                  next_state = C;
            end
          C:begin
              if(indata = = 1)
                  next_state = A;
              else
                  next_state = D;
            end
          D:begin
              next_state = A;
            end
          default:  next_state = A;
        endcase
      end
```

```
      always@(pre_state)
        begin
          case(pre_state)
            A:    outdata <= 2'b00;
            B:    outdata <= 2'b01;
            C:    outdata <= 2'b10;
            D:    outdata <= 2'b11;
          endcase
        end

endmodule
```

摩尔机的仿真结果如图 10.43 所示。

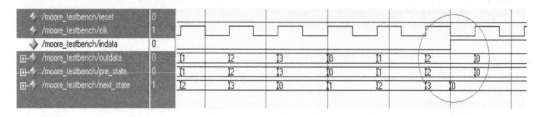

图 10.43   摩尔机的仿真结果

实验要求：基于有限状态机设计要求采用了摩尔类型，通过该实验学生应当掌握状态机的设计方法，观察输入信号对输出逻辑的影响。设计过程主要包括如何从状态转移图转换为状态转换表，再有此选择使用哪种类型状态机，基于状态机三段式编程特性和实际设计需求选择几段式编程方法。根据设计要求选择使用状态编码，完成设计。学生需掌握状态机结构与二、三段式编程的对应关系，从而理解次态逻辑过程块内需要使用阻塞赋值，状态记忆过程块内需要使用非阻塞赋值等设计原则。

习   题

1. 设计一个 4×4 的键盘扫描器，键盘电路结构如图 10.44 所示。键盘每一行通过一个下拉电阻连接到地，在没有按键被按下的情况下，行线输出低电平 0；当按键被按下时，按键所在之处的行线和列线就建立了连接，如果所在列线给予高电平 1，则按键所对应的行线也将输出高电平 1，否则行线电压还是被下拉到低电平 0。通过对 4×4 键盘的 4 路列线进行高电平扫描，可以发现按键被按下时所对应的行线输出高电平的情况，结合行线和列线高电平组合，可以实现 16 个键盘编码的输出。

在本例中，扫描发生器在 1 kHz 的时钟频率下实现 4 路列线的依次扫描，当检测到某一行线输出高电平时，结合当前扫描的列线给出键盘编码，并使输出 valid 有效（高电平）；当检测到的某一行高电平输出回归到 0，则继续下一路列线扫描过程，同时使输出 valid 无效（低电平）。采用可综合的编码方式实现键盘扫描器，并编写测试代码，对所设计模块进行仿真验证。键盘扫描器模块的输入有：行线电平 row[3:0]，扫描时钟 f1k，重置信号 reset；输出信号有：键盘编码 code[3:0]，列线电平 col[3:0]，编码有效信号 valid。进一步，可以考虑去抖动设计，当判断某一行输出高电平的时间在 10 个扫描时钟周期以内时，认为毛刺现象，应当剔除键盘编码；当输出高电平超过 10 个扫描时钟周期时，任务按键被稳定按下，可以输出键盘编码。

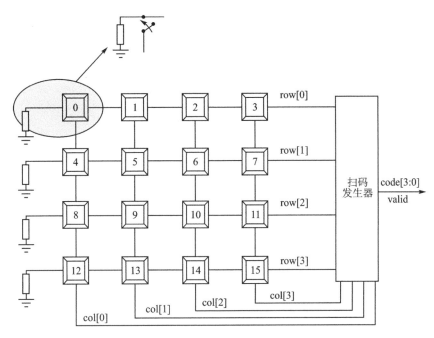

图 10.44　题 1 的图

2. 为了能够从汉明码带错误码字的编码中检查并纠正出来正确的信息码,每个信息码增加了额外的附加信息。表 10.3 给出了一个 (7,4) 汉明码编码表,每 4 位信息码增加了 3 位校验码,校验码放在信息码之后。对于汉明码的译码,需要首先计算校正子,计算方法如下:

$$S_0 = a_0 + a_3 + a_4 + a_6$$
$$S_1 = a_1 + a_3 + a_5 + a_6$$
$$S_2 = a_2 + a_4 + a_5 + a_6$$

如果校正子计算结果全为 0,则表明汉明码码字无错;否则,可以对照错误图样(见表 10.4)发现错误位置,实现错误码字的纠正。比如,当 $S_2S_1S_0 = \text{'b110}$ 时,表明第 6 个码位 b_5 出现错误,也即第信息码中的第 3 位出现错误;当 $S_2S_1S_0$ 取值为 'b001、'b010、'b100 时,表明码字中的校验位出现错误。

表 10.3　(7.4)汉明码编码

信息码	校验码	信息码	校验码
0000	000	1000	111
0001	011	1001	100
0010	101	1010	010
0011	110	1011	001
0100	110	1100	001
0101	101	1101	010
0110	011	1110	100
0111	000	1111	111

表 10.4　(7.4)汉明码错误图样

错误码位	校正子 $S_2S_1S_0$	错误位子
b_0	001	1
b_1	010	2
b_2	100	3
b_3	011	4
b_4	101	5
b_5	110	6
b_6	111	7
无错	000	无错

　　根据以上信息设计一个(7,4)汉明码编码器和译码器,并设计相应的测试代码,对于译码器的测试向量,首先将编码器的输出直接接入到译码器输入,观察译码器的译码情况,然后再针对给定译码向量实现错误码的判断和纠错,译码向量如下:

$b_6 b_5 b_4 b_3 b_2 b_1 b_0$	$b_6 b_5 b_4 b_3 b_2 b_1 b_0$
0000010	1001101
0001111	1010000
0010101	1011101
0011110	1101001
0101110	1111000
0010011	1010100
0111000	0111111

　　3. 分析如下 FIR 滤波器代码,给出滤波器的差分方程表达式,并分析其频率响应特征,设计测试代码对其功能进行测试验证。

```verilog
module FIR(data_out, data_in, clk, reset);
input clk, reset;
parameter order = 8;
parameter word_size_in = 8;
parameter word_size_out = 2 * word_size_in + 2;
parameter b0 = 8'd7;
parameter b1 = 8'd17;
parameter b2 = 8'd32;
parameter b3 = 8'd46;
parameter b4 = 8'd52;
parameter b5 = 8'd46;
parameter b6 = 8'd32;
parameter b7 = 8'd17;
parameter b8 = 8'd7;

input[word_size_in - 1:0] data_in;
output[word_size_out - 1:0] data_out;
reg [word_size_in - 1:0] samples[1:order];
integer k;
    assign data_out = b0 * data_in + b1 * samples[1] + b2 * samples[2]
        + b3 * samples[3] + b4 * samples[4] + b5 * samples[5]
        + b6 * samples[6] + b7 * samples[7] + b8 * samples[8];

    always @(posedge clk)
    if(reset = = 1)
        begin
          for(k = 1;k< = order;k = k + 1)
              samples[k] < = 0;
        end
    else
        begin
            samples [1] < = data_in;
            for(k = 2;k< = order;k = k + 1)
```

```
                    samples[k] < = samples[k - 1];
          end
endmodule
```

4. 试检查下列十进制计数器的代码错误,并修改仿真。

```
module trap_cnt10( reset_b, clk, test, Q );
input reset_b, clk, test;
output [3:0] Q;

wire [3:0] out;
  assign out = { test, 3'b000} | inc_out ( Q );

  always @( posedge clk or negedge reset_b )
    if ( ! reset_b )
        Q < = 0;
    else
        Q < = out;

endmodule

function inc_out;
input [3:0] Q;
    if ( Q = = 9 )
            inc_out = 0;
    else
            inc_out = Q + 1;
endfunction
```

5. 设计一个 Verilog HDL 任务功能,要求完成串并行转换功能,输出为 16 bit,试用仿真器验证。

第 11 章

设计案例

精确地掌握 Verilog HDL 语言的语法、语句结构和行为级描述编程是进行数字 EDA 设计所必需的基本功；然而，为了解决实际工程需求下的可编程逻辑电路设计与实现问题，必须将编程的能力深深地植根于专业知识之中，并采用需求分析、规格说明、模块划分和总体集成等系统工程方法指导开发过程。

在本章中，力图通过三个具有一定复杂程度的实用电路设计案例说明使用 Verilog HDL 语言进行结构化和层次化的建模，合理编写可综合代码的过程，初步展示 Verilog HDL 语言的编程能力与使用技巧，并融合了专业知识和系统工程方法。相应的案例内容与展示重点为：

第一个案例介绍异步先入先出（First-In-First-Out，FIFO）存储器，对于在不同的时钟域进行异步读、写操作的电路，展示利用数字逻辑产生"空"和"满"信号的精巧思路和硬件描述语言编程技巧。

第二个案例说明全双工的通用异步收发器（Universal Asynchronous Reciever Transmitter，UART）接口电路设计，主要展示如何通过协议分析划分电路子模块，并在子模块接口规格说明的指导下，依次完成子模块设计并进行仿真测试的工作方法和实现步骤。

第三个案例说明一种应用于信道纠错的(7,3)循环码编译码器的设计，主要展示在通信工程的实际应用中，如何从代数模型的分析出发，结合电路模块的功能特点，构造出正确的时序关系。

11.1 异步 FIFO 设计

11.1.1 实验目的与实验要求

跨时钟域是较大规模的数字逻辑设计中必须解决和处理好的问题。先入先出存储器是一种重要的数据缓存装置，是解决时钟同步域两端读/写速度不匹配的重要单元电路（说明：这一般是由于读/写双方操作模式不同造成的，例如：一端持续地低速写入，而另一端突发地高速读出，反之亦然）。

FIFO 分为同步 FIFO 和异步 FIFO。前者的读/写时钟是同一个时钟，在时钟边沿到达时进行读/写操作，或同时进行读/写；后者的读/写时钟完全是独立的，读/写操作发生的时刻也不同步。

为了正确地进行 FIFO 数据的写入和读出，需要判断空、满状态。即：在空的时候不进行读操作，以避免读出无意义的数据；在满的时候不进行写操作，以避免覆盖已有的正常数据。更重要的是，避免读空和溢出使读/写指针发生错乱。

对于同步 FIFO，代码实现相对简单，因而本实验重点讨论异步 FIFO。

对于异步 FIFO，如何判断空、满是设计和实现的难点——不仅要求逻辑的正确性，而且还要考虑判决无时无刻不受到异步操作的影响，要尽可能地克服读/写指针变化造成的亚稳态,即竞争冒险造成的毛刺脉冲(spikes),导致译码的不稳定意外错误(spurious glitches),进而造成错误值被寄存。

本实验介绍的异步 FIFO 代码来源于学者 Clifford E. Cummings 著名的两种设计,这是可以综合为商用产品的成熟代码,可以应用于 33 MHz 的 PCI 总线(乃至更高的数据传输速率),两种方法都采用格雷码(Gray code)作为读/写指针的编码,但分别采用了格雷码的不同的两种性质区分读/写指针相对的"前"、"后"方向,体现了设计者的奇思妙想。为了保留原汁原味的设计,本小节中的变量名与 Clifford E. Cummings 论文中的一致。

在具体技巧层面上,本实验的目的在于熟悉利用格雷码进行跨时钟域数据索引比较的技巧,掌握 FIFO 异步指针的同步的概念,掌握克服数据读/写亚稳态的基本技巧;而在设计能力培养层面上,本实验的目的在于认识到如何利用电路实现并发处理的特点,合理地使 Verilog HDL 描述的语句块协调工作,解决复杂时序逻辑下的数字电路设计实现问题,以使自身的设计能力获得阶段性的提升。

本实验的要求如下:

① 阅读参考文献[17]、[18]。

② 掌握通过添加一位地址位作为最高位,并通过最高位和次高位判断格雷码读指针和写指针所处的轮次判断空、满的方法,明确并掌握不同时钟域指针信息分别在各自本地时钟下同步的处理方法。

③ 掌握通过判断格雷码指针的最高两位(但并不需要添加任何位),判决读指针和写指针的"前"、"后"方向关系的方法,并熟悉通过两者方向关系得到"即将空"(going empty)和"即将满"(going full)信息并寄存,以得到空、满状态的方法。

④ 掌握 Verilog HDL 语言可综合代码中自启动状态设置的技巧。

⑤ 对于较为复杂的数字逻辑电路,体验合理协调各语句块的功能,驾驭并发挥硬件并发工作的潜力,以及进行设计和实现的能力。

11.1.2 基于最高两位判决的异步 FIFO 设计

异步 FIFO 采用双口 RAM 存储数据,可以在读数据的同时进行写入操作,存储空间在逻辑上作为"环形存储器"使用,如图 11.1(a)所示。

从同步 FIFO 判定空、满的操作中可以获得启发,读指针和写指针从复位操作开始经过的"圈数"(如图 11.1(b)所示)是有用的信息;在队列空和队列满的情况下读、写指针数值相等,只有结合"圈数"才能进行正确的判定(如图 11.1(c)和图 11.1(d)所示)。因此,可以在地址码之上增加一位作为最高位(Most Significant Bit,MSB),用来识别读、写指针是在同一圈,还是在不同圈(对于 FIFO,这种情况说明写指针已经领先读指针一圈)。对于自然二进制编码,只需要比较 MSB;但如果采用格雷码作为地址编码,如何进行比较则是设计中的诀窍。

同步 FIFO 的读/写操作是在同一个本地时钟的边沿发生,是可以预期的,因此可以在 wptr==rptr-1 或 rptr==wptr-1 的条件下根据同步时序逻辑同时判定空、满并增加指针;而对于异步 FIFO,读/写指针的增加是不能预期的,因此需要随时关注 wptr 和 rptr 的变化并进行比较。为了避免 wptr 和 rptr 变化过程中出现的亚稳态现象,采用的措施如下:

① wptr 和 rptr 的值,以及各种参与比较的指针值采用格雷码编码。格雷码具备相邻两个编码只有一位码元不同的特点,可以避免译码出现"竞争-冒险"现象。

② 异步信号同步。对于来自于其他同步域的输入信号,采用本地时钟同步采样,并进行移位寄存,以便进一步稳定信号,即在写时钟(wclk)域中,对于读指针 rptr 采样,并移位寄存入{wq2_rptr, wq1_rptr};在读时钟(rclk)域中,对于写指针 wptr 采样,并移位寄存入{rq2_wptr, rq1_wptr}。

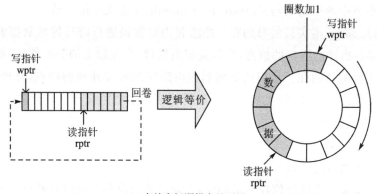

(a) 存储空间逻辑上呈环形

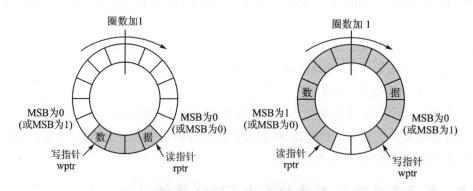

(b) 读/写指针经过的"圈数"是有用信息

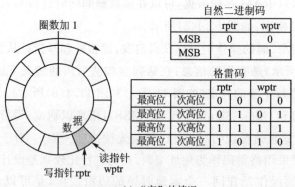

(c) "空"的情况

图 11.1　存储空间上读/写指针的位置关系

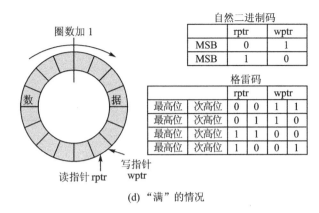

(d) "满"的情况

图 11.1 存储空间上读/写指针的位置关系(续)

③ 避免直接比较 wptr 和 rptr,而是采用 wgraynext 与写指针移位寄存器队列头部的 wq2_rptr 比较,采用 rgraynext 与读指针移位寄存器队列头部的 rq2_wptr 比较。

下文将分别针对双口 RAM、指针加一、二进制码到格雷码的转换、异步信号同步、圈数的比较判决进行说明;但在说明之前,由表 11.1 给出各个信号的说明,合理的信号命名有助于理解信号所处的时钟域和它们的编码情况、应用情况,也是形成一个良好设计的必要条件。

表 11.1 基于最高两位判决的异步 FIFO 的信号定义

端口/信号	名　称	端口/信号	名　称
DSIZE	数据宽度	rq2_wptr	rclk 时钟域的二级写指针
ASIZE	地址长度	rq1_wptr	rclk 时钟域的一级写指针
DEPTH	数据深度(DEPTH=2^{ASIZE})	wq2_rptr	wclk 时钟域的二级读指针
rdata	读出端口	wq1_rptr	wclk 时钟域的一级读指针
rempty	FIFO 读空标志	rbin	自然二进制码读指针
wdata	写入端口	wbin	自然二进制码写指针
wfull	FIFO 写满标志	rgraynext	格雷码的下一个读指针
rclk	读时钟输入	rbinnext	自然二进制码的下一个读指针
rinc	读指针加 1 信号输入	wgraynext	格雷码的下一个写指针
wclk	写时钟输入	wbinnext	自然二进制码的下一个写指针
winc	写指针加 1 信号输入	raddr	读地址
rrst_n	低电平读复位信号输入	waddr	写地址
wrst_n	低电平写复位信号输入	rempty_val	读空标志值
mem	存储空间[0:DEPTH−1]	wfull_val	读空标志值
rptr	ASIZE+1 位读指针	wptr	ASIZE+1 位写指针

1. 双口 RAM 存储器

双口 RAM 存储器具有读出和写入两组端口,可以在读时钟 rclk 作用下读出数据的同时,进行写时钟下的 wclk 作用下的写入操作,只要当时存储器不满。可以综合的双口 RAM 存储器的代码如下:

```
output [DSIZE - 1:0] rdata ;          // 读出端口
input [DSIZE - 1:0] wdata ;           // 写入端口
reg [ASIZE - 1:0] raddr ;             // 读地址
reg [ASIZE - 1:0] waddr ;             // 写地址
reg wfull ;                           // 写满标志
reg [ DSIZE - 1:0 ] mem [ 0:DEPTH - 1 ] ;  // 存储区域
    assign rdata = mem [ raddr ];
    always @( posedge wclk ) if( winc && ! wfull ) mem [ waddr ] <= wdata ;
```

2. 指针加一操作

自然二进制编码的指针加一操作的代码如下：

```
assign rbinnext = rbin + ( rinc & ~rempty ) ;
assign wbinnext = wbin + ( winc & ~wfull ) ;
```

组合逻辑得到的指针值进行自然二进制码到格雷码的转换。当 rinc 或 wrinc 有效时，rbin 或 wbin 采用组合逻辑指针加一，得到 rbinnex 或 wbinnext 指针值；同时通过组合逻辑将 rbinnext 或 wbinnext 转换为格雷码 rgraynext 或 wgraynext。

3. 自然二进制码到格雷码的转换

从自然二进制码到格雷码的转换关系为：对于 N 位的编码，自然二进制码 $\{B_i\}$ 和格雷码 $\{G_i\}, i=0, \cdots, N-1$，从前者到后者的转换公式为

$$G_{N-1} = B_{N-1}$$
$$G_i = B_{i+1} \oplus B_i$$

对应的代码（以 rgraynext 为例，wgraynext 同理）如下：

```
wire [ASIZE:0] rgraynext ; // 格雷码编码的下一个读指针
wire [ASIZE:0] rbinnext ;    // 自然二进制编码的下一个读指针
    assign rgraynext
        = ( rbinnext>>1 ) ^ rbinnext ;  // rbinnext 向低位移动一位,最高位补 0,随后与
                                        //rbinnext 逐位"异或"
```

值得说明的是，真正进行存储器访问的指针是自然二进制编码的，对应编码如下：

```
wire [ASIZE - 1:0] raddr, waddr ;          // 读、写地址
    assign raddr = rbin [ ASIZE - 1:0 ];// 去掉 rbin 的最高位
    assign waddr = wbin [ ASIZE - 1:0 ];// 去掉 wbin 的最高位
```

4. 异步信号同步

为了比较不同时钟产生的指针，需要把不同时钟域的信号同步到本时钟域中。

对于读指针需要用写时钟 wclk 同步，并存入移位寄存器中，相应的代码如下：

```
always @( posedge rclk or negedge rrst_n )
    if ( ! rrst_n ){ rq2_wptr, rq1_wptr } <= 0 ;
    else { rq2_wptr, rq1_wptr } <= { rq1_wptr, wptr } ; // 以格雷码
```

对于写指针需要用读时钟 rclk 同步，并存入移位寄存器中，相应的代码如下：

```
always @( posedge wclk or negedge wrst_n )
    if ( ! wrst_n ){ wq2_rptr, wq1_rptr } <= 0 ;
    else { wq2_rptr, wq1_rptr } <= { wq1_rptr, rptr } ; // 以格雷码
```

5. 圈数的比较判决

采用格雷码代替自然二进制码表示存储单元在存储空间中的索引（即从全 0 的编码开始，

以格雷码出现的次序,形成从 0 开始的索引),以 4 位地址码为例,其编码与索引的关系如图 11.2 (a)所示,用卡诺图(K-Map)表示。

加入了附加的一位最高位码元之后,格雷码的循环的路径增大一倍,相当于存储单元循环两圈的情况,仍然按照格雷码出现的次序,决定存储单元的索引。以 4 位地址码为例,如图 11.2 (b)所示,第一圈结束时的编码是 5'b0_1000,它转移到下一个相邻码元 5'b1_1000 并继续根据格雷码的汉明距离为"1"的相邻特性继续循环,直到第二圈结束时的编码是 5'b1_0000,它与 5'b0_0000 相邻(说明:卡诺图的几何相邻性包含上下、左右两边的相邻),将转移并回到第一圈开始。从第二圈开始到第二圈结束,仍然按照次序从 0 到 15 表示存储单元的索引,例如:5'b0_1001 和 5'b1_0001 虽然编码值不同,但代表的都是从 0 开始的第 14 个单元。

根据卡诺图中的几何位置关系,可以较为直观地确定属于不同圈次的存储单元格雷码指针地址之间的关系;如图 11.2 (c)所示,以第 14 个存储单元为例,它在 MSB 为 0 和为 1 的情况下所处的两个小方格属于同一列,低 3 位的编码值相同。如果以 MSB 为 0 和 1 为界,则 5'b0_1001(索引为 14)和 5'b1_1001(索引为 1)的后四位轴对称;而 5'b1_0001(索引为 14)与 5'b1_1001(索引为 1)的小方格相邻,次高位不同;综合起来判断,属于不同圈的同一个索引位置的小方格编码,最高两位全部不同,其余低位相同。

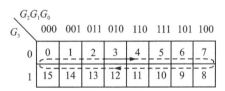

说明:方框中是从4'h0开始的格雷码出现次序的编号,等于自然二进制编码的指针值;并以带方向箭头的虚线标明码元循环次序

(a) 未加高位时格雷码对应的存储单元索引

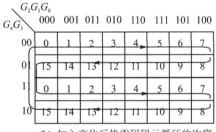

(b) 加入高位后格雷码码元循环的次序

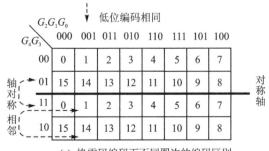

(c) 格雷码编码下不同圈次的编码区别

图 11.2　格雷码编码下属于不同圈的码元的关系(举例)

属于不同圈,但索引相同的码元的最高位和次高位均不同。这不仅仅是在具体例子中的巧合,而且是具有规律性的。因此,可以将空、满情况下的读指针和写指针之间的关系加以区分。相应的代码如下:

```
    /* 并不是直接比较 rptr 和 wptr,而是比较格雷码编码的下一个读指针 rgraynext,以及 *
     * 在 rclk 域中同步并移位寄存的写指针 rq2_wptr                                    */
wire [ASIZE:0] rgraynext; reg [ASIZE:0] rq2_wptr;

    /* 并不是直接比较 wptr 和 rptr,而是比较格雷码编码的下一个写指针 wgraynext,以及 *
     * 在 wclk 域中同步并移位寄存的写指针 wq2_rptr                                    */
wire [ASIZE:0] wgraynext; reg [ASIZE:0] wq2_rptr;

wire rempty_val, wfull_val;     // 临时变量,即"读空"的值和"写满"的值
    assign rempty_val = ( rgraynext == rq2_wptr ); // 指针值完全相等,在同一圈,判空
    assign wfull_val = ( wgraynext ==
                          { ~wq2_rptr[ ASIZE : ASIZE - 1 ], wq2_rptr[ ASIZE - 2 : 0 ] }
);// 指针的最高位和次高位相反,其余低位相同,在不同圈,判满
```

11.1.3 基于四象限判决的异步 FIFO 设计

为了比较不同时钟产生的指针,需要把不同时钟域的信号同步到本地时钟域中,采用格雷码使异步信号同步化的过程发生亚稳态的几率最小。

上文所述的最高两位判决的异步 FIFO 设计也正是采纳了这种思想,然而,该设计毕竟要全部的 ASIZE+1 位指针编码。比较时的时序是时间关键的(time - critical),而在关键性的比较之前恰好发生指针加一操作等密集的信号变化,一旦判断失误,错误的指针数值将被寄存。

那么,有没有其他的方法可以预先判断出"空"或"满"的趋势,尽量降低信号判决的时间关键性强度呢? 答案是肯定的,通过观察即将达到"空"或"满"时读、写指针相对移动的方向,可以判断出"即将空"(going empty)和"即将满"(going full)。在"即将空"的时候,读指针接近写指针,而在"即将满"的时候,写指针从读指针的"背后"接近它。

基于这种思想,Clifford E. Cummings 发明了四象限(four quadrants,也叫作"four cells")风格的异步 FIFO 空、满判决的 Verilog HDL 可综合代码。他把格雷码指针地址编码空间划分为连续的 4 个象限,因为不论"即将空"还是"即将满",都无可避免地出现两种指针出现于相邻的两个象限的情况(如图 11.3 所示)。

"即将空"——读指针接近写指针,读指针所处的象限落后写指针所处的象限 90°。

"即将满"——写指针从"背后"接近读指针,写指针所处的象限落后读指针所处的象限 90°。

如果"空"(或"满")真的发生,则一定会出现"即将空"(或"即将满")的现象,当时根据读、写指针所处象限判断的方向关系仍然有效,只需将该方向关系寄存起来即可。由于在"即将空"(或"即将满")时进行的是预警性质的判断,不属于时间关键性的操作,造成亚稳态的几率进一步减小。另外,在该设计中,相邻象限的相对方向关系由指针的地址码最高位和次高位编码的比较得出,但长度为 ASIZE(如果存储单元的数目为 DEPTH,则 DEPTH=2^{ASIZE}),不需要附加的码元。

下面先由表 11.2 给出该设计中各个信号的说明(Clifford E. Cummings 在实现中定义了

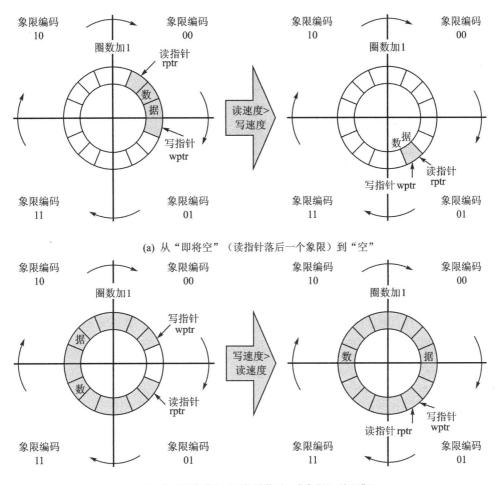

(a) 从"即将空"（读指针落后一个象限）到"空"

(b) 从"即将满"（写指针落后一个象限）到"满"

图 11.3 "即将空"和"即将满"的情况下的读/写指针相位关系

子模块），随后分别针对 FIFO 的 RAM、"即将空"和"即将满"的异步比较、可综合的自启动设计、异步信号同步、"空"和"满"的比较判决进行说明。由表可见，这种实现形式与通过增加最高位判断圈数的方法相比，不仅指针位数不用增加，而且内部信号也比较简单。

表 11.2 基于四象限判决的异步 FIFO 的信号定义

端口/信号	名 称	端口/信号	名 称
async_cmp	异步比较模块	wrst_n	写复位信号输入
rptr_empty	读指针操作与判空模块	rptr	读指针
wptr_full	写指针操作与判满模块	wptr	写指针
fifomem	FIFO 的存储空间	DATASIZE	数据宽度
`VENDORRAM	用户定义 RAM 的编译开关	ADDRSIZE	地址长度

端口/信号	名　称	端口/信号	名　称
DSIZE	数据宽度	DEPTH	数据深度
ASIZE	地址长度	N	最高位索引
rdata	读出端口	cmp	异步比较器
rempty	读空标志	mem	存储器
wdata	写入端口	wclken	写时钟使能
wfull	写满标志	ins_rptr_empty	读指针同步器
rclk	读时钟输入	ins_wptr_full	写指针同步器
rinc	读指针加 1 信号输入	MEM	存储空间
wclk	写时钟输入	raddr	fifomem 模块中的读地址
winc	写指针加 1 信号输入	waddr	fifomem 模块中的读地址
rrst_n	读复位信号输入		

1. 带有编译开关的双口 RAM 存储器

该设计中也采用了可以同时读/写访问的双口 RAM,但利用了编译开关使用户可以嵌入自己实现的存储器,关键代码如下:

```
`ifdef VENDORRAM     // 编译开关,如果定义 VENDORRAM,则实例化用户的存储器
VENDOR_RAM MEM( .dout( rdata ), .din( wdata ), .waddr( waddr ), .raddr( raddr ),
           .wclken( wclken ), clk( wclk ) );
`else                // 编译开关,否则,
reg [ DATASIZE - 1 : 0 ] MEM [ 0 : DEPTH - 1 ];     // 采用多位数组定义存储空间
    assign rdata = MEM [ raddr ];                   // 双口 RAM 读
    always @( posedge wclk )
      if( wclken ) MEM [ waddr ] <= wdata ;         // 在写使能的条件下,双口 RAM 写
`endif                                              // 编译开关,`ifdef 判断结束
```

值得注意的是,在该设计中直接用格雷码形式的地址码访问存储区,即 wptr 直接输入到 waddr 端口,rptr 直接输入到 raddr 端口,所以存储区中相应的数据不是按照自然二进制顺序连续存放的。

2. "即将空"和"即将满"的预备比较

判断读/写时钟"即将空"和"即将满"的预备比较操作不是时间关键的,使异步 FIFO 实现的可靠性进一步提高,同时还简化了电路结构。

这种比较判断是根据 2 bit 格雷码的性质,象限按照图 11.3 中的顺时针方向(设为"正向")的次序为 00、01、11、10,象限按照图 11.3 中的逆时针方向(设为"反向")的次序为 00、10、11、01。正向次序和反向次序相邻编码之间的关系如图 11.4 所示,可见:

● 给定一个象限,如果相邻象限处于它的正向,则该象限编码的高位与相邻象限编码的低位不同,该象限编码的低位与相邻象限编码的高位相同。

● 给定一个象限,如果相邻象限处于它的反向,则该象限编码的高位与相邻象限编码的低位相同,该象限编码的低位与相邻象限编码的高位相反。

所以,判定写指针 wptr 和读指针 rptr 所处的相邻象限之间方向的电路如图 11.5 所示。注意到如果象限不相邻(处于同一个象限,或间隔一个象限),则触发器(实际上只用异步复位

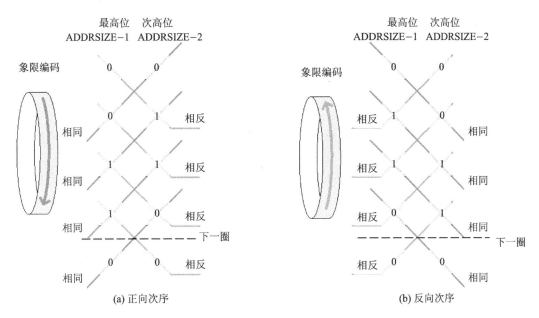

图 11.4　正向次序和反向次序的 2 bit 相邻格雷码之间的关系

端和清零端,作为锁存器使用)保存上一次判断的数值,使两者之间的相对方向关系信息得以保持,直到两者所处的象限的相对位置发生变化且再次相邻为止。初始默认的方向为正向。

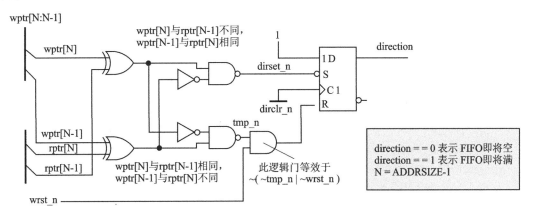

图 11.5　象限方向检测器电路原理图

图 11.5 所示电路所对应的 Verilog HDL 代码如下:

```
parameter N = ADDRSIZE - 1 ;  // 第 N 位为最高位,第 N-1 位为次高位
output aempty_n, afull_n ;
input [ N : 0 ] wptr, rptr ;
input wrst_n ;
reg direction ;
    wire dirset_n = ~( ( wptr[N] ^ rptr[N-1] ) &  ~( wptr[N-1] ^ rptr[N] ) ) ;
    wire dirclr_n = ~( ( ~( wptr[N] ^ rptr[N-1] ) & ( wptr[N-1] ^ rptr[N] ) ) | ~wrst_n );
    always @( negedge dirset_n or negedge dirclr_n )
```

```
        if( ! dirclr_n ) direction <= 1'b0 ;
        else if( ! dirset_n ) direction <= 1'b1 ;
```

有了读指针和写指针相对方向的判别,异步信号的"空"和"满"可以由组合逻辑作出,即

```
assign aempty_n = ~( ( wptr = = rptr ) && ! direction );
assign afull_n = ~( ( wptr = = rptr ) && direction );
```

3. 可综合的自启动代码

数字逻辑电路上电的时候,某些触发器中的值可能是不确定的,它们中的一部分需要外部的复位信号进行初始化,但另外一部分可以自启动,即

- 要么触发器的初始值是"0"还是"1"并不重要,在正常工作的时候会立即被赋予有意义的逻辑值;
- 要么在有限的时钟脉冲下,时序逻辑会转移到正常工作的状态。

但是,某些编译器和仿真器并不能理解上述两种情况,导致编译报错,或者是仿真的时候认为信号处于未知状态"x",导致某些逻辑运算无法进行,影响了仿真调试。

在方向信号 direction 的设计实现逻辑中,Clifford E. Cummings 定义了附加变量,在逻辑正确的前提下"骗"过某些编译器,是一种很有用的构造自启动电路的技巧。

还是关注如图 11.5 所示电路所对应的 Verilog HDL 代码,加入辅助变量和一个逻辑分支(以加黑字符表示),逻辑仍然保持不变且可以综合,而且能够满足自启动的要求——从某些编译器和仿真器的角度,仿真开始时线网变量 high 会发生变化,使 direction 得到初始值,而在运行过程中 high 不变,对逻辑不产生影响。

```
parameter N = ADDRSIZE - 1 ;          // 第 N 位为最高位,第 N-1 位为次高位
output aempty_n, afull_n ;
input [ N : 0 ] wptr, rptr ;
input wrst_n ;
wire high = 1'b1 ;                     // 为了适应一些编译器的要求
reg direction ;
    wire dirset_n = ~( ( wptr[N] ^ rptr[N-1] ) &  ~( wptr[N-1] ^ rptr[N] ) );
    wire dirclr_n = ~( ( ~( wptr[N] ^ rptr[N-1] ) & ( wptr[N-1] ^ rptr[N] ) ) | ~wrst_n );
    always @( negedge dirset_n or negedge dirclr_n or high )// 事件敏感表中包括 high
        if( ! dirclr_n ) direction <= 1'b0 ;
        else if( ! dirset_n ) direction <= 1'b1 ;
        else direction <= high ;
```

4. 异步信号的同步

在四象限风格的设计实现中,仍然需要将异步的空信号(本设计中是 aempty_n)同步到读时钟 rclk,将异步的满信号(本设计中是 afull_n)同步到写时钟 wclk。

以异步的空信号的同步为例,其同步器电路原理图如图 11.6 所示。典型的波形如图 11.7 所示。空信号是由于读操作引发的,所以其异步信号的起始(arempty_n 的下降沿)与读时钟是同步的(但落后于 rclk 的上升沿几级门延迟),主要需要同步的是 arempty_n 的上升沿。

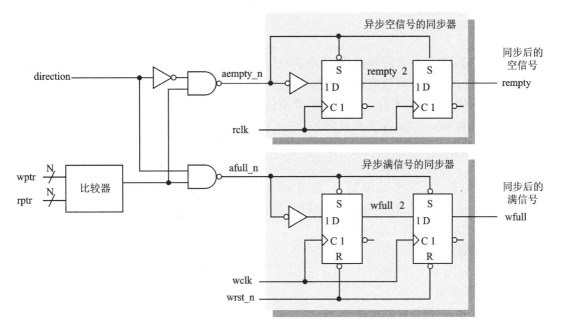

图 11.6 异步空满信号和同步器

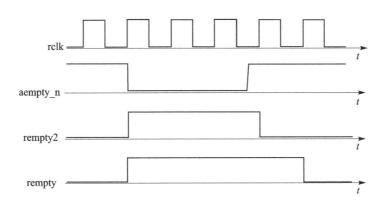

图 11.7 异步空信号同步器波形

根据如图 11.6 所示同步器的原理,对应的可综合代码如下:

```
always @ ( posedge rclk or negedge aempty_n )
  if ( ! aempty_n ) { rempty, rempty2 } <= 2'b11 ;
  else { rempty, rempty2 } <= { rempty2, ~aempty_n } ;
```

根据同步后的空信号 rempty,控制读指针的加一操作,进而与时钟同步的代码如下:

```
 assign rbnext = ! rempty ? rbin + rinc : rbin ; // 如果非空,自然二进制指针加一
assign rgnext = ( rbnext >> 1 ) ^ rbnext ;  // 将自然二进制码转换为格雷码
  always @( posedge rclk or negedge rrst_n ) // 指针的同步
    if( ! rrst_n ) begin
      rbin <= 0 ;
      rptr <= 0 ;
    end
    else begin
```

```
        rbin < = rbnext ;
        rptr < = rgnext ;
    end
```

　　尽管借助相邻象限位置的判别,对于空满的趋势有所"预警",然而毕竟 aempty_n、rempty 信号对于指针的加一操作有着直接的影响,而后者反过来又会影响空满状态信号,两者之间相互牵扯。因此,Clifford E. Cummings 对于异步信号同步和指针加一操作的关键时序路径进行分析,而且还在 aempty_n 为不完整脉冲(dunt pulse)的假设下进行了电路分析,分析的结果是不完整脉冲不会对电路的功能和时序造成颠覆性的影响。有兴趣的读者可以参阅参考文献[18]。

　　根据异步的满信号进行 wclk 同步,得到 wfull 信号,并进行 wbin 和 wptr 指针的加一操作,其原理与空信号和读指针的操作同理,只是其同步器电路中添加了利用写复位信号 wrst_n 进行异步复位的功能,如图 11.6 所示。

5. 模块实例的组装

　　在设计实现中,基于四象限判决的异步 FIFO 顶层模块(命名为 async_fifo_4_quadrants)之下定义了如下模块:

- async_cmp　异步比较模块;
- rptr_empty　读指针操作与判空模块;
- wptr_full　写指针操作与判满模块;
- fifomem　FIFO 的存储空间模块。

这种实现方法的好处在于:

- 各子模块中定义参数,可以通过参数传递改写默认参数值,配置出不同地址空间和数据宽度的实现;
- 将一个复杂的设计进行模块分解,便于各子模块进行单元调试;
- 各子模块也具有较为独立的功能和较为完善的接口,便于被其他设计调用。

顶层模块下各个模块的实例化代码如下所示:

```
parameter DSIZE = 8 ;   // 可以根据需要定义其他合理的数值
parameter ASIZE = 4 ;   // 可以根据需要定义其他合理的数值
    async_cmp #( ASIZE ) cmp( .aempty_n ( aempty_n ),
                              .afull_n ( afull_n ),
                              .wptr ( wptr ), .rptr ( rptr ),
                              .wrst_n ( wrst_n ) );
    fifomem #( DSIZE, ASIZE ) mem ( .rdata ( rdata ), .wdata ( wdata ),
                              .waddr ( wptr ), .raddr ( rptr ),
                              .wclken ( winc ), .wclk ( wclk ) );
    rptr_empty #( ASIZE ) ins_rptr_empty ( .rempty ( rempty ), .rptr ( rptr ),
                              .aempty_n ( aempty_n ),
                              .rinc ( rinc ), .rclk ( rclk ),
                              .rrst_n ( rrst_n ) );
    wptr_full #( ASIZE ) ins_wptr_full ( .wfull ( wfull ), .wptr ( wptr ),
                              .afull_n ( afull_n ),
                              .winc ( winc ),  .wclk ( wclk ),
                              .wrst_n ( wrst_n ) );
```

11.2　全双工 UART 接口设计

11.2.1　实验目的与实验要求

数字通信接口是经常遇到的设计与实现问题,这些数字通信接口一般由标准化协议规范描述,而这些描述一般是从通信双方的行为入手的。Verilog HDL 语言 RTL 级的行为描述能力正好可以应对这样的设计。然而,毕竟协议中的行为描述是基于普通人的认知习惯,呈线性的单过程或多过程,必须由硬件 EDA 设计者或系统综合者对协议规范进行独具慧眼的分析,转换为一系列并行配合的行为,通过划分顶层的模块,定义模块边界(即:规范地描述输入/输出),由内部模块实例相互并行配合实现协议,并通过适当的测试案例对工作状态进行测试验证。

本小节验证实验的主要目的就是以全双工通用异步收发器(UART)为案例,实践这种通过协议分析、顶层模块划分、模块实现、模块之间配合仿真测试等步骤,完整地实现较为复杂的数字化接口的设计。

另外,通过该验证实验的设计实践,还力图展示实际工作中"自顶向下"的设计方法。实际设计对象的成熟度是逐步增加的,对于全新的设计,不能企望一开始就有美轮美奂的顶层设计和定义。顶层模块实例之间的配合关系、层次化的更底层子模块实例之间的配合关系、握手信号是采用电平还是脉冲,乃至模块输入/输出接口的命名的一致性,都是在不断地权衡和迭代设计中确定的。因此,不能将"自顶向下"教条化,在设计过程中可以不断修正顶层模块划分,有些具有核心功能的底层模块的信号格式对整体有着至关重要的影响。

本实验的要求是:通过全双工 UART 接口的设计,特别是 UART 接收器的设计,认知并逐步掌握从协议分析到 Verilog HDL 模块描述、设计与实现的能力,体会自顶向下设计规划与设计过程中功能、性能权衡的辩证关系。

在验证实验过程中,还会体现出如下值得关注的设计思想:

● 电路功能的合理分配;
● 设计实现的鲁棒性;
● 跨时钟域接口的设计;
● 模块实例封装时的端口复用。

11.2.2　UART 通信协议

UART 是常用的计算机主机之间低速率异步通信的串行总线,一般具有 9 针矩形接头,俗称计算机的"串口",使用 RS‐232 物理层标准,使用矩形非归零(NRZ)码。它的常见码速率为 9 600 bit/s 或更低,虽然也存在达到 40 Mbit/s 的"高速"应用,但受到码型的限制容易出现码间串扰。

规定当没有数据传送时,总线上保持高电平。使用 UART 传输的数据被格式化为各个独立的数据包,每 bit 数据对应一个码元周期,由于没有调制,一个码元周期与一个 baud 的周期是相同的。UART 数据包的格式(或称为"帧")如图 11.8 所示,包含:

起始信号(start sign)——宽度为 1 个码元周期,规定为低电平(逻辑 0)。

数据位(data bits)——只支持 7 位或 8 位的数据包(根据配置),每位宽度为 1 个码元周期。

校验位(parity bit)——根据配置进行奇校验或偶校验,宽度为 1 个码元周期,也可以没有校验位。

停止信号(stop sign)——根据配置宽度可以为 1、1.5 或 2 个码元周期,规定为高电平(逻辑 1),当然,如果停止信号后没有新的数据包,则线路一直保持高电平。

起始信号	数据位(7位或8位)	校验位(可选)	停止信号

图 11.8   UART 协议的数据包格式

全双工 UART 接口由发送器和接收器组成。对于发送器(transmitter,TX),一般主机端由并行 8 位数据总线输入,UART TX 转换为串行输出;对于接收器(receiver,RX),一般串行接收后转换为主机端的并行 8 位数据总线输入。另外,发送器和接收器具有控制信号,并具有配置寄存器。配置寄存器通过指令码(command code)决定 TX 或 RX 的数据位长度、校验情况和停止信号的长度。

根据上述描述最初的顶层设计视图如图 11.9 所示。

根据 UART 通信协议,UART 发送器的操作流程图如图 11.10 所示。

根据 UART 通信协议,UART 接收器的操作流程图如图 11.11 所示。通信的接收器要应对很多工作中的错误情况,因此比发送器复杂;而且具体到 UART 接收器,由于串行信号与主机端的时钟完全异步,因此存在信号的检测问题。

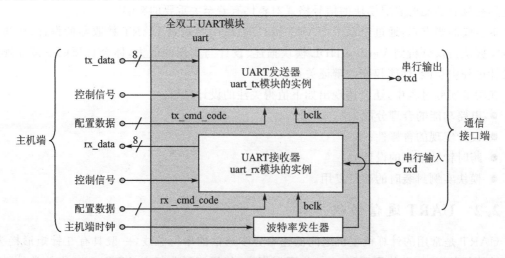

图 11.9   全双工 UART 接口模块的顶层视图(设计前期)

UART RX 的设计至少要考虑三种错误,即:

① 奇偶校验错误(parity error)。根据校验的配置,对于接收到的数据(含收到的校验位),在奇校验的情况下检测到偶数个 1,在偶校验的情况下检测到奇数个 1,说明数据在传输的时候受到干扰,有某一位数据发生了翻转。

② 覆盖错误(overrun error)。接收到的数据被缓存后,还没有被主机读取,又接收到新

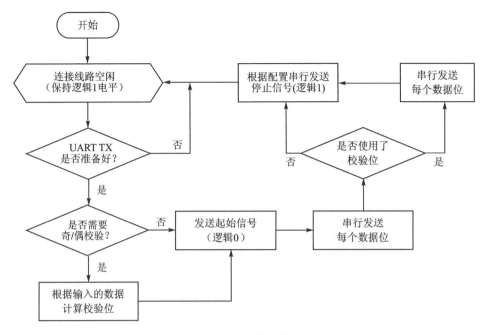

图 11.10 UART 发送器的操作流程图

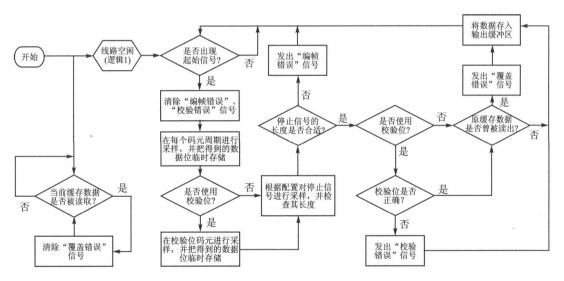

图 11.11 UART 接收器的操作流程图

的数据并将原缓冲区的数据覆盖掉。

③ 编帧错误(framing error)。根据停止信号的配置,在还没有收到足够长的停止信号(逻辑 1)之前,线路上又出现了新的起始信号,即线路由逻辑 1 变为逻辑 0。

注意,在本设计中,规定当发生奇偶校验错误和编帧错误的时候,仍然将当时暂存的数据存入数据缓冲区,至于该数据的完整性,以及是否可供利用,由访问该接收器的应用程序决定。

下面将分别展现全双工 UART 各部分的设计要点,给出主要的设计步骤,以及关键的算法代码和状态机描述。

11.2.3　UART 发送器的实现

主机端一般具有振荡频率较高的时钟源,波特率发生器将高频时钟进行分频,形成"波特时钟"(由于 RS‐232 总线一个码元代表 1 bit,也可称为"比特时钟"),记为 bclk。由于在一个码元周期需要进行采样、监测等操作,每个码元中需要包含多个 bclk 脉冲。生成的波特时钟同时供 UART 的 TX 和 RX 模块使用。定义模块 baud_gen 如下:

```
module baud_gen ( clk_50MHz, rst_n, bclk ); // rst_n 为低电平复位信号
```

在本设计中,规定高频时钟频率为 50 MHz,UART 的速率为 9 600 bit/s,规定每个码元周期内含有 16 个 bclk 脉冲,则理想的波特时钟频率为 153.60 kHz(9 600×16)。采用定时器计数的方式进行分频,设定时器的计数范围为 0~324,即真实波特时钟频率为 153.85 kHz（$50×10^3/325$）。理想和真实时钟的误差小于 0.1%,考虑到 UART 的每帧最多包含 12 个码元,在这段时间里累积的绝对误差小于一个码元宽度的 1/50,不会对发送和接收产生影响。值得说明的是,bclk 信号的占空比很小,每个周期开始的时候输出一个高电平窄脉冲,脉冲宽度为 20 ns。

说明:严格地说,实用中的 UART 发送、接收速率也可以配置,但本设计主要用于仿真演示的目的,采用固定的速率简化了设计。

UART TX 模块 uart_tx 的设计方法为,描述所需的输入/输出端口,将图 11.11 所示的抽象行为描述的操作流程用状态机实现。其端口描述如表 11.3 所列。

表 11.3　UART TX 模块的端口描述

端口/信号	名　称	端口/信号	名　称
bclk	波特时钟	tx_cmd_code	UART TX 模块的配置指令码
rst_n	复位信号	txd	串行输出的发送数据
tx_data	并行输入的发送数据	tx_pulse_for_debug	供调试用的串行发送脉冲
data_write	发送数据写入的控制信号		

在这些参数中,tx_cmd_code 是一个 6 位的比特矢量,每 2 位分别决定停止位长度、奇偶校验方式及数据位数目的配置方式,其含义如表 11.4 所列。参数定义语句描述如下:

```
parameter [1:0]    CODE_STOP_NUM_1 = 2'b00, CODE_STOP_NUM_1HALF = 2'b01,
                   CODE_STOP_NUM_2 = 2'b10;
parameter [1:0]    CODE_PARITY_ODD = 2'b11, CODE_PARITY_EVEN = 2'b10,
                   CODE_PARITY_NULL = 2'b00 ;
parameter [1:0]    CODE_DATA_NUM_8 = 2'b11, CODE_DATA_NUM_7 = 2'b10 ;
```

表 11.4　配置指令码的比特矢量定义

位	宽度	功能	参数(常量)	参数值	含义
bit 5 bit 4	[1:0]	停止位的长度	CODE_STOP_NUM_1	两位二进制编码中的 3 种码字	停止位长度 1 个码元周期
			CODE_STOP_NUM_1HALF		停止位长度 1.5 个码元周期
			CODE_STOP_NUM_2		停止位长度 2 个码元周期
			N/A	其他	保留,默认为 1 个码元周期

位	宽　度	功　能	参数(常量)	参数值	含　义
bit3 bit 2	[1:0]	校验 方式	CODE_PARITY_ODD	两位二进制编码中 的 3 种码字	采用奇校验
			CODE_PARITY_EVEN		采用偶校验
			CODE_PARITY_NULL		不采用校验
			N/A	其他	保留,默认为奇校验
bit1 bit0	[1:0]	数据位的数目	CODE_DATA_NUM_8	两位二进制编码中 的 3 种码字	数据部分为 8 位
			CODE_DATA_NUM_7		数据部分为 7 位
			N/A	其他	保留,默认为 8 位

本设计中 UART RX 模块也采用与表 11.4 一致的配置指令码定义。

UART TX 模块的主体部分是一个有限状态机,定义如下工作状态常量参数:

```
parameter [2:0] S_IDLE   = 3'b000; //空闲状态
parameter [2:0] S_START  = 3'b001; //起始状态,当同步采样时 data_write 有效,
                                   //则读取 tx_cmd_code,将线路
                                   //电平拉低,计算校验位(如果有)
parameter [2:0] S_WAIT   = 3'b011; //等待状态,等待一个码元周期(含 S_START
                                   //的一个 bclk 周期),保持线路低电平,
                                   //构造 UART 的起始信号
parameter [2:0] S_SHIFT  = 3'b010; //移位状态,将数据位并串转换移位输出,
                                   //保证每位 NRZ 波形的定时宽度
parameter [2:0] S_PARITY = 3'b110; //校验状态,输出校验码元(如果有),
                                   //保证其 NRZ 波形的定时宽度
parameter [2:0] S_STOP   = 3'b111; //停止状态,根据配置指令码的值,保持
                                   //一段高电平,构造 UART 的停止信号
```

UART TX 模块有限状态机的状态转移图如图 11.12 所示,除了定义状态变量 state 之外,还必须定义计数器,计数器的值实际上也是一种状态变量。计数器变量如下:

```
reg [5:0] cnt  = 0;  //控制每个码元的宽度的定时器
reg [3:0] dcnt = 0;  //控制数据位的数目的定时器
```

说明:其中 tx_ready 为发送器准备好信号;txdt 为串行输出的寄存器变量(在本设计中,为了调试方便定义对外的串行输出端口 txd 为 wire 类型,在状态机语句块之外连续赋值 assign txd = txdt)。

考虑 UART TX 模块的状态转换关系并不复杂,可以采用"一段式"实现该有限状态机,这样不用另外定义 next_state 变量;当然也可以采用"二段式"、"三段式"的有限状态机实现形式,只要保证代码可综合即可。

测试程序力图将主要的 tx_cmd_code 的取值组合下的发送器的工作状态体现出来 。例如,测试模块 tb_uart_tx 测试在 tx_cmd_code ={ CODE_STOP_NUM_1, CODE_DATA_NUM_8, CODE_PARITY_ODD }、{ CODE_STOP_NUM_1HALF, CODE_DATA_NUM_7, CODE_PARITY_EVEN }和{ CODE_STOP_NUM_2, CODE_DATA_NUM_8, CODE_PARITY_NULL }下的发送情况,具有一定的覆盖率。

如果用 ModelSim 软件工具进行测试仿真,那么保存和加载波形文件是一个提高工作效率的作法。这体现于:

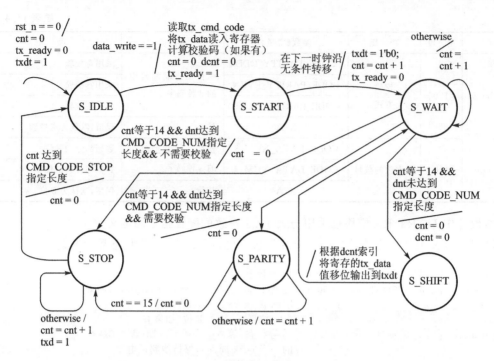

图 11.12　UART TX 模块有限状态机的状态转移图

① 从 Objects 窗体用拖拽的方式成批加载到 Wave 窗体的信号的顺序往往不确定,不方便查看,而且信号名(Wave 窗体的 Messages 列)包含层次名的前缀,往往关键的标识符显示不完全,可以在波形属性弹出对话框中重命名波形的名称(如图 11.13 所示)。但由于一般调试不会一次成功,建议用波形文件(扩展名 ∗.do)存储排列好的信号显示顺序和命名的名称。

② 在仿真状态下,通过选择 File→Load 菜单命令加载 ∗.do 文件。更方便的是,加载过程会打印在命令行(Transcript)窗体(如图 11.14 所示),这样只要执行过一次加载操作,就可以用"↑"和"↓"键在命令行窗体中上下翻动,找到加载的指令。回车执行,在反复进行的仿真中可以实现"手不离键盘"的操作。

上述技巧在 UART 其他模块的基于 ModelSim 的仿真测试中也很有效。

图 11.13　在波形属性对话框中重命名波形的名称

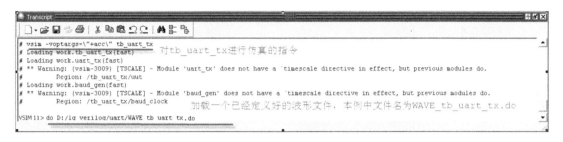

图 11.14　命令行窗体中加载"∗.do"的指令

11.2.4　UART 接收器的设计

由于接收器要从完全与本地时钟异步的串行信号中可靠地提取出信息,并应对一些线路上异常的情况,所以建议分解为一定的功能模块,以便各司其责,充分体现硬件实现的并发和配合关系。在对图 11.11 进行过程分析的基础上,梳理可以并发或配合执行的功能;从协议描述的自然语言中推究出具有共性的操作,可以考虑如下功能:

① 起始信号是否出现:需要起始信号检测的模块。

② 码元的采样,得到的数据位临时存储:需要对串行信号进行检测并移位寄存的模块。另外,为了保证采样的时序,可以将生成采样脉冲的功能单独封装为子模块,使各模块的复杂度可以承受。

③ 读取缓存数据,判断原缓存数据是否被读出:需要主机端读取并行数据的模块。

④ 停止信号的长度是否合适:需要停止信号长度检查的模块。

具有上述子模块之后,需要有相应的控制单元模块,对各个模块实例进行协调控制。

模块的划分是设计从概要到详细的一大飞跃,只有这样才能实现"分而治之";但功能边界是在反复的设计论证甚至是失败尝试的基础上逐渐清晰的,合理的功能边界不仅降低各子模块实现的难度,而且能够提高设计实现全生命周期内的可扩展性和代码的可移植性。

经过设计,图 11.15 给出上述子模块实例之间的关系。注意到,这是一种自顶向下的设计思想,而且在模块具体实现之前,子模块之间的信号交互关系不需要定义得非常细致,要突出主要的信号,保持清晰的视图;具体的信号将在后续的实现过程中经过迭代设计不断细化。

各个子模块的名称和预定的主要功能如表 11.5 所列。

表 11.5　UART RX 模块中的子模块实例

(子)模块名	主要功能
uart_rx_timer	产生 uart_rx_detector 模块实例采样和区分数据位所需的定时脉冲信号 shift_bclk 和 shift_strobe
uart_rx_detector	在定时脉冲 shift_bclk 的驱动下对串行输入信号 rxd 中的数据位和校验位(如果有)进行采样判决,将判决得到的数据在 shift_strobe 驱动下移位寄存,转化为并行数据
uart_rx_buffer	将 uart_rx_detector 模块实例检测到的数据进行缓存,输出 rx_data_ready 状态信号,并在 data_read 信号的作用下将数据由并行的数据总线输出;另外,负责判断并输出"覆盖错误"和"校验错误"

(子)模块名	主要功能
uart_rx_start_sign_det	检测 UART RX 串行总线上的起始信号,一旦检测到通知接收器控制单元(uart_rx_rcu 模块的实例)
uart_rx_stop_sign_chk	检查 UART RX 串行总线上的停止信号是否符合配置要求,如不符,输出"成帧错误"
uart_rx_rcu	接收器控制单元,监测 uart_rx_start_sign_det 模块实例是否检测到 UART RX 起始信号,一旦检测到则根据配置指令码的规定,相继使能或操纵定时脉冲发生器、数据检测器、停止信号检查器,并接收来自 uart_rx_timer 模块实例的 data_end 信号

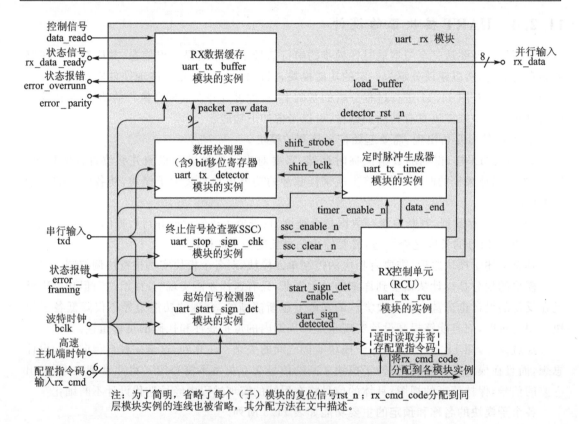

注:为了简明,省略了每个(子)模块的复位信号 rst_n;rx_cmd_code 分配到同层模块实例的连线也被省略,其分配方法在文中描述。

图 11.15　UART RX 的模块分解框图

　　电路功能的合理分解体现了设计者和系统集成者的匠心。例如:应该主要通过接收控制单元(RCU),即 uart_tx_rcu 模块的实例协调其他模块实例的工作状态;而作为数据检测的定时装置,uart_tx_timer 模块实例也有协调和驱动其他模块实例的作用。这两个模块实例的功能有一定的重合,它们的职能划分集中体现在对于帧中的数据部分(如果采用校验,还包含校验位)开始与结束的判定功能归属上。经过权衡后制定的解决方案既消除了 uart_tx_rcu 对于数据部分计数的负担,又避免了两者重复实现监视功能。即:

　　① uart_tx_rcu 收到来自 uart_start_sign_det 的检测到 UART 帧起始的输入端口,进行一个码元长度的定时,对齐数据部分的开始,通过输出端口 timer_enable_n 使能 uart_tx_timer。

　　② 随后,uart_tx_rcu 并不通过自身的定时判断数据部分(如果采用校验,还包含校验位)

的结束,相反,该定时功能由 uart_tx_timer 承担,并在结束时发送 date_end 信号到前者的输入端口,前者由该信号触发内部状态机,发生状态转换并对其他模块实例进行相应的操作。

这种权衡的解决方案巧妙地使 timer_enable_n 和 date_end 形成类似于信号握手的关系,充分发挥了硬件的优势,且使系统的工作状态清晰;唯一的代价是 uart tx timer 需要与数据位个数和校验方式有关的配置信息,实现中 uart_tx_rcu 模块实例在收到 start_sign_detected 信号后从外部端口 tx_rmd 读取配置指令码,寄存后将其中的[3:0]位输入到 uart_tx_timer,并可在后者处理一个帧的过程中保持。

除 uart_tx_rcu 模块实例之外,其他模块实例不需要寄存配置指令码的寄存器,仅通过与 uart_tx_rcu 的输出端口 rx_cmd_code 相应的连线即可,其中 uart_tx_timer、uart_tx_buffer 需要数据位个数信息和校验信息,uart_tx_stop_sign_chk 需要停止信号长度信息。

下面逐(子)模块给出其端口规范定义,并说明设计和/或实现中的关键环节。首先介绍的是定时脉冲生成器模块和数据检测器,因为数据检测器实现了 URAT RX 的核心功能,而定时脉冲生成器决定了它的时序。读者可能会认为 uart_rx_rcu 是 UART RX 的核心,但是 UART RX 的本质就是从异步串行的 NRZ 码矩形脉冲中提取数据,因此定时脉冲驱动下的数据位的检测是从整体角度出发的核心应用功能。随后,依次介绍 uart_rx_buffer、uart_rx_start_sign_det 和 uart_rx_stop_sign_chk,最后说明 uart_rx_rcu 对各个模块实例的管理关系。

1. 定时脉冲生成器模块

定时脉冲生成器模块 uart_tx_timer 的输入/输出端口的描述如表 11.6 所列。

表 11.6　uart_rx_timer 的输入/输出端口的描述

端口/信号	名　　称	端口/信号	名　　称
bclk	波特时钟输入	shift_strobe	移位触发输出
rst_n	复位信号输入	shift_bclk	移位波特时钟输出
enable_n	使能信号输入	data_end	数据结束标志输出
rx_cmd_code	配置指令码输入		

定时脉冲生成器模块的实现主要依赖于计数器,定义计数器变量如下:

```
reg  [3:0] cnt  = 0;  // 控制每个码元的宽度的定时器
reg  [3:0] dcnt = 0;  // 控制数据位的数目的定时器
```

并结合 enable_n 使能信号和配置指令码,控制 shift_strobe 和 shift_bclk 信号的生成,例如,图 11.16 展示了当 enable_n=0 且配置为{CODE_DATA_NUM_8,CODE_PARITY_ODD}(或{CODE_DATA_NUM_8,CODE_PARITY_EVEN})情况下的定时脉冲输出。

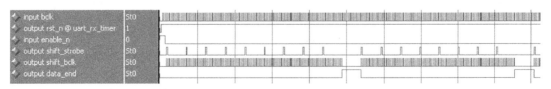

图 11.16　定时脉冲生成器模块的仿真测试波形图

说明:在接收器的功能仿真测试中,选择 bclk 的频率为 160 kHz,相当于码速率 10 kbaud,这虽然与设计要求 9600 b/s 有差别,但时间刻度为整数,便于波形的观察。

2. 数据检测器

数据在传输过程中,难免受到干扰,如果每个数据码元只根据 shift_strobe 采样一次,那么不具备抗干扰的容错能力,况且 shift_strobe 对应每个码元的起始时刻,这时如果串行信号还没有稳定,发生采样错误的几率更大。

既然存在速率为波特率 16 倍的波特时钟,解决的方法是一个码元宽度内,shift_bclk 的最前 3 个和最后 2 个采样值被忽略,取中间 11 个采样值作多数判决,判决得到的结果被打入移位寄存器 packet_raw_data。上述设计思路如图 11.17 所示,这样设计的好处在于:

① 屏蔽了每个码元起始和结束部分,这两部分电平可能处于变化过程中,容易产生采样错误;

② 这种实现方法降低了本地波特边沿和异步码元边界对准的精度要求;

③ 不需要等待码元结束,只需在全部获得 11 个采样值之后就可以把判决结果打入移位寄存器 packet_raw_data。这样在数据部分(含校验位)结束之前,即 data_end 上升沿到达之前 2 个 bclk,packet_raw_data 中的数据已经准备好,避免了 uart_rx_buffer 和 uart_rx_rcu 既要进行数据访问又要组织状态切换,降低了实现难度。

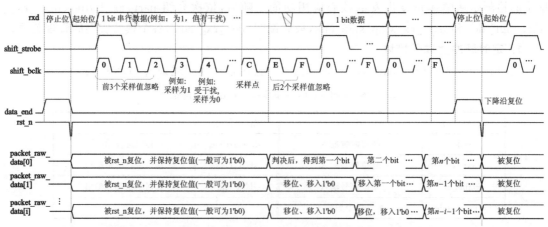

注:图中的 data_end 并不是 uart_rx_detector 的输入信号,设计中 uart_rx_rcu 接收到 uart_rx_timer 发出的 data_end 信号后,产生 uart_rx_detector 的复位信号。这里给出 data_end 的波形是为了展示信号之间的逻辑关系

图 11.17　数据码元进行采样检测的设计思路

数据检测器模块 uart_tx_detector 的输入/输出端口的描述如表 11.7 所列。

表 11.7　uart_rx_detector 的输入/输出端口的描述

端口/信号	名　　称	端口/信号	名　　称
bclk	波特时钟输入	shift_strobe	移位触发输入
rst_n	复位信号输入	shift_bclk	移位波特时钟输出
rxd	串行 UART 信号输入	packet_raw_data	移位寄存器输出

uart_rx_detector 模块的主体部分是一个有限状态机,根据 UART 帧的结构,定义如下工作状态常量参数:

```
parameter [1:0] S_IDLE   = 2'b00; // 空闲状态
parameter [1:0] S_HEAD   = 2'b01;// 数据位的前段(前 3 个被忽略的采样)
parameter [1:0] S_BODY   = 2'b11;// 数据位的中段(11 个采样值)
parameter [1:0] S_TAIL   = 2'b10; // 数据位的后段(后 2 个被忽略的采样)
```

uart_rx_dctcctor 模块有限状态机的状态转移图如图 11.18 所示,采用"三段式"实现,需要定义状态变量 state 和它的次态 next_state,另外还定义计数器 cnt,以及一个累加变量 num_of_ones,统计每次采样时逻辑 1 的个数,即:

```
reg  [3:0] cnt   = 0 ; // 控制每个数据码元(如果有校验,含校验码元)内的采样点
integer num_of_ones ;  // 如果采样为 1,则累加入
```

在状态转换中,主要以 shift_bclk 作为同步时钟进行边沿触发,然而从 S_IDLE 状态到 S_HEAD 状态的切换需要 shift_strobe 触发。由于 shift_strobe 的数目已经由 uart_tx_timer 模块实例决定,因此数据检测器本身不需要了解配置指令码。

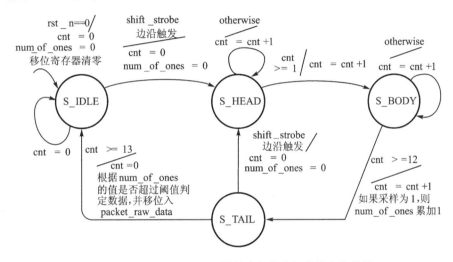

图 11.18　uart_rx_detector 模块有限状态机的状态转移图

值得说明的是,在具体的编程实现中,也允许在 S_TAIL 状态时被 shift_strobe 触发转换到 S_HEAD。这是有意为之的设计。因为,给定某个 shift_strobe 脉冲,存在某个和它同相位的 shift_bclk(即:上升沿对齐),但是实际中两者的上升沿总有先后到达的关系。当数据位连续到达的时候,如果这个 shift_bclk 脉冲先触发,则状态机转移到 S_IDLE;但如果 shift_strobe 先到达,则由当前数据位的 S_TAIL 状态直接转换到下一个位的 S_HEAD。虽然推究 uart_rx_timer 生成 shift_strobe 时的因果关系,shift_strobe 的上升沿应略晚于同相位的 shift_bclk,但数据检测模块的设计并不需要这样额外的假定,提高了对不同工况的适应能力。在最坏情况下,脉冲相位的细微差别也只会导致中段采样位置差一个 bclk 周期,是可以容忍的。另外,考虑到数据位后段的 2 个采样值被忽略,设计中可以提前使 S_TAIL 状态提前一个 bclk 周期转换回到 S_IDLE(即:经过了第 15 个脉冲周期就将数据打入 packet_raw_data 并进行状态转换),可以进一步避免上述不确定状况对触发的影响。

数据检测器的仿真测试波形如图 11.19 所示。设在进行该仿真验证测试时,uart_rx_rcu 还没有开发完成,因此测试程序中利用高频率的时钟设计了一个边沿检测器,用以检测 data_end 的下降沿并形成窄负脉冲,暂时作为被测数据检测器实例的复位信号(最终应由 RCU 生

成复位脉冲)。

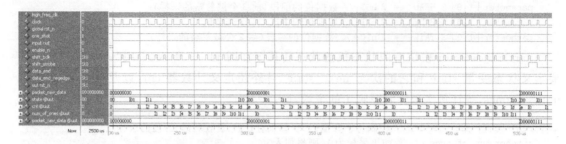

图 11.19 数据检测器的仿真测试波形图

3. 接收数据缓存器

接收数据缓存器器模块 uart_rx_buffer 的输入/输出端口的描述如表 11.8 所列。

表 11.8 uart_rx_buffer 的输入/输出端口的描述

端口/信号	名 称	端口/信号	名 称
bclk	波特时钟输入	rx_data	主机端 RX 数据端口输出
rst_n	复位信号输入	data_read	读数据信号输入
rx_cmd_code	配置指令码输入	rx_data_ready	数据准备好信号输出
packet_raw_data	移位寄存器输入	error_overrun	覆盖错误信号输出
load_buffer	缓存加载信号输入	error_parity	校验错误信号输出

在不同的配置情况下,由 uart_rx_detector 检测并打入移位寄存器 packet_raw_data 的数据的内容是不同的,如图 11.20 所示。可以根据配置指令码,当 RCU 发出 load_buffer 信号的上升沿到达时,使用多路分支语句逻辑运算实现,调整数据的对齐位置,并同时进行奇偶校验。当进行奇校验时,如果接收到的数据位和校验位共有偶数个"1",则设置 error_parity=1;当进行偶校验时,原理与之类似。

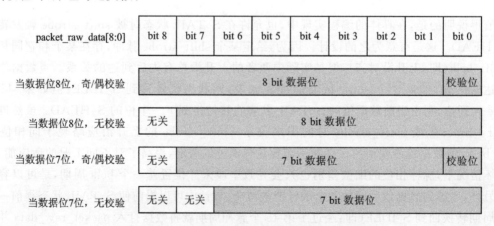

图 11.20 不同配置下移位寄存器并行输出的内容

相应的代码如下(由于比较繁琐,只列出代码片断为例):

```
//当 RCU 发出 load_buffer 信号的上升沿到达时,以下代码段还负责生成 rx_data_ready 状态信号,
//并且判断上次该状态信号有没有被清零,如果没有被清零,则判定为覆盖错误,使 error_overrun = 1
  always @( posedge load_buffer ) begin
    case ( rx_cmd_code )
{CODE_DATA_NUM_8, CODE_PARITY_ODD} : begin
        packet_data = packet_raw_data [8:1] ;   // 将相应数据内容移入缓存器
        error_parity = ~(^packet_raw_data [8:0]) ;
          //奇校验时偶数个"1",错误
    end
{CODE_DATA_NUM_8, CODE_PARITY_EVEN} : begin
        packet_data = packet_raw_data [8:1] ;
  error_parity = ^packet_raw_data [8:0] ;
          //偶校验时奇数个"1",错误
    end
  // 以下是其他分支的处理…(略)
    default : begin                                     //默认分支
      packet_data = packet_raw_data [8:1] ;
      error_parity = 1 ;
    end
    endcase

    if( rx_data_ready == 1 ) error_overrun = 1 ;
    else begin
      rx_data_ready = 1 ;
      error_overrun = 0 ;
    end
  end
```

4. 起始信号检测器

作为检测器,起始信号的检测也具有一定的难度,这是由于对于异步信号的检测涉及到跨越时钟域的问题,要在跨越时钟域的情况下合理地提高检测的时间精度。

为了消除跨越时钟域的亚稳态现象,需要通过触发器(flip-flop)和时钟对输入信号进行采样和寄存,但如果仅仅采用 bclk 时钟触发,根据同步时序逻辑电路的工作原理,从 UART 线路起始信号出现到起始信号检测器输出可以被 RCU 正确感知的信号,至少需要 1 个 bclk 时钟周期。最坏情况下,延迟可以接近 2 个 bclk 时钟周期。因此,本设计中,采用高速时钟(可达几十 MHz 量级)检测起始信号的边沿。

所谓"亚稳态"(meta-stability)是指触发器无法在某个给定的时间段内达到一个可确定状态的现象。为了缓解亚稳态现象,要找到异步的脉冲被本地时钟可靠稳定地采样的方案,其中包括"慢脉冲"和"快脉冲"两种穿越时钟域的方案。"慢脉冲"的脉冲宽度不小于本地时钟周期 2 倍;"快脉冲"的脉冲宽度在本地时钟周期 2 倍以下,使用同步采样可能会遗漏,必须使用触发器的异步置位和异步清零。

起始信号检测器模块 uart_rx_start_sign_det 的输入/输出端口的描述如表 11.9 所列。

具体到本模块的设计,对于高速时钟,UART 的起始信号宽度远远大于采样时钟,所以第一级采用慢脉冲的处理形式;而第一级采样得到的脉冲宽度很窄,要将该信号转换到 bclk 时钟域中处理,属于快脉冲的处理形式;最坏情况下两级信号检测的响应时间约为一个 bclk 时钟周期(高速时钟周期很短,第一级的延迟忽略不计)。

表 11.9　uart_rx_start_sign_det 的输入/输出端口的描述

端口/信号	名　称	端口/信号	名　称
high_freq_clk	高速时钟输入	enable	使能信号输入
bclk	波特时钟输入	rxd	串行 UART 信号输入
rst_n	复位信号输入	start_sign_detected	检测到起始信号的标志信号输出

对照快脉冲跨越时钟域的原理,Verilog HDL 行为描述的快脉冲捕获器 narrow_pulse_
catcher 模块的源代码如下:

```
module narrow_pulse_catcher( rst_n, asyn_set, local_clk, out );
input rst_n , asyn_set , local_clk ;
output out ;
reg T_FF ;
reg [1:0] D_FF ;
wire asyn_reset ;

  always @( posedge local_clk or negedge rst_n or
            posedge asyn_set or posedge asyn_reset ) begin
    if ( ! rst_n ) T_FF <= 0 ;
    else if( asyn_reset ) T_FF <= 0 ;
    else if( asyn_set ) T_FF <= 1 ;
    // else T_FF <= T_FF ;
  end

  always @( posedge local_clk or negedge rst_n ) begin
    if( ! rst_n ) D_FF <= 2'b00 ;
    else  D_FF[0] <= T_FF ;   D_FF[1] <= D_FF[0] ;
  end

  assign asyn_reset = D_FF[0] ;

  assign out = ~D_FF[1] & D_FF[0] ;
endmodule
```

而对于慢脉冲的处理,考虑到高速时钟频率远远快于 UART 起始信号(例如:设为
50 MHz),可以加长串行移位寄存器的长度;并注意到本设计中的起始信号是负脉冲,进行了
相应的容错判决设计。

第一级慢脉冲的源代码片段(其中采用 7 位串行移位寄存器 sampling 作为采样窗口)
如下:

```
reg [6:0] sampling ;
reg detected_pulse;        //经过 high_freq_clk 对慢脉冲采样后得到的脉冲,
                           //宽度为 2 个高速时钟周期,输出到第二级进行快脉冲采样
wire rxd_in ;
    assign rxd_in = ( enable = = 1 ) ? rxd : 1'b1 ;
    always @( posedge high_freq_clk ) sampling <= { sampling, rxd_in } ;
      always @ ( sampling[6:1] ) begin
        case ( sampling[6:1] )
          6'b111000: detected_pulse = 1 ;
          6'b110000: detected_pulse = 1 ;
```

```
            default: detected_pulse = 0 ;
        endcase
    end
```

第二级快脉冲模块实例化的源代码片段如下：

```
reg syn_pulse ; //经过 bclk 对快脉冲 detected_pulse 采样后得到的脉冲，
              //宽度为一个 bclk 周期
    narrow_pulse_catcher catcher( .rst_n ( rst_n ),
                                  .asyn_set( detected_pulse ),
                                  .local_clk( bclk ),
                                  .out( syn_pulse ) ) ;
        assign start_sign_detected = ( rst_n = = 1'b0 ) ? 0 : syn_pulse ;
```

对 uart_rx_start_sign_det 进行单元测试，仿真波形如图 11.21 所示。如图可见，当使能
信号有效，rxd 线路上出现低电平脉冲后，迅速地被高速时钟脉冲检出 detected_pulse，随后又
被转化为一个 bclk 周期宽度的脉冲作为 start_sign_detected 信号输出。

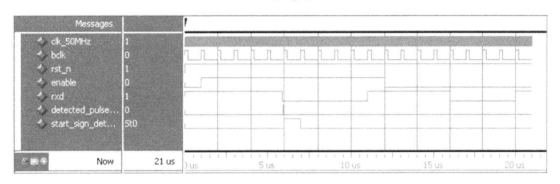

图 11.21   起始信号检测器仿真测试(单元测试)波形图

5. 停止信号检查器

对于停止信号，只是检查长度，而不是检测，所以仅采用波特时钟 bclk 触发即可，并不采
用高速的外部时钟。停止信号检查器模块 uart_rx_stop_sign_chk 的端口描述如表 11.10
所列。

表 11.10   uart_rx_stop_sign_chk 的端口描述

端口/信号	名　　称	端口/信号	名　　称
bclk	波特时钟输入	rxd	串行 UART 信号输入
rst_n	复位信号输入	error_framing	编帧错误标志输出
rx_cmd_code	配置指令码输入	ssc_clear_n	停止信号检查器清除信号输入
ssc_enable_n	停止信号检查器使能信号输入		

停止信号检查器的主体是一个有限状态机，状态的定义如下：

```
parameter  S_IDLE = 3'b000,    // 空闲状态
           S_CHECK = 3'b001,   // 检查状态，检查停止信号的长度
           S_CORRECT = 3'b011; // 正确状态，当前检查长度符合要求(不短于规定)
           S_ERROR = 3'b101;    // 错误状态，当前检查发现逻辑 1 长度小于规定
```

设计实现中，对于细节的一些考虑：

① 设置容忍度,根据 rx_cmd_code 中关于停止位长度的配置设定计数器阈值 cnt_threshold,考虑到对异步信号进行本地时钟检查,最坏情况下会错过一个时钟周期,而且对于 UART 允许定时具有一定的误差,因此将 cnt_threshold 的值减去 `NUM_TOLERANCE 值(本设计中 16 倍 bclk 时钟采样,容忍度值为 1,允许误差略大于 5%)。

② 从 S_CHECK 状态到 S_ERROR 状态发生跳转的必要但不充分条件是 cnt < threshold,但另外的条件是(enable_n == 1)||(rxd == 0)。这实际上是一种"双保险"设计,即:

● ssc_enable_n 由 RCU 控制,无效时,说明 UART RX 已经不处于停止信号检查状态,此时如果 cnt 没有达到阈值则说明停止信号不够长;

● 同时,检查器也直接检查线路上的电平,使得该重要的状态转换关系也可以不依赖 ssc_enable_n 的控制而独立进行。

图 11.22 所示为 uart_rx_stop_sign_chk 模块有限状态机的状态转移图。

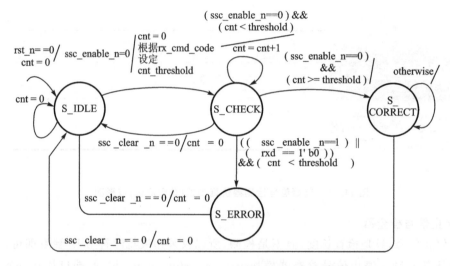

图 11.22　uart_rx_stop_sign_chk 模块有限状态机的状态转移图

6. 接收器控制单元

接收器控制单元是 UART RX 模块内部的"管理"控制部件,用于协调其他主要模块的状态转换。该(子)模块的设计要点如下:

① 根据 UART RX 的工作流程理清自身的状态,这时反倒可以从图 11.11 所示的流程图得到启示。开发进行到这个阶段,因为其他模块的接口和行为比较复杂,所以可以通过抽象的行为描述从繁琐的实现细节中"走出来",抓住主线。

② 注意与其他关键的模块之间的握手关系,例如:与 uart_rx_start_sign_det 通过专用的使能信号和 start_sign_detected 进行握手,与 uart_rx_timer 通过专用的使能信号和 data_end 进行分工合作握手。

③ 回顾其他模块的接口规范说明,结合仿真测试,调整一些关键信号的时序,例如:对于 uart_rx_stop_sign_chk 的使能信号脉冲的构造等。

接收器控制单元模块 uart_rx_rcu 的输入/输出端口的描述如表 11.11 所列。

表 11.11 uart_rx_rcu 的输入/输出端口的描述

端口/信号	名 称	端口/信号	名 称
bclk	波特时钟输入	load_buffer	缓存加载信号输出
rst_n	复位信号输入	data_end	数据结束标志输入
rx_cmd	配置指令码(外部输入)	ssc_enable_n	停止信号检查器使能信号输出
rx_cmd_code	配置指令码(RCU 寄存输出)	error_framing	编帧错误标志输入
start_sign_det_enable	起始信号检测器使能输出	ssc_clear_n	停止信号检查器清除信号输出
start_sign_detected	检测到起始信号的标志信号输入	detector_rst_n	检测器复位信号输出
timer_enable_n	定时器使能信号输出		

RCU 通过读取外部的 rx_cmd 信号,在合适的时机存入 rx_cmd_code 寄存器,并根据所需分配输出到其他模块。图 11.23 展示了对于配置指令码的分配关系。

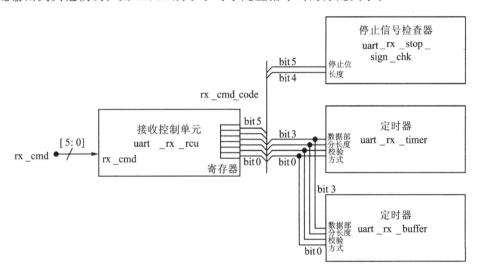

图 11.23 配置指令码的分配

设计 uart_rx_rcu 模块,其状态定义如下:

```
parameter   S_IDLE = 4'b0000,      //空闲状态
            S_START = 4'b0001,     //起始信号检测状态,计数器 cnt 可以从 1 到 15
                                   //(因为检测本身至少需要一个 bclk 周期)
                                   //实际实现中,定义一个修正值 `NUM_SAMPLE,
                                   //根据起始信号检测器的特性决定该状态的宽度
            S_ENABLE = 4'b0011,    //使能状态,启动 uart_rx_timer 模块实例
            S_STOP = 4'b0111,      //停止信号检查状态,计数器 cnt 从 0 到 15
            S_CLEAR = 4'b111 ;     //停止信号检查器发现编帧错误
```

必须说明的是,uart_rx_rcu 模块的状态机本身是依靠 bclk 的下降沿同步触发的,之所以这样处理是为了和其他关键模块利用上升沿进行检测和检查区分开来,避免出现不稳定的状态。由于 bclk 是窄脉冲,所以采用下降沿触发带来的延迟是可以容忍的,但这一段脉宽又恰好可以让其他模块实例的信号稳定下来。

采用"三段式"实现,并定义计数器变量 cnt,该变量与各状态的关系如下:

```
case ( state )
      S_IDLE:   cnt <= 0 ;
      S_START:  cnt <= cnt + 1 ;
      S_ENABLE: cnt <= 0 ;
      S_STOP:   cnt <= cnt + 1 ;
endcase
state <= next_state ;
```

uart_rx_rcu 模块有限状态机的状态转移图如图 11.24 所示。正如设计要点提到的那样，该状态转换图基本上是以一个过程的处理为主干(除了清除 error_frameing 的状态)。由于计数器的值也表示有限状态机的状态，为了清晰地看出处理过程，对于某些关键过程，将状态变量和计数器的值一起绘制。

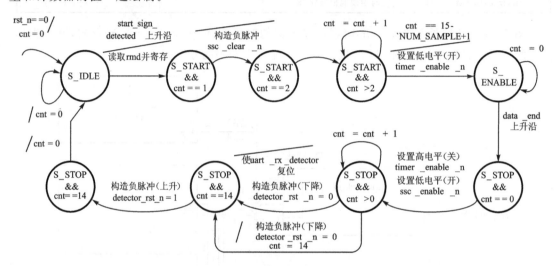

图 11.24　uart_rx_rcu 模块有限状态机的状态转移图

11.2.5　UART 接收器的仿真测试

对于 UART 接收器的仿真测试是从某个(子)模块开始的。到底从哪个模块开始没有一定之规，但"万事开头难"，选择从哪里开始，以及开始构造合理易用的测试程序(test bench)也需要一定的考量：

① 可以选择时序驱动比较集中的模块开始，这样便于后续增量化测试中，直接用该模块的实例作为信号激励源。例如：本设计中先实现的是 uart_rx_timer 模块。然后按照时序驱动的主要路径依次实现 uart_rx_detector 和 uart_rx_buffer 模块。在测试中，测试程序只需要作比较小的改造和增加新的接口。

② 不急于实现内部的管理控制逻辑，因为即使有规范化的接口描述，一些控制关系和模块实例之间的配合关系仍然需要调整。

对于 uart_rx_timer 模块的仿真测试波形已经由图 11.16 给出。

在有了定时器驱动之后，测试程序框架中需要注入数据，可以先将需要输入的数据存储为参数常量，随后设计一个触发信号，每次触发就可以发出一串数据，避免了在 initial 语句块中繁琐地设置各个信号的高低电平。例如：在本设计的功能仿真测试中，预设的数据相当于 4 个完整的 UART 帧(每帧包含起始信号、8 位数据、1 位奇校验位、1 位长的停止信号)，即：

```
parameter [0:43] DATA_FRAMES = // START_DATA_PARITY_STOP
                              { 11'b0_11111111_1_1,
                                11'b0_10001100_0_1,
                                11'b0_11001110_0_1,
                                11'b0_11110000_1_1   };
reg one_shot ;
    always @(posedge one_shot) begin      // one_shot 为测试中的单次触发信号
        for ( i = 0; i < 10 ; i = i + 1) begin      // 采用 for 循环连续注入
            rxd = DATA_FRAMES [ ( j * 11 + i ) % 44 ]; // 数据串行注入
            #10000 ;                                    // 延迟一个码元周期
        end
        j = j + 1;
    end
```

对于 uart_rx_detector 模块的仿真测试波形已经由图 11.19 给出。

在 uart_rx_timer 和 uart_rx_detector 的基础上继续进行增量化的测试。例如：缓存器的测试中除了 uart_rx_buffer 实例化为被测单元 uut(unit - under - test)之外，以前通过测试的前两个模块也被实例化，测试数据驱动框架可以基本不变，大大减轻了工作量。以下是相应的实例化代码段：

```
uart_rx_timer timer ( .bclk( clk ), .rst_n( rst_n ), .enable_n( enable_n ),
            .shift_strobe( shift_strobe ), .shift_bclk( shift_bclk ),
            .data_end( data_end ),
            .rx_cmd_code({ cmd_code_num, cmd_code_parity } ) );

and gate_1 ( det_rst_n, rst_n, data_end_negedge );
    //检测器的复位信号由两部分合成，一部分是全局的复位 rst_n，另一部分由 RCU 给出；
    //这时还没有 RCU，暂时由定时器发出的 data_end 信号的下降沿代替(测试中还需要一
    //个下降沿提取器)
uart_rx_detector rx_detector ( .rst_n(det_rst_n), .rxd(rxd),
                        .shift_strobe(shift_strobe),
                        .shift_bclk(shift_bclk),
                        .packet_raw_data( packet_raw_data ) );

uart_rx_buffer uut (.bclk( clk ), .rst_n( rst_n ),
                        .rx_cmd_code({ cmd_code_num, cmd_code_parity } ),
                        .load_buffer( data_end ),
                        .packet_raw_data( packet_raw_data ),
                        .data_read( data_read ),
                        .rx_data_ready( rx_data_ready ),
                        .rx_data( rx_data ),
                        .error_overrun( error_overrun ),
                        .error_parity( error_parity ) );
```

对于 uart_rx_detector 模块的仿真测试波形，如图 11.25 所示。

在测试信号的生成和测试框架比较成熟的基础上，也可以不用亦步亦趋，在仿真的后期一气呵成。例如，对于 RCU 和起始信号检测器可以一起测试(当然，起始信号检测器事先作了简单的单元测试，如图 11.21 所示)，通过观察整体的工作情况进行调试，如图 11.26 所示。

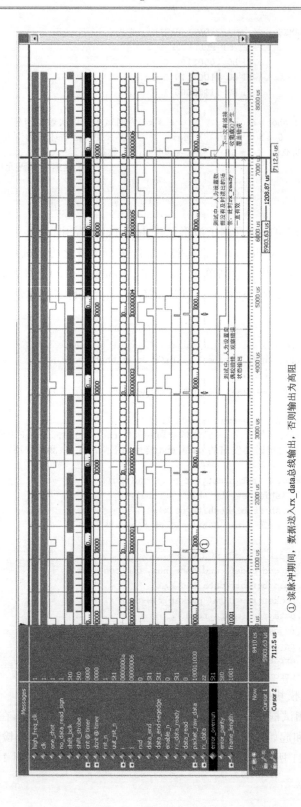

① 读脉冲期间，数据送入 rx_data 总线总输出，否则输出为高阻

图11.25　uart_rx_detector 模块的仿真测试波形图

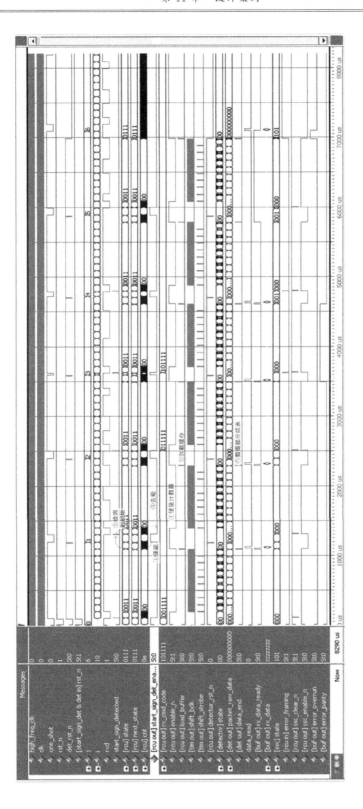

图11.26　RCU、定时器、缓存器和起始信号检测器的联合仿真测试波形

至此,用增量化的方法将 UART RX 中的所有模块都测试完毕,同时自然而然地形成了 uart_rx 模块的顶层 Verilog HDL 语言描述。

全双工 UART 接口中含有一个发送器和一个接收器。在主机端的数据输入需求为:并行的待发送数据 tx_data 和并行的配置指令码(比特矢量),如果允许发送和接收的帧格式可以不一样,则发送和接收的指令码可以不一致。为了节约输入的引脚,可以采用 tx_data 输入和配置指令码输入复用的策略;并且配置指令码是 6 位的比特矢量,而输入总线为 8 位,完全可以用余下的(本设计中规定为最高两位)区别是给 UART TX 的指令码还是给 UART_RX 的指令码,即:

```
// bit7        : reserved
// bit6        : 0 -- rx_cmd_code, 1 -- tx_cmd_code
```

定义专用的配置指令写信号 config_write,区别于数据写信号 data_read,使得不需要额外的并行输入端口专门用于配置信息的输入。

全双工 UART 的模块顶层结构图如图 11.27 所示,与设计前期的框图(参见图 11.9)相比,可见随着硬件描述语言编程和功能仿真测试,设计对象经过了从概要设计到详细设计实现的过程。

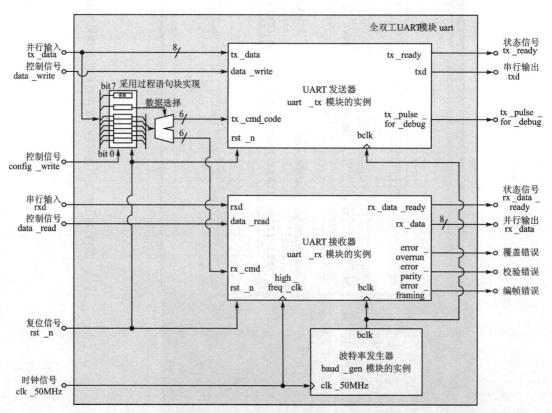

图 11.27　全双工 UART 接口模块的顶层结构图(设计实现)

11.3 循环码编译码器设计

11.3.1 实验目的与实验要求

循环冗余校验码(Cyclic Redundancy Check,CRC)是数字通信系统中常用的信道编码方法之一,根据域上本原多项式的代数性质,采用多项式的模 2 除法电路实现编码和译码。本试验的目的在于练习根据代数和逻辑的描述,以及关键的核心算法,编写并调试可综合代码,并实现连续的数字码流处理的能力;另外,也展示利用可编程硬件描述语言实现具体的电路功能,如何采用行为描述的方法简化设计。

以(7,3)循环码为例,进行编码器和解码器的设计,要求编写可综合代码,并实践通过计数和状态机设计实现编码和解码时序控制的技巧。在验证实验过程中,通过典型案例(例如:输入被干扰的码字)测试验证设计对象的功能和时序关系。

值得说明的是,(7,3)循环码的长度较短,使用查找表进行编译码更加有效;但本案例展示的是以代数编译码原理出发的解决方案,有利于推广到很长的循环码的编码和译码。

11.3.2 (7,3)循环码

循环冗余校验在信息码元后附加专门的校验码元,构成"循环码",进行检错与纠错。例如:(7,3)循环码的码长为 7,包含 3 个信息码元和 4 个校验码元。表 11.12 为对应生成的多项式 $g(x)=x^4+x^2+x+1$ 的(7,3)循环码的编码表。

表 11.12 某种(7,3)循环码的编码表

信息码元 [7:5]	校验码元 [4:1]	合成后的码字 [7:1]
000	0000	7'b000_0000
001	0111	7'b001_0111
010	1110	7'b010_1110
011	1001	7'b011_1001
100	1011	7'b100_1011
101	1100	7'b101_1100
110	0101	7'b110_0101
111	0010	7'b111_0010

循环码与域上本原多项式的代数结构具有关系,因此采用代数编译码。对于(7,3)循环码,选定码字长 $n=7$,信息码部分的位数 $k=3$,则对应的生成多项式应从(x^n+1)的因子中选定($n-k$)次多项式。这些符合要求的多项式的系数可以从数学手册中查到。

例如:选定 $g(x)=x^4+x^2+x+1$,并设信息码元对应的多项式为 $m(x)$,则

① 编码时用 x^{n-k} 乘以 $m(x)$,相当于将信息码元左移 $n-k$ 位,右边补 0;随后,用 $g(x)$ 模 2 除,即

$$\frac{x^{n-k}m(x)}{g(x)}=Q(x)+\frac{r(x)}{g(x)}$$

（其中的加法应理解为模 2 加，即"$\oplus$"，下同）得到商多项式 $Q(x)$ 和余式 $r(x)$，将余式 $r(x)$ 所对应的编码作为校验码，得到 n 位全码字

$$T(x) = x^{n-k}m(x) + r(x)$$

多项式各次幂的系数（0 或 1）对应校验码的编码。

② 接收器接到发来的全码字后，用同一种生成多项式 $g(x)$ 去模 2 除编码信息，如果余数为 0，则表示正确接收；否则则可以检查出错误。

③ 循环码不仅可以检错，还可以纠错，对于（7，3）循环码，码间距为 4，可以检 3 个错或纠正 1 个错。

④ 循环码的得名源于它的合法全码字。如果左右循环，仍是合法的码字。

循环码编码器的核心部件是"模 2 除法器"（实际上对于译码器也有类似的装置），对于（7，3）循环码，图 11.28 给出了采用原理图描述实现的模 2 除法器（这里是所谓"右端输入"风格的多项式除法器，还存在其他实现形式，感兴趣的读者可以参考编码原理等专业书籍）。

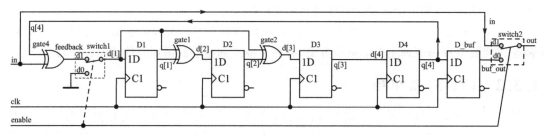

注：由 enable 信号控制双联开关；当 enable 为高电平时，接通 d1；当 enable 为低电平时，接通 d0。

图 11.28　生成多项式为 $x^4 + x^2 + x + 1$ 的循环码编码模 2 除法器

采用 RTL 级行为描述方法，设计相应的（7，3）循环码的模 2 除法器模块，命名为 div_mod2_behavior，并编写可综合的 Verilog HDL 代码如下：

```
module div_mod2_behavior ( clk, rst_n, enable, in, out );
input clk , in, rst_n, enable ;
output out ;
reg out ;
reg [1:4] register ;      // 寄存器组，索引对应生成多项式的幂次

  always @( posedge clk or negedge rst_n ) begin
  if ( ! rst_n ) register < = 4'b0000 ;
    else if ( enable == 1 ) begin
      out <= in ;
      register [4] <= register [3] ;
      register [3] <= in ^ register [4] ^ register [2] ;
      register [2] <= in ^ register [4] ^ register [1] ;
      register [1] <= in ^ register [4] ;
    end
    else begin
      out <= register [4] ;
      register = register >> 1 ; // 或 register = {1'b0, register[1:3] } ;
    end
  end
endmodule
```

11.3.3 （7，3）循环码的编码器

利用"模 2 除法器"构造完整的"(7，3)循环码编码器"，必须妥善地解决信息码元和校验码元的时序配合关系。

为了在 3 个信息码元周期内串行地输出 7 位码字，可以采用不均匀的时钟脉冲驱动方案，如图 11.29 所示。具体思路为：在主频时钟 high_freq_clk 连续的 15 个周期内，去除第 2、3、4、5 个和第 7、8、9、10 个时钟脉冲，只用第 1、6、11 个时钟脉冲驱动信息码元的输入和输出，而用剩下的第 12、13、14、15 个时钟脉冲驱动校验码元的输出。可见，在这种方案中，信息码元的周期为 high_freq_clk 时钟周期的 5 倍。

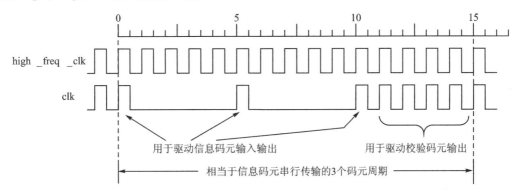

图 11.29 不均匀的时钟脉冲驱动方案

对于其中的"时序发生器"模块 CRC_7_3_timer，输入/输出波形的时序关系如图 11.30 所示。其中：

① start 为宽脉冲信号，其宽度大于一个 high_freq_clk 时钟周期，且与 high_freq_clk 时钟异步；

② enable 信号从 start 的上升沿开始从 0 变为 1，从第 3 个 clk 脉冲(或 clk1 脉冲)的下降沿开始从 1 变为 0。

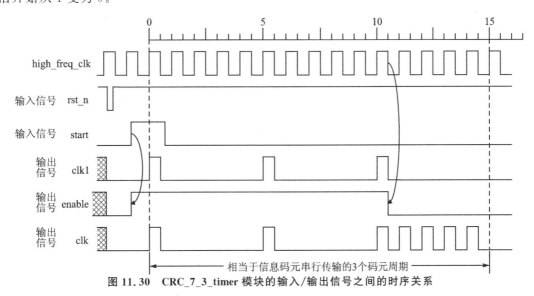

图 11.30 CRC_7_3_timer 模块的输入/输出信号之间的时序关系

根据这种方案设计的(7，3)循环码编码器顶层结构框图如图 11.31 所示。

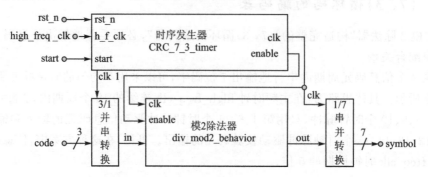

图 11.31　完整的(7，3)循环码编码器框图

1. 编码器中的时序发生器的有限状态机设计

设置状态变量 state，位宽为 3 bit，共有四种状态(如下所示)，并配合 4 bit 计数器 count。

```
parameter [2:0] S_IDLE    = 3'b000,         // 空闲
                S_STAGE_I = 3'b010,         // 阶段1，输出信息码元对应的脉冲
                S_DELETE  = 3'b011,         // 删除，对应信息码元部分，删除部分脉冲
                S_STAGE_II = 3'b110 ;       // 阶段2，输出校验码元部分对应的脉冲
```

(7.3)循环码编码器的时序发生器模块的状态转移图如图 11.32 所示。

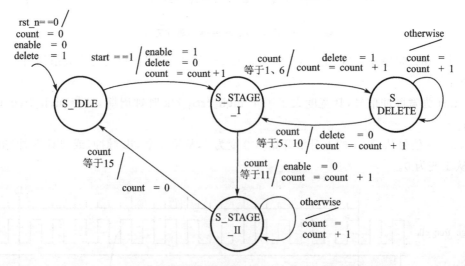

图 11.32　(7，3)循环码编码器的时序发生器模块的状态转移图

说明：

① 这里，定义内部信号 delete，对应 count＝1 至 count＝4 的 4 个脉冲，以及对应 count＝6 至 count＝9 的 4 个脉冲，这样外部用组合逻辑可以去掉相应的 8 个时钟脉冲。

② 图 11.32 中的 enable 脉冲起始于时钟(high_freq_clk)的边沿，而要求的 enable 信号在 start 有效后立即变为 1，所以需要用组合逻辑对 enable 的输出作一些修正；在第二部分的有限状态机实现中，状态机中对变量 ori_enable 进行操作，而利用组合逻辑根据 ori_enable 和 start 的关系生成要求的 enable 信号。

2. 编码器中时序发生器的代码实现

采用 Verilog HDL 语言实现的时序发生器模块 CRC_7_3_timer 代码(由于其 FSM 的结构比较简单,主要与计数器的值有关,因此可采用"一段式"的风格比较简单地实现)如下:

```verilog
module CRC_7_3_timer ( high_freq_clk, rst_n, start, clk1, enable, clk );
input high_freq_clk, rst_n ;
input start ;                // 启动信号
output clk1 ;                // 信息码元部分的时钟(起辅助作用的时钟脉冲输出)
output enable ;              // 输出的使能信号,用于控制模 2 除法器,当 enable = = 1
                             // 除法器进行模 2 除法运算,否则除法器仅相当于移位寄存器
output clk ;                 // 非均匀时钟脉冲输出
reg enable ;

parameter [2:0] S_IDLE = 3'b000, S_STAGE_I = 3'b010,
                S_DELETE = 3'b011, S_STAGE_II = 3'b110 ;
reg [2:0] state ;
reg [3:0] count ;
reg ori_enable ;             // 未考虑 start 异步作用的使能信号(修正前的使能信号)
reg delete ;

  always @ ( negedge high_freq_clk or negedge rst_n ) begin
    if( ! rst_n ) begin
      ori_enable <= 0 ;
      delete <= 1 ;
      count <= 0 ;
      state <= S_IDLE ;
      delete <= 0 ;
    end
    else begin
      case ( state )
        S_IDLE : begin
          if ( start ) begin
            state <= S_STAGE_I ;
            ori_enable <= 1 ;
            count <= count + 1 ;
            delete <= 0 ;
          end
        end
        S_STAGE_I : begin
          if ( count == 1 || count == 6 ) begin
            delete <= 1 ;
            state <= S_DELETE ;
          end
          else if ( count >= 11 ) begin
            ori_enable <= 0 ;
            delete <= 0 ;
            state <= S_STAGE_II ;
          end
          count <= count + 1 ;
        end
```

```
        S_DELETE : begin
            if ( count = = 5 || count = = 10 ) begin
               delete <= 0 ;
               state <= S_STAGE_I ;
            end
            count <= count + 1 ;
        end
        S_STAGE_II : begin
            if ( count = = 15 ) begin
               state <= S_IDLE ;
               count <= 0 ;
            end
            else count <= count + 1 ;
        end
        default : begin
               state <= S_IDLE ;
               count <= 0 ;
        end
      endcase
    end
  end

  always @ ( state or start or ori_enable ) begin
    if ( state = = S_IDLE ) enable = start || ori_enable ;
    else enable = ori_enable ;
  end

  // 根据状态和计数器,通过组合逻辑构造输出的时钟脉冲
  assign clk1 = high_freq_clk && ori_enable && ( ! delete ) ;
  assign clk = high_freq_clk && ( ! delete ) && ( state ! = S_IDLE );

endmodule
```

　　说明:为了防止毛刺脉冲,本设计是由 high_freq_clk 的下降沿触发,这是考虑到数据串并转换后往往与 high_freq_clk 的上升沿同步,这样当下降沿触发时,数据已经稳定。

　　上述代码实现的参考仿真波形如图 11.33 所示。

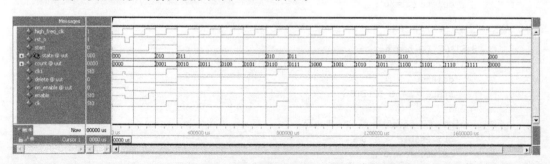

图 11.33　(7,3)循环码编码器的时序发生器模块的仿真波形

　　值得说明的是,采用硬件描述语言实现这样的数字逻辑,其解法不唯一。本设计虽然采用的是行为描述,但毕竟为了展示所对应电路的工作原理,仍然能够从中体会到模 2 除法器等编码学中的关键部件的结构;然而在实际工作上,如果硬件存储资源足够,最简单和快速的解决办法是采用查表法实现(如下所示),这样将省去时序脉冲的生成、并/串转换和串/并转换电路

模块。

```
reg [1:4] register ;
reg [1:3] reg_in ;

  always @ ( reg_in ) begin
    case ( reg_in )
      3'b000: register = 4'b0000 ;
      3'b001: register = 4'b0111 ;
      3'b010: register = 4'b1110 ;
      3'b011: register = 4'b1001 ;
      3'b100: register = 4'b1011 ;
      3'b101: register = 4'b1100 ;
      3'b110: register = 4'b0101 ;
      3'b111: register = 4'b0010 ;
    endcase
  end
```

11.3.4 (7, 3)循环码的译码器

1. 循环码检错和纠错原理

设发送的 n 位全码字为 $T(x) = x^{n-k}m(x) + r(x)$;在信道中遭受干扰,收到的全码字将是
$$R(x) = x^{n-k}m(x) + r(x) + E(x)$$
其中 $E(x)$ 是最高幂次为 n 的多项式,对应着各位受干扰发生 0、1 翻转错误的情况。

仍然将 $R(x)$ 除以 $g(x)$,得到最高幂次为 $n-k$ 的伴随多项式(adjoint polynomial),记为 $s(x)$,即:
$$\frac{R(x)}{g(x)} = Q(x) + \frac{s(x)}{g(x)}$$
其中 $Q(x)$ 为商,余式为伴随多项式 $s(x)$。

这个过程与编码中的除法电路完全一样(而且不需要先对 $m(x)$ 移位),如果没有受到任何干扰,伴随多项式 $s(x)$ 应为全 0,故而检错电路是比较简单的。而对于伴随多项式 $s(x)$ 不为全 0 的情况,可以进行纠错,需要根据 $s(x)$ 的编码在事先已知的"错误模式"(或被称为"错误形式"、"错误图样")中选择。所谓"错误模式",其长度为 n 位,如果某位(设为第 i 位)为 1 就表示在第 i 位发生错误,选出相应的错误模式,并与缓存的接收数据逐位"异或",则起到纠错的作用。

必须指出的是,循环码纠错的能力有一个限度。当错误过多的时候,要么根据伴随多项式 $s(x)$ 的编码根本无法找到错误模式,要么被误判为其他编码;对于前一种情况,应该给出必要的提示。

通用的循环码译码器的原理框图如图 11.34 所示。注意到其中的"错误模式查找"方框代表着一个查找表,它的地址空间为 2^{n-k},输出为 n 位错误模式编码。在大规模可编程的逻辑器件出现之前,要么需要外挂存储器,要么需要利用循环码的性质逐位循环修正(即:著名的 Meggitt 译码器,但代价是需要将全码字串行输入除法器电路两次,译码时间增加一倍)。然而,考虑到这种查找表存储的内容是稀疏的——只存储了纠错能力之内的错误模式,而且硬件描述语言实现的查找逻辑可读性强,因而本设计采用通用的循环码译码模型,而且将最后的码元输出和修正采用并行的方式进行。

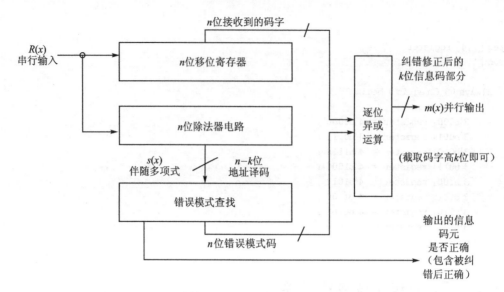

图 11.34　通用的循环码译码器原理框图(并行修正输出形式)

2. (7,3)循环码的错误模式

对于 n、k 和 $g(x)$ 给定的循环码,可以通过查数学手册,或者将错误模式编码推入除法器中仿真得到余项,或者采用 Matlab 或 C 语言编写一段程序,计算出各错误模式所对应的伴随多项式的系数。

具体到本案例中的(7,3)循环码,生成多项式为 $g(x) = x^4 + x^2 + x + 1$,要求纠 1 个错或检 3 个错,其中纠错所要求的无非是从 $i=1$ 到 $i=n$(这里 $n=7$)仅出现 1 个比特位错误,其对应的伴随多项式系数如表 11.13 所列。

表 11.13　某种(7,3)循环码的错误模式

错误假设	错误模式 [7:1]	伴随多项式的系数 [4:1]
完全无错	7'b0000000	4'b0000
第 1 位出错(最低位)	7'b0000001	4'b0001
第 2 位出错	7'b0000010	4'b0010
第 3 位出错	7'b0000100	4'b0100
第 4 位出错	7'b0001000	4'b1000
第 5 位出错	7'b0010000	4'b0111
第 6 位出错	7'b0100000	4'b1110
第 7 位出错(最高位)	7'b1000000	4'b1011

相应的错误模式查找(命名为 err_pattern_lookup 模块)的代码如下:

```
input [4:1] S ;          // 伴随多项式输入
output [7:1] E ;         // 错误模式输出
output err_n ;           // 超过信道编码的纠错能力,检测到错误但无法修正,低电平有效
reg [7:1] E ;
reg err_n ;
    always @( S )
```

```
   case( S )
      4'b0000 ; begin E = 7'b000_0000 ;   err_n = 1 ; end
      4'b0001 ; begin E = 7'b000_0001 ;   err_n = 1 ; end
      4'b0010 ; begin E = 7'b000_0010 ;   err_n = 1 ; end
      4'b0100 ; begin E = 7'b000_0100 ;   err_n = 1 ; end
      4'b1000 ; begin E = 7'b000_1000 ;   err_n = 1 ; end
      4'b0111 ; begin E = 7'b001_0000 ;   err_n = 1 ; end
      4'b1110 ; begin E = 7'b010_0000 ;   err_n = 1 ; end
      4'b1011 ; begin E = 7'b100_0000 ;   err_n = 1 ; end
      default : begin E = 7'b000_0000 ;   err_n = 0 ; end
   endcase
```

说明：对于纠一个错误的情况，这种根据先验知识查表的方法最为简单，但如果可以纠多个错误，错误假设比较复杂，也可以采用 Meggitt 译码器的模型，现场计算得到错误模式。

3. 译码器中的模 2 除法器

对于接收到的串行码元，对应接受多项式 $R(x)$，需要模 2 除以同一个生成多项式 $g(x)$。这种除法电路的运算过程与编码中的除法电路完全一样，但不需要先进行移位操作。为了提高源代码的覆盖率（代码越被频繁应用，成熟度越高），仍采用 div_mod2_behavior 模块，只不过在实例化中，令 enable＝1'b1，并且要在该模块中加入并行的输出端口。相应的代码（用黑体字注明添加的部分）如下：

```
module div_mod2_behavior ( clk, rst_n, enable, in, out, D );
input clk ;
input in ;
input rst_n ;
input enable ;       // when enable = 1, the sequence of "in" is divided by
                     // g(x) = x^4 + x^2 + x + 1; otherwise "out" is shifted from
                     // the register
output out ;
output [1:4] D ;// 并行输出的寄存器值
// (略)…
reg [1:4] register ; // 内部的寄存器变量，除法器里面的寄存器
   assign D = register ;// 将寄存器组并行输出
   // (略)…
```

div_mod2_behavior 实现的是"右端输入"形式的模 2 除法器（对应图 11.35(b)），它求得的并不是 $R(x)$ 的伴随多项式，而是 $x^{n-k}R(x)$ 的伴随多项式 $S^{n-k}(x)$；根据 $S^{n-k}(x)$ 的数值查表求得的错误模式编码与原始的错误模式编码 $E(x)$ 具有一定的转换关系；具体对于本设计中的(7,3)循环码，前者由后者向高位方向移动 4 位得到，因此设计 backward_adjustment_lookup 模块，通过纯组合逻辑调整得到原错误模式编码值。相应的调整关系如表 11.14 所列。

表 11.14　右端输入模 2 除法器得到的伴随多项式的调整

$x^{n-k}R(x)$ 的伴随多项式 $S^{n-k}(x)$	$S^{n-k}(x)$对应的错误模式	$R(x)$ 的伴随多项式 $S(x)$	$S(x)$ 对应的错误模式（原错误模式）
000_0000	0000	000_0000	0000
001_0000	0111	000_0001	0001
010_0000	1110	000_0010	0010

续表 11.14

$x^{n-k}R(x)$ 的伴随 多项式 $S^{n-k}(x)$	$S^{n-k}(x)$ 对应的错误模式	$R(x)$ 的伴随多项式 $S(x)$	$S(x)$ 对应的错误模式 （原错误模式）
100_0000	1011	000_0100	0100
000_0001	0001	000_1000	1000
000_0010	0010	001_0000	0111
000_0100	0100	010_0000	1110
000_1000	1000	100_0000	1011
无法纠错的错误模式	其他	无法纠错的错误模式	其他

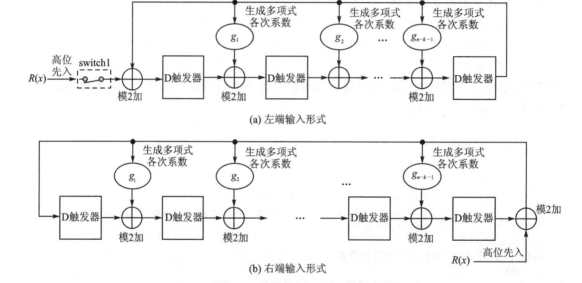

图 11.35　左端输入和右端输入形式的模 2 除法器原理框图

　　另外,错误模式查找时伴随矩阵的高低位关系为[4:1],查找到的错误模式的高低位关系为[7:1],分别与除法器和移位寄存器的并行输出的高低位关系相逆;为了使错误模式查找代码具有良好的可读性,本设计中并没有直接调整查找表中的高低位关系,而是在外部通过"线板"(wire_board_rev 模块实例)进行信号线调整。当然,如果要综合成真正的电路,err_pattern_lookup、backward_adjustment_lookup 和 wire_board_rev 的模块实例可以统一进行逻辑化简与优化。下面给出"线板"模块的代码实现,它在实例化的时候可以通过传入参数WIDTH,改变并行信号线的条数。

```
module wire_board_rev ( in, out );  // make wires reversed
parameter WIDTH = 4 ;    // 默认宽度

input [WIDTH−1:0] in ;
output [WIDTH−1:0] out ;
reg [WIDTH−1:0] out ;
```

```
integer i ;
    always @( in ) for( i = 0 ; i<WIDTH; i = i + 1 ) out[ i ] = in[ WIDTH - i - 1 ] ;
endmodule
```

说明：如果不希望通过 $x^{n-k}R(x)$ 的伴随多项式反推原错误模式，可以采用"左端输入"形式的除法器。图 11.35 给出了左端输入和右端输入形式的模 2 除法器原理框图。但"左端输入"形式的除法器在使用中也有一定的不便，如图 11.35(a)所示，$R(x)$ 通过开关 switch1 从高位开始移入除法电路的寄存器，当低位也移入后，需要把 switch1 断开，反馈寄存器电路再循环右移 1 位；这样就需要增加时序控制电路，并不比组合逻辑调整的"右端输入"形式（如图 11.35 (b)所示）实现的代价低。

4. 译码器的集成

译码器输入信号的时序关系波形如图 11.36 所示。设输入前已经进行了帧同步和码元同步，数据输入与时钟同步，根据每帧最后一个码元的时钟负脉冲，对应输入一个负脉冲作为帧结束标志 frame_end；每帧结束后，输入一个负脉冲作为译码电路的复位信号 rst_n。

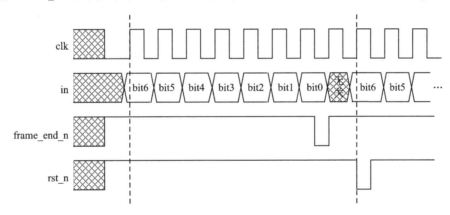

图 11.36 译码器输入信号的时序关系波形

根据图 11.36 所示的设计理念，译码器模块 CRC_7_3_decoder 的代码如下：

```
module CRC_7_3_decoder ( clk, rst_n, in, frame_end_n, out, code, err_n );
input clk, rst_n, in, frame_end_n ;
output [1:7] code ;
output [2:0] out ;
output err_n ;
reg [2:0] out ;
reg err_n ;

wire tmp_err_n ;              // 组合逻辑错误标志，模块的错误标志在帧结束时输出
wire [1:7] data ;
wire [1:4] S ;                // adjoint polynomial - 伴随多项式 $S^{n-k}(x)$
wire [4:1] S_rev ;            // 从[1:4]高低位颠倒后得到[4:1]伴随多项式 $S^{n-k}(x)$
wire [7:1] E_adjusted ;       // 伴随多项式 $S^{n-k}(x)$对应的错误模式
wire [7:1] E_rev ;            // 经过高低位颠倒后的伴随多项式 $S^{n-k}(x)$对应的错误模式
```

```
wire [1:7] E ;            // S(x)对应的原错误模式

    shifter_7 shifter ( .clk( clk ), .rst_n( rst_n ), .enable( frame_end_n ),
                  .in( in ), .data( data ) );                      // 移位寄存
    div_mod2_behavior division ( .clk( clk ), .rst_n( rst_n ),
                          .enable( 1'b1 ), .in( in ), .D( S ) );   // 模 2 除法器
    wire_board_rev #(4)wb1 ( .in( S ), .out( S_rev ) );            // 线板颠倒高低位
    err_pattern_lookup lookup ( .S( S_rev ), .E( E_adjusted ),
                          .err_n( tmp_err_n ) );                   // 错误模式查找
    backward_adjustment_lookup adjust( .E_adjusted( E_adjusted ),
                             .E( E_rev ) );                        // 调整为原模式
     wire_board_rev #(7)wb3 ( .in( E_rev ), .out( E ) );           // 线板颠倒高低位

    assign code = data ^ E ;// 纠错
    // 帧结束信号下降沿,输出译码后信息码元,并输出错误标志
    always @( negedge frame_end_n ) begin
        out [2] <= code [7] ;
        out [1] <= code [6] ;
        out [0] <= code [5] ;
        err_n <= tmp_err_n ;
    end
endmodule
```

5. (7,3)循环码译码器的仿真测试

根据输入信号的时序设定串行码元,随时钟输入,并构造 frame_end_n 信号和 rst_n 信号。数据是事先定义的参数常量,事先构造相应的案例,例如:

```
parameter [7:1] TEST_CODE_1 = 7'b110_0101 ;    // m(x) = 110, E(x) = 000_0000
                                                // 信息码元110,无错误的情况
parameter [7:1] TEST_CODE_2 = 7'b110_0111 ;    // m(x) = 110, E(x) = 000_0010
                                                // 信息码元110,出现1位错误
parameter [7:1] TEST_CODE_3 = 7'b100_0111 ;    //出现2位错误,超过纠错能力
```

在构造串行数据时,需要处理好数据与时钟的关系,应该使数据在时钟触发边沿前稳定下来;Verilog HDL 语言的事件触发机制和运算符"->"是使两路仿真信号的时序发生关联的解决方法之一,可供利用。

例如:一方面定义数据的时钟 data_clk,用它驱动串行信号的输出;另一方面采用关键字 event 定义一个时钟延迟事件 deferred_clk,并规定在 data_clk 的上升沿和下降沿之后一小段时间,触发这种事件,代码(这些代码不可综合)如下:

```
always # `HALF_P data_clk = ~data_clk ;
event deferred_clk ;            // 用关键字 event 定义命名事件 deferred_clk
    always @( posedge data_clk or negedge data_clk )
      #0.1 -> deferred_clk ;    // 注意"->"是事件触发运算符
```

随后,对 deferred_clk 事件敏感,触发时钟信号 clk 的变化,形成 clk 比 data_clk 落后 0.1 个时间单位的时序关系。相关的代码如下:

```
always @( deferred_clk ) clk = data_clk ;
```

在输入一般性的编码值,通过仿真观测译码器的输出之前,较为行之有效的方法是先将所有错误模式作为编码输入,观察译码器是否能生成合理的伴随多项式,能不能顺利查找到错误模式,而且输入的错误模式与查找到的错误模式是否相同。图11.37给出了依次输入从

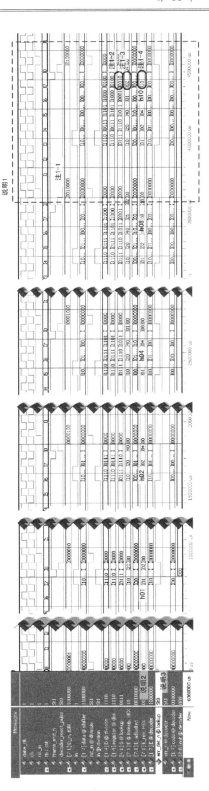

说明1——以输入7'b001_0000为例（见"注1-1"，为7'b000_0000第4位出错后的结果，错误模式之一），采用"右端输入"除法器求得伴随多项式"S"n+4(x)，查表得到伴随到"h02（见"注1-2"），"注1-2"注1-2注系数为4'b0010，相当于7'b000_0010），但这是"R(x)的伴随多项式，所以进行查"注1-3"，为了便于显示采用十六进制，得到是"R(x)的伴随多项式。采用"异或"运算到7'h10（见"注1-4"），即为7'b001_0000，采用错误模式以十六进制表示为h01, h02, h04, h08, h10, h20和h80，具有纠错功能。依次输入7'b000_0001开始到7'b100_0000的编码，得到的错误表示以十六进制表示分别为h01, h02, h04, h08, h10, h20和h80，具有纠错功能。

说明2——依次输入7'b000_0001开始到7'b100_0000的编码，得到的错误表示以十六进制表示分别为h01, h02, h04, h08, h10, h20和h80，具有纠错功能。

说明3——在纠错1位错误的情况下，err_detected_n在判决n在判决的时候为低电平（有效），说明伴随多项式不为0，说明检出错误，但err_n输出为高电平（无效），说明(7,4)循环码具有纠正1位错误的能力。

图11.37 错误模式输入下(7, 3)循环码译码器的功能仿真

7'b000_0001 开始到 7'b100_0000 的编码时译码器各关键信号的仿真情况(限于纸幅,部分中间波形被省略),相应的结果合乎预期。

在确定了错误模式查找表之后,可以输入几种具有代表性的编码检验该译码器的功能。

输入数据 7'b110_0101(最左边为高位),信息码元为 3'b110,校验码元(又被称为监督码元)为 4'b0101,传输中没有发生错误,输入到(7,3)循环码的译码器后的仿真波形如图 11.38 所示。由于没有错误,在 frame_end_n 的下降沿,伴随多项式的系数取值为 4'b0000,不用对接收到的编码作任何修正,正确恢复信息码元。

设 7'b110_0101 的次低位发生错误,即输入 7'b110_0111,得到仿真波形如图 11.39 所示,可见除法器得到的伴随多项式 $S^{n-k}(x)$ 的系数为 4'b1110(最左边为高位),对应 $S(x)$ 应为 4'b0010(最左边为高位),错误模式为 7'b000_0010(最左边为高位,图 10.39 中"注 1"表示最左边为低位,书写时需要高低位交换一下,特此说明),可以将错误码字纠正为 7'b110_0101,即:

$$1100111 \oplus 0000010 = 1100101$$

上述案例为错误发生在校验码元部分,实际上发生在信息码元部分,仍可以纠错。例如,输入 7'b010_0101(最左边为高位,信息码元应为 3'b110,但最高位错误),译码器的仿真波形如图 11.40 所示。

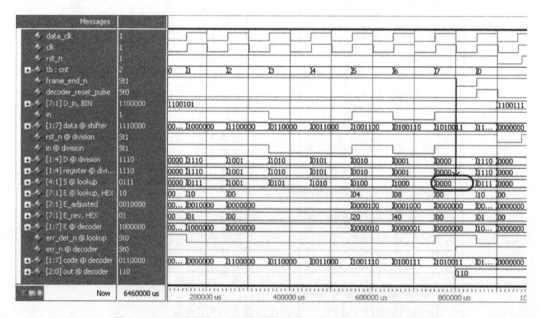

图 11.38 (7,3)循环码译码器的功能仿真(输入 7'b110_0101)

然而,对于(7,3)循环码,当一个码字中同时出现 2 位或 2 位以上的错误时,将超过该编码方式的纠错能力。例如:输入 7'b100_0111(最左边为高位,信息码元应为 3'b110,但第 5 位和第 1 位分别发生错误),则译码器的仿真波形如图 11.41 所示。由图中可见,得到的伴随多项式系数为 4'b1010,不在合法的监督多项式中,因此当帧结束信号到达时,err_n 输出为低电平,表示发生错误。

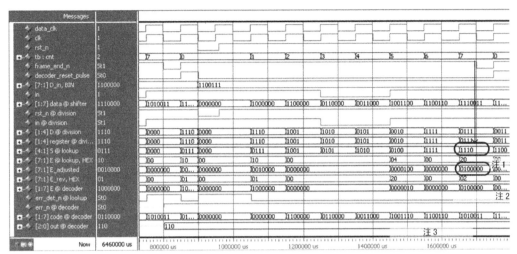

注1—最左边为低位；
注2—伴随多项式不为0，检测出错误，但可以纠正，err_n无效；
注3—解出正确码元

图 11.39 (7，3)循环码译码器的功能仿真(输入 7'b110_0111)

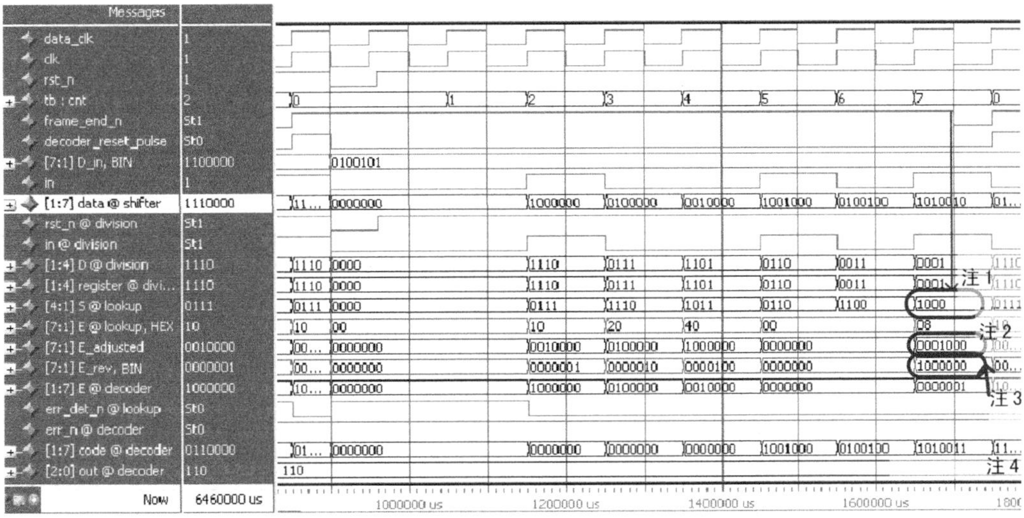

注1—伴随多项式 $S^{e*k}(x)$ 的系数为4'b100。
注2—需反向调整的E_adjusted为7'b000_1000。
注3—反向调整后的E为7'b100_0000，表示发现最高位出错。
注4—得到正确信息码元

图 11.40 (7，3)循环码译码器的功能仿真(输入 7'b010_0101)

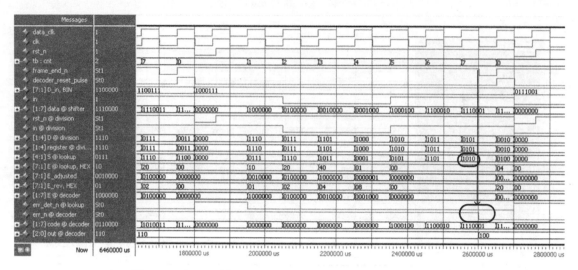

图 11.41　(7，3)循环码译码器的功能仿真(输入 7'b100_0111)

习　　题

1. 为了对异步 FIFO 进行测试，可以构造脉冲串生成模块，通过指定偏移量 offset 和相位 phase，在 one_shot 信号的触发后若干时钟周期之后输出由 num 指定数量的脉冲，及其配套的电平信号，其输入/输出端口的定义如表 11.15 所列，典型的输出波形如图 11.42 所示。请用 Verilog HDL 语言实现该模块，并进行仿真测试，要注意避免生成的脉冲串中混有毛刺脉冲。

表 11.15　脉冲串生成模块的输入/输出端口表

端　口	名　称	方　向	宽　度	说　明
clk	时钟	input	1	主频时钟
rst_n	复位信号	input	1	低电平有效的异步复位信号
offset	偏移量	input	[15:0]	以 16 个 clk 周期为单位
phase	相位	input	[3:0]	以 clk 周期为单位，脉冲串中第一个脉冲在触发后 16×offset＋phase 个 clk 周期后输出
num	数量	input	[15:0]	每次连续输出脉冲的数量
one_shot	触发信号	input	1	高电平有效，被 clk 上升沿同步采样的触发信号，每触发一次延迟相应的时钟周期后连续输出 num 个脉冲，之后电路返回待触发状态
out	脉冲串输出	output	1	输出的脉冲串信号，触发后在 16×offset＋phase 个 clk 周期后输出第一个脉冲；并且连续输出 num 个脉冲；每个脉冲的宽度与 clk 的正脉冲宽度相同，周期为 16 倍 clk 周期
ena_level	电平输出使能信号	input	1	当 ena_level 为高电平时，与脉冲串配套输出电平信号 level；否则 level 输出低电平

端　口	名　称	方　向	宽　度	说　明
level	电平输出	output	1	输出与 out 脉冲串配套的高电平信号,该电平信号从每个 out 脉冲上升沿之前的 1 个 clk 周期开始,并持续 16 个 clk 周期;当脉冲连续输出且 ena_level 使能时,各个脉冲对应的 level 信号将连在一起

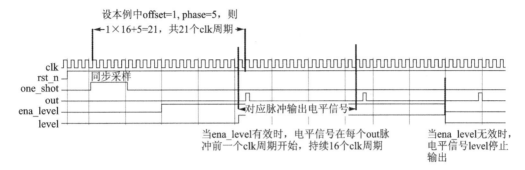

图 11.42　脉冲串生成电路波形图

2. 可以在题 1 中实现的脉冲串生成模块的支持下,对 11.1.2 小节所述的基于最高两位判决的异步 FIFO 进行仿真测试。在测试中使用多个脉冲串生成模块的实例,用它的 out 脉冲信号作为 wclk(或 rclk),用它的 level 电平信号作为 winc(或 rinc)。

例如:图 11.43 给出了某场景下的仿真测试波形,注意图中虚线方框中的部分,尽管当时已经向 FIFO 写入了数据,但 rempty 状态信号为有效,而且当读时钟 rclk 信号出现后,要推迟 2 个脉冲信号后才能正常读出。请问:

(1) 为什么会出现这样的现象?写操作在什么场景下也会出现?请结合该异步 FIFO 的设计和源代码作出合理的解释。

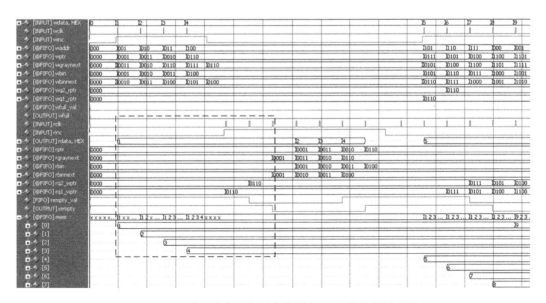

图 11.43　基于最高两位判决的异步 FIFO 的仿真测试图

(2) 由仿真测试可见,这种异步 FIFO 在进行突发读、写的时候(即:只有在 rinc 有效的时候 rclk 脉冲才会出现,或是在 winc 有效的时候 wclk 脉冲才会出现),可能出现与预期效果不符的情况。如果希望该 FIFO 能够正常工作,在应用中应该如何使用 rclk 和 rinc 信号(或者是 wclk 和 winc 信号)?

3. 使用题 1 中实现的脉冲串生成模块实例,仿照题 2 中的仿真测试场景,请采用 Verilog HDL 语言进行编程,实现对于基于四象限判决的异步 FIFO 的仿真测试,并回答如下问题:

(1) 基于四象限判决的异步 FIFO,是否能够适应突发读、写操作? 如果不能适应,在进行读、写操作的时候,最坏情况下需要推迟几个脉冲信号才能正常操作?

(2) 注意观察数据在 FIFO 中双口 RAM 中的存储方式,与基于最高两位判决的异步 FIFO 的设计实现有何区别?

4. 考虑一种非常简化的 UART 接收器的实现形式,即认为每个 NRZ 码元受到的干扰忽略不计,每帧固定为 8 bit 数据位,1 位停止位,采用频率为数据码速率 2 倍的时钟采样。由于本地时钟 clk 与起始位、数据码元的边界异步,在 clk 的某个上升沿采样得到低电平的起始信号,接下来间隔 2 个 clk 脉冲进行第一个数据位(最高位)的采样,随后每间隔 1 个 clk 脉冲,在 clk 的上升沿对数据部分和停止位采样。请设计并实现这种简化的 UART 接收器,其输入/输出端口定义如表 11.16 所列,采样的时机选择如图 11.44 所示。

表 11.16 脉冲串生成模块的输入/输出端口表

端 口	名 称	方 向	宽 度	说 明
clk	时钟	input	1	采样时钟,频率为码元速率的 2 倍
rst_n	复位信号	input	1	低电平有效的异步复位信号;复位后接收器准备采样起始信号,其输出被清零
in	串行输入	input	1	串行输入的数据帧,与本地时钟 clk 异步
out	并行输出	ouput	[7:0]	并行输出的数据,从高位到低位存储 8 bit 串行到达的数据
err	停止位错误	output	1	当采样到的停止位为低时,输出一个宽度为 1 个 clk 周期的脉冲,表示停止位错误

5. 综合设计应用题:设楼下到楼上依次有 3 个感应灯:灯 1、灯 2、灯 3。当行人上下楼梯时,各个灯感应到后自动点亮,若在 8 s 内感应信号消失,则点亮 8 s;若感应信号存在时间超过 8 s,则感应信号消失 4 s 后灯自动关闭。要求:

(1) 设主频时钟为 10 Hz,请设计实现每个灯的同步时序逻辑电路,并进行仿真测试;

(2) 设感应信号是电平信号,对于感应信号到达存在毛刺(小于 0.5 s 的干扰脉冲),需要考虑去抖设计,请设计合适逻辑并剔除毛刺脉冲;

(3) 考虑一个人上楼或下楼的场景,为了节约能源,下一个灯点亮的同时将自动关闭上一个灯,请设计"灯群"的控制逻辑,并作出相应的仿真测试程序;

(4) 考虑多人上下楼的场景,例如:行人 1 已经从灯 1 到达灯 2,灯 2 受感应自动点亮,但此时行人 2 刚上楼梯到达灯 1 的位置,则灯 1 和灯 2 都需要点亮。通过仿真测试检验类似复杂场景下"灯群"的控制逻辑,如有必要则进行修正与调试。

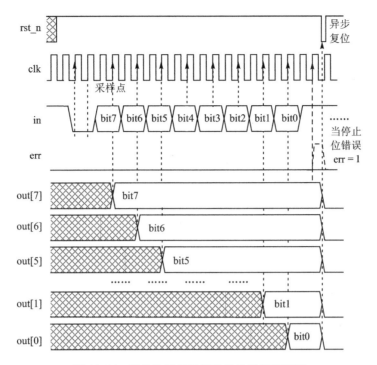

图 11.44　简化的 UART 接收器的操作波形图

附　　录

1. 关键字

关键字	关键字	关键字	关键字
always	event	noshowcancelled	specify
and	for	not	specparam
assign	force	notif0	strong0
automatic	forever	notif1	strong1
begin	fork	or	supply0
buf	function	output	supply1
bufif0	generate	parameter	table
bufif1	genvar	pmos	task
case	highz0	posedge	time
casex	highz1	primitive	tran
casez	if	pull0	tranif0
cell	ifnone	pull1	tranif1
cmos	incdir	pulldown	tri
config	include	pullup	tri0
deassign	initial	pulsestyle_onevent	tri1
default	inout	pulsestyle_ondetect	triand
defparam	input	rcmos	trior
design	instance	real	trireg
disable	integer	realtime	unsigned
edge	join	reg	use
else	large	release	vectored
end	liblist	repeat	wait
endcase	library	rnmos	wand
endconfig	localparam	rpmos	weak0
endfunction	macromodule	rtran	weak1
endgenerate	medium	rtranif0	while
endmodule	module	rtranif1	wire
endprimitive	nand	scalared	wor
endspecify	negedge	showcancelled	xnor
endtable	nmos	signed	xor
endtask	nor	small	

2. 系统任务与函数

Display tasks	Timescale tasks	PLA modeling tasks	Stochastic analysis tasks

$ display $ strobe
$ displayb $ strobeb
$ displayh $ strobeh
$ displayo $ strobeo
$ monitor $ write
$ monitorb $ writeb
$ monitorh $ writeh
$ monitoro $ writeo
$ monitoroff
$ monitoron
	$ printtimescale
	$ timeformat
	
	Simulation tasks
	
	$ realtime
	$ stime
	$ time
	$ finish
	$ stop
		$ async $ and $ array
		$ async $ and $ plane
		$ async $ nand $ array
		$ async $ nand $ plane
		$ async $ or $ array
		$ async $ or $ plane
		$ async $ nor $ array
		$ async $ nor $ plane
		$ sync $ and $ array
		$ sync $ and $ plane
		$ sync $ nand $ array
		$ sync $ nand $ plane
		$ sync $ or $ array
		$ sync $ or $ plane
		$ sync $ nor $ array
		$ sync $ nor $ plane
			$ q_initialize $ q_add
			$ q_remove $ q_full
			$ q_exam

File I/O tasks	Probabilistic distribution functions	Conversion functions	Other

$ fclose $ fopen
$ fdisplay $ fstrobe
$ fdisplayb $ fstrobeb
$ fdisplayh $ fstrobeh
$ fdisplayo $ fstrobeo
$ fgetc $ ungetc
$ fflush $ ferror
$ fgets $ rewind
$ fmonitor $ fwrite
$ fmonitorb $ fwriteb
$ fmonitorh $ fwriteh
$ fmonitoro $ fwriteo
$ readmemb
$ readmemh
$ swrite $ swriteb
$ swriteo $ swriteh
$ sformat
$ sdf_annotate
$ fscanf $ sscanf
$ fread $ ftell
$ fseek
	$ dist_chi_square
	$ dist_erlang
	$ dist_exponential
	$ dist_normal
	$ dist_poisson
	$ dist_t
	$ dist_uniform
	$ random
		$ bitstoreal $ realtobits
		$ itor $ rtoi
		$ signed $ unsigned
			$ countdrivers
			$ getpattern
			$ incsave
			$ input
			$ key
			$ list
			$ log
			$ nokey
			$ nolog
			$ reset
			$ reset_count
			$ reset_value
			$ restart
			$ save
			$ scale
			$ scope
			$ showscopes
			$ showvars
			$ sreadmemb
			$ sreadmemh
			$ sreadmemh

3. 编译指令

编译指令的特征符是(`)(ASCII 0x60),区分于特征符(')(ASCII 0x27)。

编译指令如下:

`celldefine

`default_nettype

`define

`else

`elsif

`endcelldefine

`endif

`ifdef

`ifndef

`include

`line

`nounconnected_drive

`resetall

`timescale

`unconnected_drive

`undef

`default_decay_time

`default_trireg_strength

`delay_mode_distributed

`delay_mode_path

`delay_mode_unit

`delay_mode_zero

参考文献

[1] Palnitkar S. Verilog HDL 数字设计与综合[M]. 夏宇闻,等译. 北京:电子工业出版社,2004.

[2] Kang Sung-Mo. CMOS 数字集成电路——分析与设计[M]. 3 版. 王志功,等译. 北京:电子工业出版社,2004.

[3] 李洪革. FPGA/ASIC 高性能数字系统设计[M]. 北京:电子工业出版社,2011.

[4] [佚名]. 仙童传奇历史[EB/OL](2014 - 03 - 07). http://www. eeworld. com. cn/mndz/ 2014/0307/article_24544. html.

[5] Hongge Li, et al. Cell array reconfigurable architecture for high - performance AES system[J]. Microelectronics Reliability,2012,52(11):2829-2836.

[6] IEEE Verilog—2005 Standard. Draft Standard for Verilog® Hardware Description Language[S]. 2005.

[7] 夏宇闻. Verilog HDL 数字系统设计教程[M]. 北京:北京航空航天大学出版社,2003.

[8] Sutherland S. Verilog HDL Quick Reference Guide Based on the Verilog—2001 Standard[J/OL]. www. sutherland - hdl. com.

[9] Golson S. State machine design techniques for verilog and VHDL[J]. Synopsys Journal of High - level Design,1994,9:1-48.

[10] Cummings C E. State machine coding styles for synthesis[D]. 1998.

[11] Davis J,Reese R. Finite state machinedatapath design, optimization, and implementation[J]. Morgan & claypool publishers,2008.

[12] Gajske D,Dutt D,Wu H, et al. High - level synthesis. Introduction to chip and system design[J]. Kluwer Academic publishers,1992.

[13] Michael C,Alice C,Raul C. Tutorial on high - level synthesis[J]. 25th ACM/IEEE design automation conference,1988.

[14] 王志华,邓仰东. 数字集成系统的结构化设计与高层次综合[M]. 北京:清华大学出版社,2001.

[15] Wolf W. FPGA - based system design[M]. Prentice Hall modern semiconductor design series, 2004.

[16] Vahid F,Givargis T. Embedded system design: a unified hardware/software introduction[M]. New York,USA: John Wiley & Sons,Inc,2001.

[17] Cummings C E. Simulation and Synthesis Techniques for Asynchronous FIFO Design

[EB/OL]. [2016-05-06]www. sunburst – design. com/papers.

[18] Cummings C E, Alfke P. Simulation and Synthesis Techniques for Asynchronous FIFO Design with Asynchronous Pointer Comparisons [C]. Synopsys Users Group Conference, 2002.

[19] Ciletti M D. Verilog HDL 高级数字设计[M]. 2 版. 北京：电子工业出版社，2014.

[20] 徐文波，田耘. Xilinx FPGA 开发实用教程[M]. 2 版. 北京：清华大学出版社，2012.

[21] 陈萍. 现代通信实验系统的计算机仿真 [M]. 北京：国防工业出版社，2003.